哈佛幸福课

[美] 丹尼尔·吉尔伯特（Daniel Gilbert）◎ 著
张岩　时宏◎ 译

Stumbling on Happiness

中信出版集团 · 北京

图书在版编目（CIP）数据

哈佛幸福课 /（美）丹尼尔·吉尔伯特著；张岩，
时宏译 . -- 4 版 . -- 北京：中信出版社，2018.8（2025.4 重印）
书名原文：Stumbling on Happiness
ISBN 978-7-5086-8890-9

I. ①哈⋯ II. ①丹⋯ ②张⋯ III. ①幸福－通俗读
物 IV. ① B82-49

中国版本图书馆 CIP 数据核字（2018）第 088976 号

哈佛幸福课

著　　者：[美] 丹尼尔·吉尔伯特
译　　者：张　岩　时　宏
出版发行：中信出版集团股份有限公司
（北京市朝阳区东三环北路 27 号嘉铭中心 邮编 100020）
承 印 者：北京通州皇家印刷厂

开　　本：880mm×1230mm　1/32　　印　　张：9.75　　字　　数：280 千字
版　　次：2018 年 8 月第 4 版　　印　　次：2025 年 4 月第 12 次印刷
京权图字：01-2006-5253
书　　号：ISBN 978-7-5086-8890-9
定　　价：59.00 元

目　录

第四部分　未来的幸福

第五部分　幸福的技术

专家导读

幸福：心理学、经济学和哲学

在写这篇序的时候，我正坐在北京某著名大学的校园咖啡厅里，初秋的天气已经开始冷起来。校门口横架的天桥上，很短的一段路上有两个卖手机贴膜的小贩，其中一位给人的感觉是今天“颗粒无收”，他在微凉的天气里流着鼻涕，神情有些沮丧。在大学校园里的操场上，有人翻开 GRE（美国研究生入学考试）词汇书，痛苦地发现昨天背的单词已忘记过半，而这已经是他第二次备考了。门口一位办证的大姐抱着孩子，刚抢下来一个“单子”，高兴地和旁人炫耀。一位企业家在二楼的 EMBA（高级管理人员工商管理硕士）班教室刚谈下了一个并购重组的合作，上了奔驰车准备离去。这里和世界任何一个角落一样，幸福和痛苦同在，此起彼伏。

但是，他们的幸福和痛苦是同样的吗？幸福真如我们这个社会中的大部分人所认为的那样，“出不了国”没有“饿肚子”惨，“企业并购成功”比“办证”更加快乐吗？一个穷人没有饭吃的痛苦，和一个富家孩子买不到苹果手机的痛苦一样吗？一个乞丐捡到馒头的快乐，和一个成功商人获得一笔投资的快乐程度一样吗？如果他们同样幸福和痛苦，这个观点真让人沮丧，那么我们的现世努力还有没有意义？如果答案反过来，一切都有物质基础，是不是又意味着这个世界即使对幸福这种再私人不过的事情也不可能公平？

再比如，我们一直认为“眼见为实”，但现代脑科学已经发现，我们的眼睛只能看清楚中央凹区域（大概相当于你伸直手臂以后所看到的指甲盖的大小），在此以外，我们能接收到的只是模糊的黑白世界。我们的大脑通过记忆和想象补充世界的其余部分，让我们看起来好像生活在彩色的充满细节的电影里面。

这个科学猎奇背后的严肃思考是，如果正如作者所说的，“这两个仆人（眼睛和大脑）的共谋使我们可以生活在严酷现实和舒适错觉的平衡点上”，那么我们如何最有效地创造我们的幸福？是修正自己的感受，还是只需调整我们对外界的解释？幸福是一种自我安慰的幻觉吗？

你可以看到，每一个心理学发现的背后都是经济学的思考，在这种思考背后的则是哲学。新的发现带来新的观点，而新的观点则引发新的哲思。幸福的话题就是这样一层一层的“大洋葱”。

这本书的英文原书名叫作“Stumbling on Happiness”，英文非常贴切，stumble 是“绊倒”的意思，书名意译过来应该类似于“我被幸福撞了一下腰”。近些年来，国人不仅在幸福上被“绊”了一下，大家对幸福的渴望之切、误解之深、盲信之笃已经蔚然成风。

近年来关于身心灵与幸福的书大抵能分成三类：灵性类、技术类和知识类。灵性类全是态度，却缺乏原因，如《秘密》《遇见未知的自己》；技术类大多是重技术轻原理，如《男人来自火星，女人来自金星》《做你自己》等；知识类则提供了一个很好的中间环节，如《幸福的方法》和眼前的这本书：对态度，你能看到背后的原因，只有知道了原因，我们才可以更好地发挥技术。

最后还想提一种我发现的关于幸福的心智模式，它在中国尤其盛行，我暂且称之为“总有一天综合征”，或者叫作“等我……就综合征”。当谈到幸福，人们总会有这样的句式：“总有一天我会有钱、有时间、有心情，那个时候我就会……”再比如我们的上一辈人，他们总在说：等我上班了、等我结婚了、等我生完孩子、等你长大了、等你上大学了、等你结婚了、等给你带完孩子了……我就安心了。但事实上，这让他们一辈子都没有获得和他们期望的那么多的安心与幸福。

我想起一个故事：一个妈妈有两个孩子，她爱他们，每天给他们做饭。一个孩子每天吃完饭，都要大声宣布：“妈妈你真好，等我长大了，我一定给你买一个大房子！每天请人给你做饭。”另一个孩子则不言，他给妈妈倒杯水，捶捶背，尽己所能。你说长大谁会更加孝顺？所以幸福其实不是一种希望，而是一种能力，你现在就可以练，而且现在就应该练。

当下即道场，其实幸福本无须等待。那些让我们温暖的东西，不在远处，不在高处，而在我们的内心深处。

古　典

新精英生涯创始人

序　言

科学地解读幸福

一个忘恩负义的孩子比毒蛇的牙齿更让人痛彻心扉。

——莎士比亚，《李尔王》

假设你刚刚得知自己的生命只剩下最后 10 分钟了，你会做什么？你会不会冲到楼上，点燃一支从福特总统执政时期就一直珍藏在装袜子的抽屉里的万宝路香烟？你会不会气定神闲地走进老板的办公室，向他细数他的种种人格缺陷？你会不会开车到新购物广场旁边的牛排店，点一份五分熟的带骨牛排，而毫不在乎五分熟的牛排里含有对身体非常有害的胆固醇？当然，你到底会干什么是很难说的，但是，在人生的最后 10 分钟里，多数人会干一些平时不敢干的事情。

平日里大多数人都不敢干出格的事情，而有些人却对此不以为然。他们还会怂恿你像过最后 10 分钟那样度过生命中的每一个 10 分钟——这只能证明有些人将会把生命的最后 10 分钟用来给别人出馊主意。在期待自己的生命自然而又正常地延续下去的时候，我们的行为肯定同期待它戛然而止的时候不同。我们减少脂肪的摄入量，尽量不抽烟，在上司开了一个不怎么好笑的玩笑时尽职尽责地微笑，还会戴着浴帽坐在浴缸里一边吃杏仁饼干，一边读一本有关幸福学的书。为了将来着想，我们小心翼翼地做这些事，就像对待自己的子女一样对待自己的将来，用一天中大部分的时间来描绘一个又一个能够让自己幸福的明天。我们绝不放任自己沉湎于任何及时行乐式的享受中，而是时刻要为将来的那个自己负责任。为了能够在退休之后悠闲地打高尔夫球、安度晚年，我们每个月都会存一点儿钱；为了能够不受冠状动脉硬化和假牙之苦，我们定期慢跑和使用牙线；为了有朝一日能够把小脸儿胖嘟嘟的孙子抱在怀里享受天伦之乐，我们不得不忍受臭气熏天的尿布，还要不厌其烦地一遍又一遍地讲着《帽子里的猫》这样的故事。我们甚至觉得在便利店花上 1 美元也是在积德行善，因为很快我们就能够享用现在我们付钱买下的奶油夹心蛋糕了。事实上，几乎不管在什么时候，无论我们想得到什么，升职、婚姻、汽车或者汉堡包，都是为了“未来的自己”能够在 1 秒钟、1 分钟、1 天或是 10 年之后享受从“现在的自己”这里继承下来的世界。现在，我们期待“未来的自己”在享受今天的英明决策和严格自律带来的胜利果实的时候，会感激“现在的自己”做出的牺牲。

好吧！你可千万别屏住呼吸，指望“未来的自己”知恩图报，跟我们的子女一样，“未来的自己”也常常会忘恩负义。我们累死累活地工作，希望能够把我们认为“未来的自己”会喜欢的一切留给“他们”。可是，“他们”辞去了工作，留长了头发，搬离旧金山或者搬到旧金山，还认为现在的我们简直愚蠢得可笑，居然认为“他们”会喜欢那些东西！我们不但没有得到任何赞赏和奖励，到头来，“未来的自己”居然还感谢上帝没有让一切都按照我们鼠目寸光、引人误入歧途的计划进行。甚至，在咬了一口几分钟前我们刚买下的那个奶油夹心蛋糕之后，“未来的自己”还会苦着脸抱怨我们点心买得不对。当然没有人喜欢被批评，然而，假如我们努力奋斗的事情并没有为“未来的自己”带来快乐，或者我们没有能够成功避免的事情反而给“未来的自己”带来了快乐，那么“他们”确实有充分的理由对我们投来鄙夷的目光，并质疑我们到底是怎么想的（虽然这有点儿忘恩负义）。“未来的自己”可能会承认我们的动机是好的，或勉强承认我们已经竭尽所能了，但是“他们”还是不可避免地会向心理治疗师抱怨：我们竭尽所能争取到的结果对“他们”而言还是不够好。

怎么会这样？我们不是应该很清楚明年甚至是下午的那个自己的品味、爱好、需求和渴望吗？难道我们对“未来的自己”了解得还不够，不能规划“他们”的生活吗？难道我们找不到“未来的自己”将会珍视的事业和爱人吗？难道我们买不到会让“未来的自己”喜爱许多年的沙发套吗？为什么最后这些东西都被束之高阁？为什么“未来的自己”的生活中充斥着我们认为不可或缺，而“他们”却认为让人受罪、令人尴尬或者一无是处的东西？为什么“未来的自己”会批评我们选择的恋爱对象，质疑我们谋求事业发展的策略，还要花大价钱清除我们造价不菲的文身？为什么在想到我们的时候，“未来的自己”不会感到骄傲和欣赏，反而会感到悔恨和如释重负？要是过去我们曾经在某些根本性的方面忽略了“未来的自己”，怠慢了或者虐待了“他们”，对此我们还能够理解，可是我们为“他们”奉献了所有的青春年华，“他们”怎么能够在我们终于实现了梦寐以求的目标之时感到失望呢？我们不遗余力地想要“未来的自己”避开那个地方，可是“他们”其实现在就在那里，甚至为此被喜悦冲昏了头脑，怎么会这样？“他们”出问题了吗？

或者，是我们出问题了吗？

在我 10 岁那年，我们家最神奇的东西就是一本关于视错觉的书，通过它，我认识了缪勒 - 莱耶线条、纳克方块和剪影高脚杯。两端箭头开口向外的那条线怎么看都比箭头开口向里的那一条要长，可是我们用尺子一量就能发现两条线其实一样长；纳克方块有时候看起来是侧面开口，有时候又像顶端开口；这一刻高脚杯的图案看起来像是两张对视的侧脸，而下一刻又变成一只高脚杯了。我会坐在爸爸书房的地板上，花上几个钟头盯着这本书——这些简单的图形居然会让我的大脑相信一些明知不对的东西，这让我着迷。就在这个时候，我认识到错误是很有趣的，并开始规划一个包含几处错误的人生。但是，视错觉之所以有意思，不仅因为它使每个人都犯错误，而且因为它使每个人都犯同样的错误。要是我看到一只高脚杯，你看到猫王，而我们的一个朋友看到的是蘑菇形状的卡通图案，那么我们看到的就是一块儿有趣的墨水渍，而不是一张蹩脚的视错觉图案。视错觉之所以如此吸引人，是因为每个人都先看到高脚杯，再看到两张侧脸，然后眨眼间，它又变成高脚杯了。视错觉在我们的认识中造成的错误是自然发生的、有规律的和成体系的。它们不是愚蠢的错误，而是聪明的错误——正是这些错误帮助那些真正理解它们的人，窥见人类视觉系统精巧的构造与内部工作原理。

在试图想象自己未来的时候，我们犯下的错误也是自然发生的、有规律的和成体系的。它们有固定的样式，在很大程度上，它们能够像视错觉反映人类视觉的局限性一样，反映出人类预测能力的局限性。这

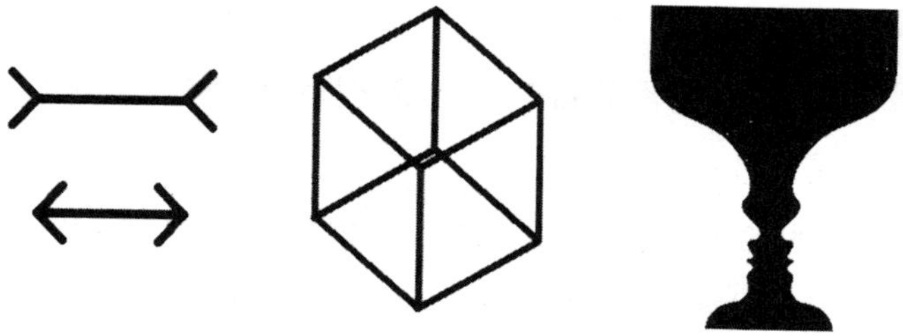

就是本书要探讨的问题。虽然书名中提到了“幸福”，但是这并非一本告诉你该如何找到幸福的行动指南。那一类图书都在心理自助类图书的书架上，如果你买了一本那样的书，并做了那本书鼓动你做的一切，却发现自己还是很郁闷，那么你可以回过头来读读本书，了解一下为什么会这样。本书讲述的是一些基本的科学道理，而这些道理解释了人类大脑是如何想象未来、如何预测自己会最满意哪种结果的，以及这样预测的准确性。本书讨论的是众多思想家在过去 2 000 多年间苦苦思索的问题，并利用这些思想家（以及我自己）的想法来解释，为什么我们对“未来的自己”的情感和精神世界的了解如此浅薄。这个问题就像一条跨越数条国境线却无法免签通行的河流，因为还没有哪个学科能够对这个问题给出有说服力的解释。本书结合了心理学、认知神经学、哲学和行为经济学的理论，得出了一个我自认为很有说服力的解释，当然，这个解释到底有没有道理，还要读者自己来判断。

写一本书的过程本身给作者带来了满足感，但阅读一本书需要读者投入时间和金钱，所以你自然希望能够得到明显的收益。如果你感觉本书既没有让你受到教育，又没能让你感到愉悦，作为补偿，你还希望能够回到读本书之前的时光并收回你的净投资，这当然是不可能的。所以，在写作本书的时候，我希望可以把它写成一本让人感觉兴趣盎然、不忍释卷的书，而前提是它的读者并非自视甚高的人，剩下的生命之路还足够长，至少要比 10 分钟长。在读完本书之后你会有怎样的感觉，谁也说不清，即使是那个即将开始阅读本书的“未来的你”，也不知道。不过，要是“未来的你”在读完本书之后感到不满意，至少“他”能够理解为什么一开始你会错误地认为“他”会感到满意。[1]

第一部分

梦想的幸福

第一章
通往幸福未来的思考之旅

唉！要是一个人能够预先知道一天工作的结果该有多好啊！

——莎士比亚，《裘力斯·恺撒》

神职人员发誓严守清规戒律；医生发誓绝不会伤害病人；邮递员发誓要克服大雪、冰雹和地址不详等各种障碍，及时安全地把信送到人们手中。但是，没有几个人能认识到这样一个事实——其实心理学家也需要立下誓言，承诺自己在职业生涯中将会出版这样一本书或者发表至少一篇文章，其中包含这样一句话“人类是唯一一种……的动物”。当然，我们可以随心所欲地填补句子空白的部分，但是已经给出的部分不能随意改动。我们中的大部分人都选择在职业生涯相对较晚的时期来完成这个神圣的使命，因为我们清楚地知道，后来的心理学家都会对我们皓首穷经的研究成果视而不见，只会记住我们是如何补全这句话的。我们还知道，我们填进去的东西错得越离谱，我们的名字就越容易被记住。比如，在有人教会黑猩猩使用手语进行交流之后，在空白处填入“能够使用语言”的那些心理学家立刻受到了特别关注；研究人员发现野外生存的黑猩猩能用小木棍从蚁穴中掏取美味的白蚁（有时候还会用小木棍来敲同伴的头）后，一夜之间，全世界的人都记住了那些在空白处填上“使用工具”的心理学家的全名和通迅地址。因此，大部分心理学家都有充分的理由尽可能地推迟填补这个句子的时间，并期待自己拖延的时间足够长，足以让自己及时离开这个世界，以避免在公众面前被猴子羞辱的尴尬。

以前我从来没有尝试过要填补这个句子，但现在我打算这样做了，诸位就是我的见证人。人类是唯一会思考未来的动物。现在，请允许我坦率地说，我曾经养过猫、养过狗，也曾经养过沙鼠、老鼠、金鱼，还有螃蟹（不，其实我没有养过这些玩意儿），而且我确实发现这些非人类的动物常常会做一些让它们看起来好像有能力为未来做计划的事情。然而，一位戴着廉价假发的秃顶的人常常会忘记这样一个事实——看起来拥有同真正拥有还是不一样的，任何一个明察秋毫的人都能发现真发和假发的区别。比如，我住在郊区，每年秋天，我家院子里的松鼠就好像知道如果自己现在不先把一些食物储藏起来，冬天就没有食物可吃了。（我家院子里的松鼠体形大致相当于普通松鼠的 2 倍。）我居住的城市里的居民受教育水平普遍较高，但还没有人发现这座城市里的松鼠比别的地方的聪明。它们拥有一般松鼠的头脑，会通过普通松鼠的眼睛观察阳光的强度，在光线强度减弱到相当水平的时候，松鼠就会开始常规的食物储藏活动了。白天变短诱发了它们的食物储藏活动，这些松鼠并不是因为考虑到明天的问题才开始干这些事的，我家庭院里的松鼠对明天的认识与自由落体的石块对重力的认识水平相当，也就是说，它们并不真正知道未来是怎么一回事。除非有朝一日，黑猩猩会因为担心自己孤独终老而失声痛哭，或者微笑着计划即将到来的暑假，或者因为自己穿短裤时显得很胖而拒绝一个涂了糖浆的苹果，我才有可能承认我补充完整的这个句子的结论是错误的。我们用其他任何一种动物都不能、不会也从来没有采用过的方式来思考未来，而这个简单的、普遍的且普通的行为是我们人类的特性。[2]

只有人类可以创造未来

如果让你说出人类最伟大的成就，你也许首先就会想到人类创造出来的那些令人惊叹的伟大工程——吉萨大金字塔、国际空间站或者金门大桥。这些确实都是伟大的成就，而我们的头脑也因为这些成就而有资格受到英雄般的礼赞。但是，这些都不是最伟大的发明。一台复杂的高级机器就能够设计和建造其中任何一样东西，因为设计和建造需要知识、逻辑和耐心，而计算机有这方面的功能。事实上，只有一样成就是真正无与伦比的，即使是最复杂最高级的机器也无法假装自己曾经取得了这样的成就，这项成就就是有意识的体验。观赏吉萨大金字塔、记住金门大桥和想象国际空间站，比建造其中任何一个的行为都更了不起。而且，在这些了不起的行为中有一样更是出类拔萃。“观赏”是按照世界现在的样子来体验它，“记忆”是按照世界过去的样子来体验它，而“想象”则是抛开世界现在的样子、曾经的样子，按照它可能的样子来体验它。人类头脑最伟大的成就就是它想象物体和情景的能力，而这些物体和情景并没有存在于现实世界中，正是这种能力使我们能够思考未来。有一位哲人曾经说过，人类的大脑是一台“会思考的机器”，而“创造未来”是它所做的最重要的事情。[3]

但是，“创造未来”到底是什么意思？我们至少可以从两个方面来考察大脑如何“创造未来”，其中一方面是所有动物共有的，而另外一方面则是人类特有的。所有的大脑——人类的大脑、黑猩猩的大脑，甚至是本能地储藏食物的松鼠的大脑，都能够预知即将发生、近在咫尺且同自身息息相关的未来。它们通过判断当前事件和过去事件的相关信息（比如，“我嗅到了什么”“上次我闻到这股气味的时候有个大家伙想要吃掉我”）来预见接下来自己会出什么状况（“有个大家伙想要……”）。[4] 但是请注意，这种所谓的预见性有两个特点。首先，虽然我在括号里写出了台词，但是这种预见不需要大脑做任何有意识的思考。就像算盘不需要考虑任何算术法则就可以计算出“2+2=4”一样，大脑也可以不假思索地把过去和现在自动叠加以算出未来。事实上，做出此类预测根本不需要大脑。稍加训练之后，一只叫作“黑边海兔”的海蛞蝓就学会了预见并躲避直击其鳃的电流。而任何一个稍有解剖学常识的人都知道，毫无疑问，海蛞蝓是没有大脑的。计算机也没有大脑，但是它们也有海蛞蝓的本事。如果你午饭时还在新泽西州的霍布肯，晚饭时却跑到巴黎去刷卡了，计算机就会拒绝你使用信用卡付账。简而言之，机器和无脊椎动物都证明，对未来做出简单的预测并不需要聪明、本能和有意识的大脑。

对这种预见性，我们需要注意的第二个问题是，此类预测通常考虑得不太深入。这种预见性同对通货膨胀率的预测，对后现代主义对知识界影响力的展望，对宇宙热寂说的推测或者对麦当娜头发的下一种颜色的猜测，完全无法相提并论。这种预见性关注的是在此情此景中，迫在眉睫且与“我”息息相关的事情。我们之所以把这也称为“预言”，是因为英语词汇里找不出更好的词语了，但是使用这个术语其实是有可能带来误解的。这个词的寓意是，深思熟虑之后对将会在任何地方、任何时间发生在任何一个人身上的事件的预测。而大脑则不断地对此情此景中即将发生在其主人身上的事情做出预测，大脑的主人却对此毫无察觉。使用“预言”这个词有可能妨碍人们认识到这个事实。在这个时候，大脑其实不是在预测，而是在推演接下来要发生的事情。

此时此刻，你正在做这样的即时推演。比如，此时此刻你也许正在本能地思索自己读到的句子，或者想着口袋里顶着你的大腿的那串钥匙，或者考虑 1812 年的那场战争是否应该打。不管你是怎么想的，你心中所想的肯定不是这个句子的最后一个词应该是什么。然而，即使就是现在，当这些词在你头脑中徘徊，而你正在思索这些词所激发的想法的时候，你的大脑还是在利用你正读到的和刚刚读到的词来对你将要读到的下一个词做出合理的推测，这正是你可以顺利进行阅读的原因。[5] 任何一个经常接触黑色电影和廉价侦探小说的人，在看到“这是一个暴风雨交加的漆黑的……”这类句子的时候，都期待自己将会读到“夜晚”这个词。因此，如果紧接着出现的是“夜晚”这个词，大脑就已经做好了充分的准备来理解它。只要你的大脑对下一个词的猜测是正确的，你的阅读过程就是非常愉快和顺利的，从左到右，一个个黑色的铅字就在你的头脑中转化成了想法、景象、角色和概念。你轻松地享受着阅读的乐趣，完全没有意识到你的大脑其实在一刻不停地以惊人的速度推演着即将发生的事情，也就是这个句子的“将来”。“只有在大脑猜错了的时候，你才会突然感到‘牛油果’，也就是大吃一惊。”明白这种感受了吧?

现在，让我们来考虑一下刚才你感受到的短暂的诧异到底有什么意义吧！当遇到意料之外的事情时我们才会感到惊讶。假设有一天，你憋着一泡尿，拎着大包小包急急忙忙地打开家门，却看到34个朋友头上戴着纸帽子站在客厅里对着你高喊:“生日快乐！”这就是惊讶。这种惊讶反映了人类会有期待这一特点。读到上一段结尾的那句话时你之所以会感到诧异，是因为在读“只有在大脑猜错了的时候，你才会突然感到……”这句话的时候，你的大脑正在对下一个出现的词进行合理的预测。它预见到在下几微秒的时间内，你的眼睛将要看到的是传递一种感受的方块字，比如难过、恶心，甚至是惊讶。可是，你却看到了一种水果的名称，这让你从按部就班的惯性状态中清醒过来，任何一个旁观者都能够由此理解期待的本质。突然之间感受到的惊讶让我们意识到，原来我们在期待一些同眼前的景象不同的东西，即使在此之前我们根本就不知道自己在期待什么。

惊讶通常都会伴有可见的和可量化的反应，比如挑眉、目瞪口呆，还有大声惊呼等。因此，心理学家能够利用惊讶反应来判断大脑是否在进行即时推演。比如，如果研究者当着一群猴子的面将一颗球放到一条滑道上，这些猴子就会很快地将视线投向这条滑道的底端，等着球再次出现。可是，如果研究人员要些实验花招，让球从另一条滑道中滑出，这些猴子就会表现得很惊讶，这很可能是因为它们的大脑在进行即时推演。[6] 人类的婴儿对奇怪的现象有着同样的表现。比如，在看到录像画面中红色的大方块撞击黄色的小方块，而小方块立刻滑出屏幕的景象时，婴儿毫无反应。但是，如果小方块没有立刻滑出去，而是在屏幕上停留了一小会儿，他们就会直盯着屏幕看，就像大人们看到火车出轨一样——好像停留的片刻违反了大脑即时推演的某种预测。[7]此类研究说明，猴子的大脑“知道”一点儿重力知识（物品会垂直落下而不会转弯），而婴儿的大脑“知道”一点儿动力学知识（运动的物体会在接触静止物体的那一瞬间立刻将能量传递到它身上，而不是在几秒钟后传递）。更重要的是，它们说明，猴子的大脑和婴儿的大脑都能够将它们已经知道的东西（过去）同它们此时此刻看到的东西（现在）结合起来，并对即将发生的事情（未来）进行预测。当下一刻实际发生的事情同即时推演的结果不同时，猴子和婴儿都会有惊讶的感觉。

我们的大脑天生就适合进行即时推演，而且会不断这样做。当我们在沙滩上散步，双脚踩在沙滩上时，大脑就会判断出沙地的软硬程度，并相应地调节施加到膝部的力量。在我们跳起来接飞碟的时候，大脑会预测在跳起来截断飞碟飞行路线的时候飞碟会飞到哪个位置，并命令我们的手伸到那个位置。当我们看到一只小沙蟹在爬回大海的路上匆匆爬到一块木头后面，大脑会猜测这个小东西会在什么时候从什么地方再露出头来。这些预测的速度和准确性都是非常值得称道的，我们简直无法想象当有一天大脑失去了这种功能，我们变成彻底的“活在当下”的生物，不知如何踏出下一步时，我们的生活会变成什么样子。然而，虽然这种自动的、连续的、下意识的对此时此刻、此情此景中同自身息息相关的对未来的预见，非常伟大也非常普遍，但是这并不是让人类跳下大树、穿上礼服且区别于其他动物的那种预见性。事实上，就算是一只从来没有离开过自己生活的小水塘的青蛙也能够进行这样的预测，所以这不是我想要表达的那种预见性。我们人类，而且只有我们人类才能够创造出来的那种未来，与这种未来是截然不同的。

你的未来是什么样子？

大人喜欢问小孩子愚蠢的问题，因为他们可以在小孩子给出愚蠢答案的时候笑话他们。我们经常问小孩子的一个愚蠢的问题是："你长大了想要干什么？"小孩子常常被这个问题弄糊涂了，他们也许会担心，大人之所以会这样问，是因为他们有可能长不大，而是越长越小。他们即使最后回答了这个问题，也常常只是给出像"卖糖人""攀树人"之类的答案。我们会为此窃笑不已，因为我们知道这些孩子成为卖糖果的或者爬树的人的概率非常小，而且概率会越来越小。之所以概率会越来越小，是因为一旦这些孩子长到自己也能提出这样愚蠢问题的年纪的时候，他们中的大多数人就不再想成为这样的人了。然而，需要注意的是，尽管对"你长大了想干什么"这个问题，答案都是错误的，但是它们是另外一个问题的正确答案，这个问题就是"你现在想干什么"。小孩子不知道自己以后想干什么，因为他们根本不懂得"以后"是什么意思。[8] 所以，他们就像老奸巨猾的政客一样，避开了别人的问题而直接回答他们能够回答的问题。当然，大人对这个问题的回答要好得多。如果你问一位 30 多岁的女性希望退休以后在哪里生活，她也许就会提到迈阿密、菲尼克斯以及其他一些生活安逸的地方。目前，她可能非常享受奋力打拼的都市生活，但可以想象，几十年后，她也许会更加珍惜休闲娱乐或者及时的医疗救护，而不再对艺术馆和有权有势的男人感兴趣。小孩儿只能想到事情现在的样子，而大人则能够想到事情将来的发展。在从婴儿车向轮椅迈进的历程中，我们了解了什么是“以后”。[9]

“以后”，多么让人惊讶的想法，多么有威力的概念，多么伟大的发现！人类是如何学会在自己想象的链条中预见那些还没有发生的事情的？哪一位史前的天才第一次意识到他可以闭上眼睛任思绪飞向未来？不幸的是，即使是最伟大的想法也雁过无痕，没有留下化石供我们对它们的年代进行碳 14 测定，所以“以后”的自然发展史对于我们来说永远成了不解之谜。然而，古动物学家和神经解剖学家确信，人类进化史上这个具有里程碑意义的事件应该发生在距今 300 万年前，而且它是突然发生的。最早的大脑出现在 5 亿年前，然后不紧不慢地经过了 4.3 亿年的进化，它才演化成最早的灵长类动物的大脑，又过了 7 000 万年左右，才发育成了最早的猿人大脑。然后又发生了一些变化，没有人知道到底是什么样的变化，大家的猜测五花八门，有人说是因为气候变冷，有人说是因为猿人学会了食用熟食，总之，即将变成人类的这些灵长类动物的大脑经历了前所未有的飞速发展，在 200 万年多一点儿的时间内脑容量增加了 1 倍多，从重量只有 1.25 磅①的能人的大脑进化成了重量近 3 磅的智人的大脑。[10]

现在，要是你吃许多热乳脂软糖，并让自己的体重在很短的时间内增加 1 倍的话，你肯定不会指望你身体的每个部位都平均增长。你的肚皮和屁股也许会是这些新增脂肪的主要生长部位，而你的手

① 1 磅≈0.453 6 千克。——编者注

指和脚趾可能还很纤细，没有变化。同样，人类大脑容量的激增也没有一视同仁地将大脑所有部分的体积都增大 1 倍，要是那样的话，现代人大脑的功能就会同原始人的大脑功能一模一样，唯一的区别在于它的体积变大了。事实上，现代人大脑的某部分长大了许多倍，这个部分叫作额叶（见图 1–1）。正如它的名字所暗示的那样，这个部分位于前额部位，就在眼睛的正上方。人类的祖先的前额是向后倾斜的，可是，额叶体积的增大将它撑高撑大，变成了现在这样鼓出来的、平平的样子，因此，我们的头才能戴得住帽子。而我们头形的这种改变主要是为了适应脑容量的激增。这个新的脑部器官都干了些什么，值得人类的头骨如此大费周折地扩容来迁就它的增大？这个部分到底有什么用，让大自然这样着急地让所有人都拥有一个如此大的玩意儿？额叶到底有什么了不起？

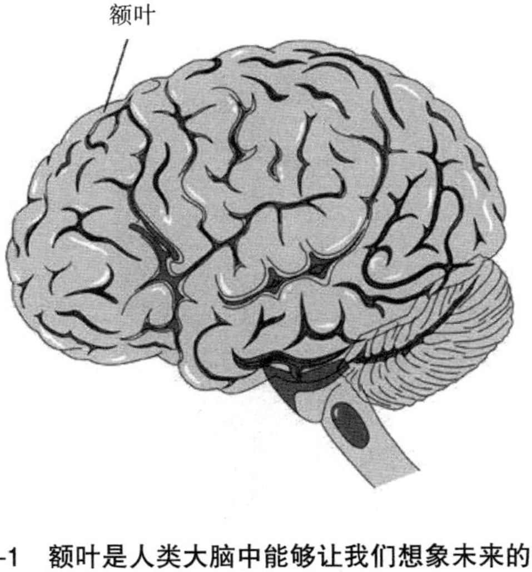

图 1–1　额叶是人类大脑中能够让我们想象未来的部分

直到最近，科学家们还认为额叶其实没有多大用处，因为那些额叶受到破坏的人的生活似乎没有受到任何影响。菲尼亚斯·盖奇是拉特兰铁路公司的工头，在1848年的一个美丽的秋日，工地不幸发生了爆炸事故，一根铁棍不偏不倚地正好打到他的脸上，从左面颊进入，从头骨上方穿出，在他的颅腔内穿出了一道沟，捅掉了很大一块额叶（见图1–2）。菲尼亚斯被砸倒在地，有几分钟他完全动弹不了。然后，让所有人瞠目结舌的是，他居然站起来了，并且问有没有人肯陪他去看医生，他自己完全可以行走，不需要坐车。医生从他的伤口中清理出了一些脏东西，他的同事从铁棍上清理下来了一些脑浆。没过多久，菲尼亚斯和那根铁棍就都回到了自己的工作岗位。[11] 只是他的个性自此变得非常不讨人喜欢，这也是他至今还很有名气的重要原因。但更令人惊讶的是，除了这个变化之外，菲尼亚斯的一切都与常人无异。如果这根铁棍损坏的是大脑的另外一个部分，比如视觉皮层、布罗卡区域或者脑干，菲尼亚斯就有可

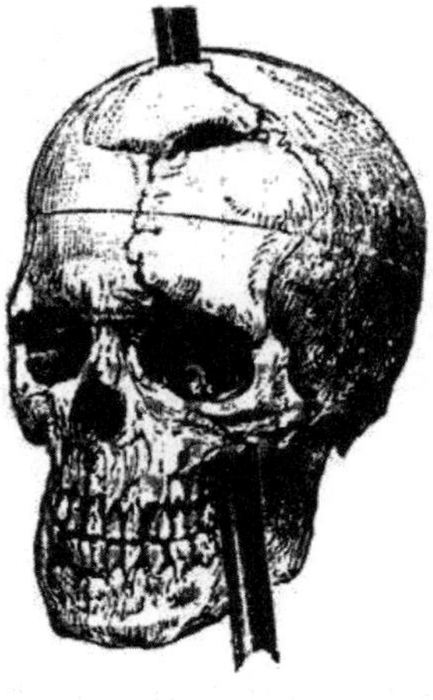

图1–2　受伤的头骨

注：早期的医学草图显示了铁棍是从菲尼亚斯·盖奇的头骨的哪部分进入的

能一命呜呼，或者变成盲人，或者变成哑巴，或者变成像卷心菜一样一动不动的植物人。然而，在此后的 12 年里，他不但活了下来，而且能看、能说、能工作，可以活蹦乱跳地到处跑。因此，神经学家得出结论：没有了额叶，人类的机能不会遭到破坏。[12] 一位神经学家在 1884 年写道："自从出现了那次著名的美国铁棍事故之后，人们就知道了原来额叶的损伤不会导致生理病征的出现。"[13]

但是，这些神经学家错了。19 世纪，人们对大脑功能的认知主要来自对那些像菲尼亚斯一样不幸在事故中遭受脑损伤的人的观察。到 20 世纪，外科医生们摒弃了这种"靠天实验"的研究方法，进行了更加精确的科学实验。他们的研究发现，原来额叶并非无关紧要的部位，相反它很有用处。20 世纪 30 年代，一位名叫安东尼奥·埃加斯·莫尼兹的葡萄牙医生，找到了一种让情绪激动的精神病患者平静下来的方法。他的灵感来自一种叫作"额叶切断术"的新型外科手术，这种手术利用化学和机械的手段破坏了额叶的部分组织。人们在猴子身上试验了这个手术。在手术前，如果有人把猴子的食物拿开，猴子就会非常愤怒，但是在手术后，对这样的挑衅行为，猴子却可以保持心平气和。莫尼兹在人类患者身上实施了这个手术，并且发现它同样可以起到平静情绪的作用（莫尼兹还因此于 1949 年获得了诺贝尔医学奖）。在其后的几十年间，外科手术的技术取得了进步（能够在局部麻醉的条件下用冰锥取出脑组织），从而避免了许多手术后的副作用（比如智商降低和小便失禁）。破坏额叶的某些组织已经成为在其他治疗方法无效的情况下治疗焦虑症和抑郁症的常规疗法。[14] 同 19 世纪医学界对额叶的传统认识不同，人们发现缺少额叶的确会引起人体的变化，这个变化就是，没有了它，有些人看起来活得更好了。

然而，在一些外科医生致力于研究额叶缺失的好处的时候，另外一些人却注意到了额叶缺失的坏处。通过手术对病人的额叶进行破坏之后，病人常常能够在常规的智商测试、记忆力测试以及类似测试中表现良好，但是在任何一种同做计划有关的测试中（即使是最简单的测试），他们都表现出明显的问题。比如，在做迷宫游戏或者在解决一些采取第一步之前要通盘考虑所有行动步骤的问题的时候，额叶受到损伤的人的表现和正常人的表现相比就像一个白痴。[15] 人们只是在实验研究过程中发现了他们计划能力的缺失。这些病人在日常生活中都表现得很正常，他们喝茶的时候不会把茶洒出来，也能够闲谈服装的款式，但是，他们根本没有办法说出自己今天下午打算干什么。在对这个领域的研究做总结的时候，一位杰出的科学家是这样说的："额叶损伤最常见的症状就是失去计划能力……只有额叶功能丧失的病人才会出现这种症状……而且，该症状同神经系统其他部分的病理损伤都没有关系。"[16]

现在，人们观察到了这两种现象——额叶某些部位的损伤能够让人平静下来，同时他会失去做计划的能力，这就是最后的结论。焦虑和计划这两个概念之间有什么联系吗？当然，它们都是由对未来的考虑激发的。当预见一些不好的事情即将发生的时候，我们会感到焦虑，我们通过想象自己将要如何展开行动来做计划。做计划要求我们能够洞察自己的未来，而焦虑是我们在预见未来结果之后可能产生的反应。[17] 只有额叶损伤，才会引起计划能力的缺失，以及焦虑情绪的消除，而且出现这样的结果是必然的。这些都充分说明，额叶就是大脑组织中使正常的成年人具备预见未来能力的关键器官。没有了它，我们就会陷入只看到现状的泥沼中，无法想象明天是什么样子，所以也不会担心明天可能带来的一切。现在，科学家们认识到，额叶“赋予健康的成年人思考自己未来生存状态的能力”[18]。因此，研究人员用“只能对当前的刺激做出反应”[19]，或者“被锁定在当前的时空中”[20]，或者“表现出只能考虑当前具体情况的倾向”[21]等说法，来描述那些额叶受损的人。换言之，他们跟“卖糖人”和“攀树人”一样，生活在一个没有“以后”的世界中。

一个可怜的被称为“NN”的病人的病例为我们打开了一扇窗户，让我们得以了解这个世界的另一个样子。1981年，NN在一次交通事故中遭到了闭合性颅脑损伤，当时他刚满30岁。检查结果显示，他的额叶受到了大范围损伤。在事故发生几年之后，一位心理学家访问了NN并记录了下面的对话：

心理学家：明天你要做什么？

NN：我不知道。

心理学家：你还记得我的问题吗？

NN：是关于明天我做什么的吗？

心理学家：是的，能否请你描述一下在考虑这个问题的时候你的头脑正处于什么状态吗？

NN：一片空白，我猜……就好像它睡着了……就好像有个人让你到一个房间里去拿一把椅子，而你却发现房间里空无一物……就像在湖中央游泳，没有什么东西可以帮助你浮起来，你什么也抓不住，什么也做不了。[22]

这种无法想象自己未来的情况是额叶受损病人的典型症状。对于NN来讲，明天就像一间空空的房间，在他试图勾勒“以后”的模样时，他的感觉跟我们这些正常人试图想象不存在的东西或者永恒时的感受一样。但如果你碰巧在地铁里跟NN谈话，或者是在邮局排队的时候跟他闲聊打发时间，你也许就根本看不出他缺乏这样一种对人类而言如此重要的能力。毕竟，他理解“时间”和“将来”都是抽象的概念，他知道小时和分钟是什么，知道60分钟等于1小时，也知道“之前”和“之后”的意义。那位访问NN的心理学家在报告中说：“他知道许多关于这个世界的知识，他也知道自己掌握这些知识，并能灵活地运用这些知识。他感觉自己同正常的成年人没有多大区别，但是，他看起来没有办法体会时间的延伸……他好像生活在‘永恒的现在’当中。”[23]

永恒的现在，一个多么让人心潮腾涌的短语啊！判决一个人被永远囚禁在当下，永远都无法脱离现在的束缚，生活在一个没有尽头、没有以后的时空中，这是一种多么奇怪又不真实的惩罚啊！我们中的大多数人都很难想象这样一种生存状态，这种体验同我们日常的经验如此相悖，以至我们常常轻描淡写地说，这不过是小概率事件，是一种由创伤性大脑损伤导致的不幸的、罕见的、奇怪的和异乎寻常的现象。在大脑最初形成的几百万年间，所有的大脑都被囚禁在永恒的现在当中，而大部分的大脑现在还是如此。但是，这些大脑不是你们的，也不是我的，因为在两三百万年前，我们的祖先开始了一场摆脱当前时空束缚的伟大的大逃亡行动，他们逃离的主要工具就是一团功能非常单一的灰色脑组织，它非常脆弱、布满褶皱、相互粘连。它就是额叶——人类大脑进化过程中最后形成的部分，也是成熟最慢且在老年阶段衰退最快的部分。额叶允许我们逃离当下，在未来到来之前体验它的时空穿梭。没有其他任何动物拥有我们这样的额叶，这解释了为什么只有我们才能够以现在的方式思考未来。但是，额叶的故事只能告诉我们关于未来的想象是如何进入我们的脑海的，却不能告诉我们为什么会这样。

学习活在当下

在 20 世纪 60 年代末，一位哈佛大学的心理学教授就像吃了迷药一样，居然辞去教职（当然，他受到了校方的一些鼓励），跑到印度见了一位大师，回来之后他写了《生活在当下》（*Be Here Now*）这本书。这本书的题目很好地表明了其核心内容。[24] 这位心理学教授宣称，快乐、成就感和智慧的关键就是停止对未来做过多的思考。

那么，为什么会有人不远万里跑到印度，耗费时间、金钱和脑细胞去学习如何停止思考未来？因为任何一位曾经尝试过学习冥想术的人都会知道，不去思考未来比成为一位心理学教授更具有挑战性。要做到不思考未来，我们就必须说服自己的额叶停止做它应该做的事情，这就像要求心脏不要跳动一样，所以额叶自然会抵制这样的指令。我们中的大多数人都跟 NN 不同，我们不需要竭尽全力地思考未来，因为我们对未来的想法会不请自来，未来经常出现在我们的意识当中，占据我们精神生活的每个角落。当被要求报告自己对过去、现在和将来分别进行了多少思考的时候，人们都说自己思索未来的时间最多。[25] 当研究人员对一个普通人意识流中出现的思维活动进行实际测量的时候，他们发现，我们日常思考中有 12% 的内容是同未来相关的。[26] 换言之，每 8 小时的思考中，就有 1 小时是关于还没有发生的事情的。如果 8 小时中你在我所在的这个州停留 1 小时，你就必须在这个州纳税，也就是说，实际情况是，我们中的每个人都是未来的临时住户。

为什么我们不能仅生活在当下？我们为什么做不到我们养的金鱼轻而易举就能够做到的事情？我们的大脑为什么会固执地让我们预见未来？毕竟，今时今日、此地此处，我们需要考虑的事情已经很多了。

人为什么会推迟享用免费大餐？

对这个问题显而易见的答案是，思考未来是令人愉快的。我们经常做各种各样美妙的白日梦，比如在公司野餐会上打出一记漂亮的本垒打，或者举着一张门板那么大的巨额支票同彩票委员会的官员一起合影，或是同银行里那位妩媚动人的柜员打情骂俏。这不是因为我们期待甚至渴望这些事情都会真正发生，而是因为仅仅想象这些可能性本身就已经其乐无穷了。研究证实了你很可能会怀疑的一个事实：当人们做关于未来的白日梦的时候，人们会想象自己达成目标或者取得成功，而不会想象自己把事情搞砸或者以失败收场。[27]

事实上，思考未来是一件无比愉悦的事情，所以许多时候我们宁愿不断地想象它，而不愿意真正实现它。在一项研究中，研究人员告诉实验对象，他们赢得了在一家豪华的法国餐厅免费就餐的大奖，并问他们愿意什么时候去吃这顿免费的大餐。现在，今晚，还是明天？虽然这顿大餐带来的愉悦感是显而易见的，也是非常诱人的，但大部分的实验对象都会将去餐厅的时间推后，一般都会推迟到下个星期。[28] 为什么人们会主动推迟这种享受？因为通过这一个星期的等待，这些人不但能够在豪华餐厅中消磨几个小时，津津有味地品尝牡蛎，优雅地啜饮 1947 年的白马庄红酒，而且能在之前整整 7 天的时间里怀着愉快的心情期待这些美味。囤积愉悦是从半颗果实中榨取双份果汁的技巧，这体现了人类的创造力。事实上，有很多事情，想象起来比真正体验起来要更加令人愉快（我们中的大多数人都想过与一位性感的对象做爱，或者大吃甜腻无比的甜点的情景，不过最后我们还是会发现想象这些事情比真正做这些事情要愉快得多）。在这些情形下，人们也许会希望无限期地推迟这些事情发生的时间。比如，某研究当中的实验对象被要求想象自己主动邀请梦中情人约会的情景，而那些对接近自己心上人的情节做出最详尽和最美妙设想的人，通常是最不可能在短期之内（之后的几个月内）就付诸行动的人。[29]

我们喜欢愉快地想象明天可能会发生的最美好的事情，为什么不呢？毕竟，我们总是在相册中塞满记录了生日派对和热带旅游的照片，却没有人会放关于交通事故或者在急诊室里看病的照片。我们希望自己能够怀着愉悦的心情走在记忆的大道上，所以为什么我们不能期待在想象的大街上漫步的经历也同样愉悦？虽然想象幸福的未来会让我们感到愉快，但它也会给我们带来一些麻烦。研究人员发现，当人们发现想象一件事情很容易时，就会对其真正发生的可能性做出过高的估计。[30] 因为我们大多数人都更愿意想好事而不是想坏事，往往高估了好事发生在我们身上的可能性，这导致人们对未来抱有不切实际的乐观态度。

比如，美国的大学生期待自己比一般人活得更长，维持婚姻的时间更长，到欧洲旅行的次数更多。[31] 他们相信自己更有可能生出天才孩子、拥有自己的房子、登上报纸头条，还相信自己患心脏病、性病、酗酒综合征、牙周病以及遇到车祸和摔断骨头的概率更小。各个年龄段的美国人都期待未来比现在更好，[32] 即使世界上其他地方的居民可能不像美国人这么乐观，他们也倾向于相信自己的未来会比现在跟自己差不多的人的未来更加美好。[33] 这种对自己的未来过度乐观的期待是很难消除的，经历一场地震也许会让人们暂时对自己将来死于灾难的可能性有比较实际的认识，然而几周之后，即使是那些劫后余生的地震生还者，也会重拾这种根深蒂固的乐观情绪。[34] 其实，那些挑战我们乐观信念的事实有时反而会让我们更乐观，而不是更悲观。某项研究发现，比起那些其他情况与他们差不多的人，癌症患者对自己未来的看法更加积极乐观。[35]

当然，我们的大脑不断虚拟的未来并不是只有美酒、香吻和美食，这些想象也经常是世俗的、乏味的、愚蠢的、令人不快的或者非常吓人的。那些希望找到帮助自己停止思考未来的方法的人通常都会担心自己的未来，而不是怀着愉悦的心情期待它。就好像你总是忍不住去晃一晃松动的牙齿一样，我们好像都莫名其妙地被迫想象将要出现的灾难和悲剧。在赶往机场的路上，我们会想象航班延误并因此错过同重要客户会谈的机会的场景；在去参加晚宴的路上，我们会想象每个人都带给女主人一瓶酒，而我们却两手空空的尴尬场景；在去体检中心的时候，我们会想象医生在看完我们的 X

光片之后皱皱眉头，神情严肃地说出一些可怕的话，比如“我们来谈谈你现在有什么选择吧”。这样恐怖的想象会让我们感到非常害怕，而这也确实令人毛骨悚然，那么，我们为什么要费劲地进行这样的设想？

其中有两个原因。第一个原因是，预先考虑到将要出现的令人不快乐的事情，能够减轻这些事情发生时对我们造成的打击。比如，某项研究的实验对象接受了电击实验，在受到电击的 3 秒钟前，他们会收到提示。[36] 有些实验对象（高压组）的右脚踝会接受 20 次高压电击，而另外一些实验对象（低压组）会接受 3 次高压电击和 17 次低压电击。虽然低压组受到的电击的总电压伏数少于高压组，但是他们的心跳更剧烈，出的汗更多，害怕的程度也更强烈。为什么？因为低压组的志愿者每次受到的电击强度都不一样，这使得他们无法预见自己的未来。很明显，无法预见的 3 次强烈电击比 20 次可以预见的强烈电击更让人痛苦。[37]

我们花那么多力气来想象不幸事件的第二个原因是，恐惧、担忧和焦虑在我们的生活中都起到许多有益的作用。我们通过夸张地描述其所犯错误的严重后果来引导雇员、孩子、配偶和宠物规范自己的行为，我们用同样的办法来督促自己，我们会想象少抹防晒霜或者多吃巧克力泡芙可能导致的严重后果，并以此说服自己放弃某些渴望。展望未来也可以是“展望恐惧”，[38] 它的目的并不是要预见未来并避免它的出现。研究证明，这常常是促使人们更加小心谨慎、瞻前顾后的有效策略。[39] 简而言之，我们有时候想象黑暗的未来，只是为了让自己现在更加谨慎。

控制未来能带给我们幸福感

预见性能够给我们带来快乐并防止痛苦，这是我们的大脑不屈不挠、竭尽心力地设想未来的原因之一。但是，这并非最重要的原因。美国人每年都高高兴兴地支付几百万美元甚至几十亿美元，给灵媒、投资顾问、精神领袖、气象预报员以及其他号称自己可以预见未来并以此获利的人。这可不仅是为了体验预测的快乐，而是希望知道将要发生什么，并采取相应的行动来应对。如果银行利息下个月会大幅上涨，我们就会赶快清偿所有贷款。如果下午会下雨，我们早上出门的时候就会带把伞。知识就是力量。尽管我们也希望能够活在当下，享受一下金鱼的快乐，可是我们的大脑还是坚持不懈地预测未来，这是因为我们的大脑希望能够控制我们即将体验到的东西。

但是，我们为什么想要控制自己将来的体验？表面上看来，这个问题就像问一个人为什么想要掌控自己的电视机和汽车一样，是非常荒谬可笑的。然而，还是请你放任一下我的荒谬吧。我们拥有硕大的额叶组织，所以我们能够看到未来，我们展望未来并对未来做出预测，而我们之所以要做出预测，是因为我们想要控制未来。可是，我们究竟为什么想要控制未来？为什么不能顺其自然，让未来渐渐展开？为什么不能满足于此情此景？这个问题有两个答案，其中一个惊人的正确，而另外一个则错得出奇。

正确的答案是，人们发现控制未来令人愉悦，并不仅是因为这种控制对未来产生的影响，而且因为控制行为本身。拥有影响力，能够改变一些事情、影响一些事情、让一些事情发生，这是人类大脑与生俱来的需求。从婴儿时期开始，我们的行为就无时无刻不反映出对控制的嗜好。[40] 在我们的小屁屁第一次碰到尿布的时候，我们就已经有了强烈想要吸吮、睡觉、大便和让一些事情发生的欲望。我们花了一些时间才实现让一些事情发生的夙愿，这只是因为我们需要一些时间来发现自己长着手指。一旦我们认识到了这一点……看看我们都对世界做了些什么吧！当蹒跚学步的婴儿碰倒一堆积木、推动一个皮球或者在自己的额头上挤碎一块儿杯形蛋糕的时候，他们都会兴奋地尖叫。为什么？因为这些事情都是他们干的，这就是原因。看，妈妈，是我的手让这一切发生的！因为我待在这间屋子里，它的面貌已经焕然一新。我想要推倒这些积木，果然它们倒下了。太棒了！控制一件事情的感觉太好了！

事实上，人生来就带有强烈的控制欲，在我们进入社会之后还是带着同样强烈的控制欲。研究表明，一旦在某时期失去了控制能力，人们就会变得郁郁寡欢、茫然无助、悲观绝望，并陷入抑郁的深渊。[41] 有时候，人们还会因此而死亡。在某研究过程中，研究人员送给当地养老院的老人们一盆室内植物。其中一半的老人被告知，这株植物的照料和浇水施肥由他们来控制（高控制组），而另外一半的老人被告知，工作人员会负责这株植物的照管工作（低控制组）。[42] 6 个月后，低控制组中 30% 的老人去世了，而高控制组中只有 15% 的老人去世。后续的研究再次证实了掌握控制权对养老院的老人的身心健康的重要性，但这也带来了意料之外的悲剧结局。[43] 研究人员安排学生实验对象定期看望养老院的老人们。高控制组的老人们可以决定学生拜访的时间和会客时间的长短（“请你下周四来陪我 1 小时”），而低控制组的老人们则没有这个权力（“下周四我会来陪你 1 小时”)。两个月后，人们发现高控制组的老人们比低控制组的老人们更快乐、更健康、更有活力，需要的医护服务也更少。这个时候，研究人员心满意足地结束了研究活动并停止了学生们的拜访活动。几个月后，这些研究人员十分懊恼地发现，高控制组中相当大的一部分老人都离世了。在进行反思之后，他们发现了导致这个悲剧的原因：研究结束后，那些在研究过程中得到控制权并从中获得相当益处的老人在无意中被剥夺了控制权。很显然，获得控制权对一个人的身心健康起着积极的作用，但是丧失控制权比从来都没有得到控制权更糟糕。

我们的控制欲是如此之强，控制局面的感觉又是如此美妙，所以人们常常会感觉自己能够控制那些根本就不可控的事情。比如，在玩那些凭运气定胜负的游戏时，如果对手看起来实力较弱，人们下的赌注通常就比对手看起来很有实力的时候多，这就好像他们相信自己可以控制自己抓到什么牌，从而利用对手实力较弱这个优势取胜。[44] 如果人们可以控制彩票上的数字，他们对自己可以中奖就更有把握。[45] 如果人们可以自己掷骰子，他们就对自己能够战胜对方更有信心。[46] 在骰子还没有掷出去的时候，人们下的赌注一般都比骰子已经掷出去但是结果还没有出来的时候多。[47] 要是他们自己能够决定掷出几点才算赢，他们的赌注就会下得更多。[48] 在所有这些例子当中，如果人们不相信自己能够掌控这些根本无法控制的局面，那么采取上述这些行为都是非常荒谬的。但是，如果他们在内心深处相信自己其实是可以控制局面的，即使只有微乎其微的控制权，上述这些行为也是再自然不过的了。事实上，我们在内心深处的确相信自己是可以控制这些事情的。为什么即使我们根本不知道比赛结果，观看昨天举行的橄榄球比赛的录像也让人感觉索然无味？这是因为比赛已经结束了，无论我们怎样加油呐喊，我们的声音都不可能穿透电视机，通过有线电视网络到达体育场，并在橄榄球奔向球门的那一瞬间改变它的运动轨迹！关于控制权的错觉最奇怪的地方也许并不是因为它的出现，而是因为它能够带给我们真正的控制力所能带来的许多有益心理健康的好处。事实上，对这种错觉真正有免疫力的人正是患有抑郁症的人，[49]在大多数情况下，这些人都能够精确地判断出自己到底能够施加多少控制力。[50]一些研究人员根据这些以及其他一些发现得出结论：控制感，无论真假，都是心理健康的源泉。[51]所以，如果我们提出“为什么我们想要控制自己的未来”的问题，那个惊人的正确答案就是，这样做的感觉好极了。这样做的影响是有益的，并让我们感到快乐。无论终点在哪里，驾驶自己的小船行驶在时间的河流中，这本身就是快乐之源。

讲到这里，你很可能会相信两件事。首先，“时间的河流”这个短语依旧会不断地出现在人们的嘴边，不太可能从现在开始就再也听不到它。其次，你很可能相信，即使驾驶一艘带有象征意义的小船驶过一条小河这件事本身就是愉悦和健康的源泉，但这艘船到底在哪里靠岸仍然要比驾船本身重要得多。扮演船长的角色本身就是一种快乐，但是，我们希望自己掌控航向的真正原因在于我们可以驾驶小船到夏威夷的哈纳莱伊，而不是泽西城。目的地的本质决定了我们到达时的感受，人类所特有的思考未来的能力能够帮助我们选择最好的目的地，并避开最糟糕的地方。我们之所以学会了展望未来，是因为我们可以在许多可能降临到我们身上的命运中进行选择，进而选择一种最好的命运。其他动物必须亲身经历每一件事才能够了解其中的喜怒哀乐，但是我们展望未来的能力使我们能够预想那些还没有发生的事情的结果，这样我们就可以免于体验艰难的历程。我们不需要伸手去触摸一块燃烧的炭，就知道这样做会灼伤我们的手，我们不需要亲身经历遗弃、鄙视、驱逐、降职、疾病或者离异，就知道我们应该竭尽全力避免这些情况。我们想要而且也应该有这样的渴望，即控制我们的航向。因为有些未来比另外一些要好，即使未来还如此遥远，我们也应该能够辨别出哪些好哪些不好。

这种想法是再明显不过的了，简直没有必要讨论，可是我还要在这里提起。事实上，我将会在下文一再提到这种想法，因为我无法用三言两语就说服你相信，这个看起来再自然不过的想法，其实就是那个离谱错误的答案。我们坚持要驾驶自己的船，因为我们认为自己很清楚应该去哪里，而事实上，我们所谓的驾驶在很多时候都是徒劳无功的，不是因为船不肯听我们的指挥，也不是因为我们找不到自己的目的地，而是因为真正的未来同我们预见的未来是截然不同的。正如我们会产生视错觉——两条等长的线看起来一长一短，这难道不奇怪吗？我们也会出现记忆错觉——我明明已经倒过垃圾了，却完全不记得自己做过，这难道不奇怪吗？我们也会产生预见错觉。这三种不同的错觉，其实都可以用同样的人类心理学原理来解释。

关于幸福的作战计划

说实话，我不仅会一再重复这个离谱错误的答案，而且会连续重击和敲打它，直到它举手投降。这个离谱错误的答案看起来如此合情合理，还受到大家的普遍拥护，所以只有不断地对它施以重创，才有可能把它从人们的惯性思维中清除出去。所以，在这场恶战开始之前，请允许我与诸位分享一下我的作战计划吧！

在第二部分中，我会告诉你关于幸福的科学知识。我们都驾驶航船驶向自认为会让我们幸福的未来，但是，幸福这个词到底是什么意思？对这种与感觉一样脆弱的问题，我们怎么能够指望自己可以找到实实在在的、科学的答案呢？

我们用眼睛来观察空间，用想象力观察未来。正如眼睛有时候会出现视错觉一样，想象力有时候也会蒙蔽我们。想象力之所以会导致预见错觉，主要因为它自身有三大缺点，本书将会对此进行简单阐述。在第三部分中，我将会告诉你想象力的第一大缺点：想象力的工作进行得异常迅速、安静和有效，所以我们根本没有能力来怀疑它。

在第四部分中，我会告诉你想象力的第二大缺点：想象力的产物……其实并不真的特别具有想象力，这解释了为什么我们想象中的未来同现实如此相像。

在第五部分中，我会告诉你想象力的第三大缺点：想象力无法告诉我们未来会有什么想法。如果预见未来发生的事情非常困难，那么预见自己对未来事件的看法会更加困难。

在第六部分中，我会告诉你为什么我们很难通过个人经历或者我们从祖先那里遗传下来的智慧修正预见错觉。我最后会告诉你一个修正这些错觉的简单方法，但是我几乎可以肯定，你是不会接受这个方法的。

在读完这些章节之后，我希望你能够理解为什么我们中的大多数人都在一生中花费那么多时间来掌舵和扬帆，却发现香格里拉并不在我们预想的那个地方。

第二部分

幸福是什么

第二章
幸福的相对论

但是，唉，从别人的眼中看见幸福，多么令人烦闷！

——莎士比亚，《皆大欢喜》

雷巴·沙佩尔和洛里·沙佩尔是一对双胞胎，但是，她们的性格差异很大。雷巴是一个有些害羞的禁酒主义者，曾经发行过一张乡村音乐专辑，还获过奖。洛里则是一个外向且妙语连珠的人，非常喜欢喝草莓果酒，她在一家医院工作，希望将来可以结婚生子。她们有时候会像其他姐妹一样争吵，但是在大多数情况下，她们相处得很愉快，相互取长补短，相互调侃，互接话茬儿。事实上，洛里和雷巴这对双胞胎姐妹有两点特别之处。第一，她们两个人共享一套血液循环系统、部分头盖骨、部分大脑组织，而且从出生之日起她们的额头就连在一起。洛里额头的一侧同雷巴额头的一侧紧紧连在一起，她们从出生之日起就这样面对面地连在一起。第二，她们生活得很快乐——不是屈服于命运或者单纯的知足常乐，而是心情愉悦、兴高采烈和积极向上。[52] 当然，她们独特的生存状态迫使她们不得不面临许多挑战，但是，正如她们常常指出的，谁又不是如此呢？当人们问起她们是否愿意进行外科分离手术的时候，雷巴代表两个人做出了回答："我们的态度是不，坚决不分。你们为什么会觉得我们想要分开？即使给我们所有的财宝，我们也找不到分开的理由。在分离的过程中，被毁掉的是两个人的生活。"[53]

那么，现在问题出现了：如果这是你的生活，而不是她们的生活，你会有什么感觉？如果你也回答"心情愉悦、兴高采烈和积极向上"，那么你一定没有搞清楚我想问的是什么。现在，我会再给你一次机会，试着给出诚实的答案，而不是正确的答案。诚实的答案是："沮丧、绝望和抑郁。"的确，很明显没有哪个精神正常的人会在这种境遇当中真正感到快乐，因此医学的传统认识就是，即使分离会让其中一个孩子或者两个孩子都丧命，连体婴儿也应该在出生时就被分开。正如一位杰出的医学史研究学者所写的："许多正常人，尤其是外科医生们，根本无法想象连体人的生活居然也值得体验，进而无从想象居然有人不愿意付出一切代价来尝试分离。这些代价包括行动能力、生育能力，甚至是连体人当中的一条或者两条性命。"[54] 换言之，不但每个人都认为连体人的生活要比正常人的生活凄惨得多，他们还认为连体人的生活毫无价值，而风险极大的分离手术是他们理所当然的选择。然而，尽管我们对此深信不疑，连体人自己却不是这样想的。当我们问起洛里和雷巴对自己生活的看法时，她们告诉我们，她们并不愿意改变自己的生活方式。在对相关医学文献进行深入研究之后，这位医学史研究学者发现："许多能够表达自己愿望的连体人都愿意继续做连体人，这其实是个非常普遍的现象。"[55] 在这个问题上，肯定有一方出错了。那么，到底错在哪里？

看起来只有两种可能性。在探讨幸福的时候，一定有一方错了，要么是洛里和雷巴，要么就是世界上的其他人，因为我们本身就属于其他人的范畴。所以很自然地，我们更愿意相信是洛里和雷巴错了，更会下意识地说“她们不过是这样说说罢了”，或者“她们可能会认为自己很幸福，但其实她们是不幸福的”，或者是更常见的“她们不知道幸福到底是什么”（在这么说的时候，我们通常都觉得好像自己知道幸福是什么）。这些回答都很有道理。但是，正如我们草草否定的那个说法一样，这些回答也不过是一家之言，无论是从科学的角度还是哲学的角度来看都是如此。这些论断都试图回答一个困扰了科学家和哲学家几千年的问题——当我们对幸福做出上面这些论断的时候，我们到底在讨论什么？

追求幸福是人类行为的根本动机

世上有数千本探讨幸福的书，其中大部分都以回答到底幸福是什么为开端。而读者很快会明白，这样做就像在开始朝圣历程的时候直接向看得到的第一个目标进发，因为“幸福”不过就是一个我们这些语言发明者按照自己的意愿用来指代某东西的词语而已。问题是，人们好像愿意用“幸福”这个词来指代一大堆不同的东西，这就导致了严重的术语使用混乱，而许多成功的学者穷其一生都在研究这个词的使用问题。只要花足够长的时间来研究这种术语混乱，我们就会发现，原来关于到底什么是幸福的争论，其焦点就是这个词能不能用来指代“这个”或是“那个”的语义学争论，而不是“这个”或者“那个”的本质是什么的科学性争论或者哲学性争论。那么“幸福”这个词最常指代的那些“这个”或者“那个”都是什么？“幸福”这个词至少被用来指代三种相关的东西，大致可以被分别称为“情感愉悦”“道德愉悦”“判断愉悦”。

这三种幸福中最基本的就是情感愉悦，但它实在是太基本了，所以在试图给它下定义的时候，我们常常找不到合适的词语，就好像碰到一个“一根筋”的孩子，非要问我们到底“the”这个词是什么意思，而这个找麻烦的孩子通常会为自己招来一顿皮肉之苦。情感愉悦表达的是一种感觉、一种体验、一种主观的状态，所以在客观世界里我们找不到适合它的指代意义。假设我们信步走进街角的酒吧，遇到一个外星人，并被要求定义这种感觉，我们要么会指向客观世界里能够带来这种感受的东西，要么会提到一些类似的感受。事实上，在被要求对主观感受下定义的时候，这是我们仅有的选择。

试想一下，我们会如何定义一种非常简单的主观体验，比如黄色？你可能会想，黄色不就是一种颜色吗？但是事实并非如此。它其实是一种心理状态，是一个视觉系统运行正常的人在自己的眼睛遇到波长 580 纳米的光波时所体验到的东西。如果在酒吧里遇到的那位外星人朋友问我们，在宣称自己看见黄色的时候我们到底体验到了什么，我们也许会指着一辆校车、一个柠檬和一只橡胶鸭子说：“看到这些东西了吗？在看到它们时都会出现的视觉体验就是看到黄色时的感受。”或者，我们会利用其他的体验来定义被称为“黄色”的这种体验。“黄色？与红色相比，感觉黄色更偏向于橙色。”如果那位外星朋友承认它想象不出鸭子、柠檬和校车有什么共同之处，也从来没有体验过橙色或者红色，那么唯一的选择就是再点1品脱①啤酒并将话题转到冰球这种人人都懂的运动上去，因为再也没有别的可以定义黄色的办法了。哲学家喜欢说主观状态是“无法归纳的”，也就是说，我们指向的任何东西，我们用来与其做比较的任何东西，以及我们从神经学方面对其所做的任何描述都没有办法完全取代这种体验本身。[56]音乐家弗兰克·扎帕因为说过一句话而赫赫有名：“用文字来书写音乐就像用舞蹈来表现建筑。”谈论黄色也是如此。如果我们的这位新酒友缺乏看到色彩的生理机制，那么无论我们指代的例子多么恰当，我们的描述多么准确，他都永远无法与我们共享黄色的体验，或者永远不会知道自己其实体验过黄色。[57]

情感愉悦也是如此。当我们第一次看到新生小孙女的微笑时，当我们听说自己得到晋升时，当我们帮助一位迷路的游客指出艺术馆的方向时，当我们品尝比利时巧克力时，当我们嗅到爱人身上香波的气息时，当我们时隔多年之后再度听到自己在高中时代最喜爱的歌曲时，当我们用面颊感受小猫咪柔软的皮毛时，当我们战胜癌症时，我们都会体验到幸福。当然这些体验是不同的，但是它们确实有一些相似之处。房地产当然与股票不同，它也和1盎司②黄金不同，但是它们都是某种形式的财富，并且在价值计量表上占据不同的位置。同样，听音乐的体验同感受小猫皮毛的体验是不一样的，这两种体验又都和得到晋升的感觉不一样，但是它们都是一种感觉，而且在幸福计量表上占据着不同的位置。在上面的每一个例子当中，

① 1品脱≈0.568 2升。——编者注

② 1盎司≈28.349克。——编者注

同世间某样事物的相遇都激发出了大体上相似的神经活动，[58]所以我们可以说，这些体验都具有某种共同之处，具有某种概念上的延续性。因此，人们可以将这些五花八门的现象归入同一个词语范畴，以便人们记忆。事实上，当研究人员分析某种语言当中的词语是如何联系在一起的时候，他们无一例外地发现，这些词语的褒贬意味，也就是它们同幸福或者不幸福体验的联系的紧密程度，是确定它们彼此之间联系的最重要的因素。[59]虽然托尔斯泰曾经写出了《战争与和平》这样伟大的作品，但是大部分语言使用者都认为“战争”这个词同“呕吐”的关系更紧密，而不是“和平”。

因此，幸福是一种大家都心知肚明、心照不宣的感觉。如果你生活在 21 世纪，而且与我共享一部分文化背景，那么刚才我指代的事物以及我做的比较会起到不错的作用，你会清楚地知道我所说的体验是什么。如果你是个至今还搞不清楚什么是黄色的外星来客，你就很难理解幸福这种体验了。但是请注意，如果你告诉我，在你生活的星球上，有一种感受和用 3 来除数字，用门把手轻触头部，还有在周二以外的所有时间有节奏地从任意一个小洞中释放出氮气的感受一样，我也弄不明白这到底是一种什么样的感受，我能做的就是学会代表这种感受的那个词语，并寄希望于自己能够在谈话过程中礼貌地使用这个词语。因为情感愉悦是一种体验，所以我们只能用引起这种感受的事物，或者通过这种体验与其他感受的联系来对它进行近似的定义。[60]诗人亚历山大·蒲柏在其《人论》一文中用了大约 1/4 的篇幅来探讨幸福问题，并用下面这个问题来结尾：“那么，是谁定义了幸福？或多或少，幸福就是快乐吗？”[61]

情感愉悦也许是无法描述的，但是当我们体验到它的时候，我们丝毫不用怀疑它的存在以及它的重要性。只要一个人曾经连续 30 秒以上观察过人类的行为，他就能够注意到，人们最强烈甚至首要的或者一意孤行想要追求的一种生活就是感受幸福。如果曾经存在这样一些人，他们爱绝望多过希望，爱沮丧多过满足，爱痛苦多过喜悦，那么他们一定擅长伪装自己，因为还没有人见过这样的人。人们想要幸福，而人们想要的其他东西通常也是得到幸福的手段。即使人们暂时放弃了幸福，比如在可以大快朵颐的时候选择节食，或者在可以睡觉的时候选择熬夜工作，他们通常也是为了将来收获更多的幸福而选择放弃暂时的幸福。字典中对“prefer”（更喜爱）这个词的解释是“选择一样东西而不选择另外一样，因为前者可能会让人更高兴”，也就是说，对幸福的追求已经渗透到了对每一种欲望的定义当中。从这种意义上来讲，与其说对痛苦和折磨的偏好是一种可以治疗的精神疾病，还不如说它是一种矛盾的修辞。

一直以来，心理学研究的传统就是把对人类幸福的追求当作解释人类行为理论的核心，因为心理学家发现，如果不这样做，他们就无法自圆其说。弗洛伊德这样写道：

> 人们无数次地问，人生的目标到底是什么，却一直没有找到令人满意的答案，而且，也许这个问题根本就无法得到令人满意的解答……因此，我们转而回答另外几个比较好回答的问题：人们通过自己的行为表现出来的人生目标和意图是什么？他们对生活有什么要求？他们希望在一生中得到什么？问题的答案是毋庸置疑的。人们拼命追求的就是幸福快乐，他们希望能够幸福，并一直如此。这种努力有积极和消极两个方面，一方面

它可以使你远离痛苦和不快，另一方面它可以让你体验到强烈的愉悦感。[62]

弗洛伊德是最好地表达出这个观点的人，但他并非第一个人，同样的观点以这样或者那样的形式出现在柏拉图、亚里士多德、霍布斯、穆勒、边沁以及其他人的心理学理论当中。其中以哲学家、数学家布莱士·帕斯卡的观点尤为明确：

所有人都追求幸福，这是毫无例外的。不管他们采取的是哪种方式，他们的目的都是追求幸福。不管是去打仗的人，还是竭尽全力避免战争的人，促使他们这样做的都是想要幸福的愿望，只是他们看待幸福的角度不尽相同。为了达到这个目的，人们的意志从来都是不可动摇的。这也是每个人做每项行动的动机，甚至自杀也是如此。[63]

哲学家眼中的幸福

既然每个世纪的每一位思想家都认识到人们在不断追求情感愉悦，为什么“幸福”这个词的定义会如此混乱？其中一个问题是，许多人认为追求幸福的欲望有点儿像排便的欲望：它是每个人都有的欲望，却不是特别值得骄傲的欲望。他们头脑中想到的幸福都是廉价的和低级的，是愚昧的“牛的满足”[64]状态，完全不可能成为有意义的人生基础。哲学家穆勒这样写道：“做一个得不到满足的人比做一头心满意足的猪要好，做一个得不到满足的苏格拉底比做一个心满意足的傻瓜要好。如果有人认为那个傻瓜或者那头猪的生活也算得上是一种人生态度，那么只不过是因为这些人只了解自己的观点而已。”[65]

哲学家罗伯特·诺齐克试图证明愿意成为心满意足的傻瓜的人无处不在，他虚构了一台可以虚拟现实的机器，这台机器可以让任何人体验到自己想要的感觉。与此同时，这些人轻易地忘记了自己其实不过是被连在这台机器上。[66] 他的结论是，没有人会自发地选择连在这台机器上度过余生，因为在这台机器上体验到的幸福根本就算不上是幸福。“有些人的情感是建立在极端不合理和不正确的评价标准之上的，所以无论他们的自我感觉如何美妙，我们都不愿意将这种感觉称为幸福。”[67] 简而言之，猪追求愉悦感的努力无可厚非，但是这样的目标实在不值得像我们人类这样复杂和能干的物种去追求。

现在，让我们花一点儿时间来考虑一些持有这种观点的人陷入了怎样的进退维谷的境地，并且猜一猜他们会采取什么措施脱离困境。如果你认为一个人的人生目标只不过是一种难以捉摸、毫无意义的感觉，那么生命实在算得上是一场悲剧。然而，你又不断地注意到人们花很多时间追求幸福，那么你会忍不住得出什么结论？你也许会说，“幸福”这个词并不是用来指代任何一种美好的感觉的，而是用来指代一种非常特别的、只有通过特别的手段才能够获得的美好的感觉的。比如，只有以恰当的、坚持道德操守的、有意义的、有深度的、丰富多彩的、苏格拉底式的、摆脱了猪一般的低级趣味的方式来生活，才能得到真正的幸福。这才是人们不会因为积极追求它而感到羞愧的感觉。事实上，希腊语中有一个专门的词语来描述这种特殊的感觉，这个词就是“eudaimonia”，其字面意思是

“好的精神”，但它的意义其实更接近于“人类的繁荣”或者“我们的生活方式”。对于苏格拉底、柏拉图、亚里士多德、西塞罗，甚至伊壁鸠鲁（一个通常让人像想到猪一样的快乐的名字）来说，能够激发这种感觉的唯一方式就是坚持操守、忠实履行自己的责任。而对“操守”这个词的理解则是仁者见仁、智者见智，众说纷纭。古雅典法律制定者梭伦认为，只要一个人还活着，我们就不能说他的人生是幸福的，因为幸福是一个人充分发挥自己潜能的结果，除非我们知道他一生的整体情况，否则我们怎么能够判断他是否充分发挥了自己的潜能？几个世纪以后，基督教理论家对这个经典的论断做了些许巧妙的扭曲：幸福不只是有德行的人的人生结局，也是对有德行的人的人生褒奖，而我们不一定要希冀在此生就得到这份褒奖。[68]

在 2 000 年的时间里，哲学家都觉得自己必须把幸福和德行联系在一起，因为他们认为这样的幸福才是我们应该想要得到的。也许他们是对的。但是，度过有德行的人生是得到幸福的原因之一，而非幸福本身。用同样的字眼来命名原因和结果使得问题探讨的过程非常混乱，也使得这种讨论对我们毫无益处。用大头针来刺你的手指，或者用电流来刺激你大脑中某特定的部位都会给你带来痛感，但是，这两种痛感是由不同方式带来的完全一样的感受。把第一种疼痛称为“真正的疼痛”，而把第二种疼痛称为“假的疼痛”，其实是没有任何意义的。疼痛就是疼痛，无论造成疼痛的原因是什么。因为混淆了原因和结果，哲学家有时候不得不牵强附会地去捍卫一些真正让人感到震惊的观点。比如，他们会说在阿根廷海岸上晒太阳的纳粹战犯并不会真正感到幸福，那个被食人族生吞活剥了的受人尊敬的传教士才拥有真正的幸福。在公元前 1 世纪，西塞罗写道：“无论受到何种摧残，幸福都不会颤抖。”[69] 我们也许会为了这句话中蕴含的大无畏精神而推崇它，但是，它也许根本无法反映那个被上帝派遣去做食人族点心的传教士的心情。

“幸福”这个词通常被我们用来描述一种体验，而不是带来这种体验的行为。“在花了一天的时间杀害自己的双亲之后，弗兰克感到很幸福。”这句话是否有意义？事实上，我们知道这句话是什么意思。我们希望永远都不会出现这样一个人，但是，这个句子是合乎语法的，结构也没有问题，还很容易理解。弗兰克是个变态的孩子，但是，如果他说自己很幸福而且他看起来也很幸福，从原则上来讲，我们又有什么理由来质疑他的感受？那么，“陷入昏迷的苏珊感到幸福”这句话有没有意义？当然没有。如果苏珊根本没有意识，不管她在这个巨大的不幸来临之前做了多少好事，她都不可能感到幸福。那么，下面这句话有意义吗？“这台电脑恪守十诫，而且像蛤蜊一样幸福。”再次说抱歉，这句话也没有任何意义。要是说一只蛤蜊会感到幸福也许还有一丝可能性，因为毕竟蛤蜊可能会有感觉。但是，我们非常确定，电脑是绝对不会有感觉的，所以不管一台电脑如何恪守戒律、不觊觎邻居的妻子，它都不会感到幸福。[70] 幸福是一种感觉，德行是一系列行动。这些行动能够导致产生这样的感觉，但是它们不一定能够带来这样的感受，也不是只有它们才能够带来愉悦感。

言不由衷的伪幸福

人们一般用“幸福”这个词来表达一种大家都心知肚明的感受，但是这并非这个词唯一的意思。哲学家混淆了“幸福”这个词的情感意义和道德意义，而心理学家则同样频繁和高明地混淆了它的情感意义和判断意义。比如，当一个人说“总的来讲，我对自己的生活方式和现状感到满意”的时候，心理学家通常都很乐意以此来推断这个人是幸福的。问题是，人们有时候也会用“幸福”这个词来表示他们认为某些事物是有好处的。比如，在说“我很高兴他们抓住了那个打破我汽车挡风玻璃的小浑蛋”的时候，说话人其实并没有感到一点儿快乐。那么我们怎么才能知道在什么情况下人们是在传达观点而不是在表达主观感受？当“快乐”这个词后面跟着从句或者“对……”引导的介词短语的时候，说话人一般都是在暗示我们，他们不是在用“快乐”这个词来表达自己的感觉，而是表达自己的立场。比如，我们的配偶激动地告诉我们，公司要派她到塔希提新建的分公司去工作 6 个月，在此期间我们必须在家照顾孩子，我们也许会说：“当然，对此我并不感到快乐。不过，如果你对此感到快乐，我就很高兴。”像这样的句子会让中学老师火冒三丈。但只要我们能够抑制住将每一个“快乐”都理解成情感愉悦的冲动，这个句子还是很好理解的。事实上，在第一次用这个词的时候，我们就让自己的配偶知道了我们在情感上肯定是不愉悦的，而在我们说“高兴”的时候，我们只是在表示认同自己的配偶对此感到快乐。当我们说“对……感到高兴”的时候，我们只不过是在表示某件事情具有让人感到高兴的潜力，或者过去曾经让人感到高兴，或者我们认识到了这件事应该能够让人高兴，但是现在我们完全没有这样的感受。我们并不是在宣称自己体验到了幸福或者任何类似的感受。如果我们对自己的配偶说："对此我并不感到快乐，但是，我知道你很快乐，我甚至能够想象得到，如果是我去塔希提，而你要留在家里应付那群叛逆的孩子，我就能够体会到快乐，而且不必在这里羡慕你的快乐。"当然，如果真的这么说了，我们就有可能失去自己的人生伴侣，所以，我们一般都会选择那个常用的缩略形式，说我们对某事感到高兴，而事实上，我们对此非常烦恼。这其实很正常，因为我们经常言不由衷。

每个人眼中的幸福都是不同的

如果我们都同意只用"幸福"这个词来指代那些大概能用"令人享受"或者"令人愉快"等字眼来形容的主观情感体验，如果我们都发誓不再用这个词来指代也许能够带来幸福的行为的高尚性，或者我们对某种体验的好处的认同，我们可能就会有一个疑问："我们从帮助一位瘦弱的老妇人过马路这件事情上得到的幸福，是不是和吃下一块香蕉奶油派所体验到的幸福不一样？前者是否更大、更好，也更有深度？"又或者因为做好事而体验到的幸福同其他幸福是不一样的？事实上，一旦我们产生了这样的怀疑，我们就会认为从吃香蕉奶油派中体验到的幸福和从吃椰蓉奶油派中体验到的幸福是不一样的，或者吃这一块儿香蕉奶油派所获得的幸福和吃那一块儿香蕉奶油派所获得的幸福也是不一样的。我们该如何判断这些主观情感体验到底是一样还是不一样的？

事实是，对此我们根本无法做出判断，同样，我们也说不清自己看到校车时体验到的黄色与另外一个人看到同一辆校车时体验到的黄色是否一样。一直以来，哲学家们前赴后继、勇往直前，试图攻克这个难题，但是，除了一次次的失败，他们一无所获。[71] 因为当一切都做过、说过以后，精确衡量两样东西的异同的唯一途径，就是让进行比较的人把它们放在一起比较，也就是说，把它们放在一起体验。在科幻小说之外，没有人能真正体验到与别人完全相同的感受。当我们还是孩子的时候，妈妈教导我们说，看到校车颜色的体验叫作“黄色”，作为顺从的小学习者，我们非常听话，妈妈怎么说就怎么做。后来，我们发现幼儿园里的每一个小伙伴在看到校车颜色的时候都宣称自己看到了黄色，这让我们感到很高兴。然而，这种大家共享的标签常常会掩盖这样的事实——其实每个人对黄色的体验都是不一样的，这也解释了为什么在被眼科医生诊断出他们无法像其他人那样区分色彩之前，许多色盲患者都不知道自己是色盲。虽然，看起来人们不太可能在看到校车、听到婴儿哭声或者闻到臭鼬气味的时候产生截然不同的感觉，但这其实是可能的，而且你有充分的理由相信这种可能性，任何一个珍惜自己时间的人都不会试图就此跟你争辩。

记忆是人生体验的浓缩版

我希望你没有轻易地放弃对不同的幸福做比较。确定两种幸福是否不同的方法也许并不是比较不同人对同一件事的感受，而是问一个体验过两种幸福的人对它们的感受。我也许永远都无法知道我对黄色的感受和你对黄色的感受是否一样，但是，当我在头脑中做比较的时候，我确信自己对黄色的感受和对蓝色的感受是不一样的，难道不是吗？遗憾的是，这个策略远比它表面看起来的更复杂。问题的症结就在于，当我们宣称自己在头脑中比较两种主观体验的时候，我们实际上没有同时感受到这两种体验。我们最多不过是刚刚体验完一种，又在体验另一种。当有人问我们到底哪种体验让我们更幸福，或者这两种体验是否一样的时候，我们最多不过是在把我们现在的体验与对过去的体验的记忆进行比较。魔术师和科学家已经一再证实，记忆这个东西，尤其是关于经验的记忆，是相当不可靠的。如果关于体验的记忆是可靠的，那么这种比较本身无可厚非。首先，让我们来看一个魔术。请看图 2–1 中的这 6 张扑克牌，选出你最喜爱的一张。不用告诉我是哪一张，你自己知道就可以了。只要看好你挑选出的这张牌，默记一到两次，或者干脆把它写下来，这样你就可以在读过几页书之后还能记得自己的选择。

图 2–1　扑克牌

现在，我们来看一看科学家是如何研究体验记忆问题的。在一项研究中，研究人员给实验对象看了一张人们可以在每家五金店的油漆柜台上都可以看到的色卡，并给了他们 5 秒钟时间来研究这张色卡。[72] 其中一些人用 30 秒的时间描述了这张色卡的颜色（描述者），而另外一些人则没有这样做（非描述者）。然后，研究人员要求实验对象从 6 张色卡中找出他们在 30 秒钟之前看过的那张色卡。第一个有趣的发现是，只有 73% 的非描述者能够准确地找出这张色卡。换言之，只有不到 3/4 的人能够说出这一次对黄色的体验同半分钟前的那次体验是否一样。第二个有趣的发现是，描述这种颜色非但没有提高人们完成该任务的能力，反倒破坏了人们完成任务的能力。只有 33% 的描述者准确地找出了原来的颜色。很明显，描述者对自己体验的语言描述“重写”了他们对体验的记忆。最后，他们记住的不是自己的体验，而是自己对这次体验的描述，而且他们的描述不够清晰和准确，以至无法帮助他们在短短 30 秒之后还记得原来的体验。

我们中的大部分人都有过相似的经历。我们会告诉一位朋友自己对在市中心时髦的小餐馆里喝到的庄园霞多丽葡萄酒非常失望，或者对某弦乐四重奏中我们挚爱的巴托克《第四协奏曲》的演奏不满意。事实上，在我们做出这种论断的时候，我们已经想不起来葡萄酒的味道或者四重奏到底是怎么演奏的了，我们记住的更可能是在离开音乐会现场的时候告诉同伴红酒和乐曲都是虎头蛇尾。我们对霞多丽、弦乐四重奏、利他主义的善行以及香蕉奶油派的体验是丰富的、复杂的和多维度的，同时也是无法捉摸的。语言的功能之一就是帮助我们来捉摸它们，帮助我们提取并记住我们体验中重要的特征，这样我们才能在事后分析并与人交流这些感受。《纽约时报》在线电影档案中存储的是影片的内容梗概而不是影片本身，因为影片会占据大量的存储空间，而且很难对它们进行搜索，对于那些希望不用观看影片就了解影片内容的人来说，存储影片本身对他们毫无用处。体验就像影片梗概，如果我们在大脑里储存的是自己生活的完整故事片，而不是对它们提纲挈领的描述，那么我们的头脑需要比现在大几倍才行。而且，在这种情况下，要是我们想知道或者想告诉别人参观某雕塑公园的体验是否值得买参观票，我们还得先把整个过程都回放一遍才能够得出结论。每一次回忆都需要花费与记忆中的事件一样长的时间，要是有人问我们是不是在芝加哥长大的，我们就完蛋了。所以我们将自己的体验简化成像"幸福"这样的词，尽管这些词无法真正地反映我们的体验，但是，我们可以轻松方便地带着这些浓缩的记忆走向未来。玫瑰的香气是无法重现的，可如果我知道它香气宜人，那么当我们再次闻到玫瑰香的时候，我们就会停下脚步好好享受。

幸福的魔力

我们对逝去事物的记忆是不完美的，所以将新的幸福体验同记忆中的幸福体验进行比较，并不是确定这两种主观感受是否一样的可靠方法。那么，让我们来尝试一种稍加改进的方式吧。如果我们无法清晰地记起昨天吃过的香蕉奶油派带来的美好感受，没有办法拿它同今天做好事的感受进行比较，也许我们可以比较两种几乎同时产生的体验，这样我们就可以观察它们真实的演变过程。比如，我们可以重新做一次色卡辨认实验，缩短原色卡和测试色卡出现的间隔时间，这样人们就肯定可以认出原色卡了，不是吗？那么，我们把时间缩短，比如 25 秒、15 秒、10 秒、1 秒，结果会如何？又或者，我们将识别任务再简化一下，让实验对象先观察一张色卡几秒钟，然后给他们看一张测试色卡（而不是几张），要求他们判断这一张和原来那张颜色是不是一样。中间既没有语言描述的干扰，又没有其他测试色卡颜色的干扰，而且出示原色卡和测试色卡的时间间隔也非常短。天哪！既然这项任务已经被我们简化到这种程度了，我们是不是能够预言所有人都能够通过这种“瞬间色彩识别”测试?

可以做出这样的判断，但前提是我们很乐意犯错误。在一项同上面我们设计的这个实验思路相同的研究中，研究人员请实验对象盯着计算机屏幕看一些书写形式很奇怪的文本。[73]这些文本之所以奇怪，是因为文本中相邻的两个字母总是一个大写一个小写，所以它看起来是这样的：lOoKeD lIkE tHiS。也许你已经知道了，在人们直视某东西的时候，他们的目光平均每秒钟会稍稍偏离他们正在看的东西三四次，所以，当你认真观察他们的眼睛时，你会发现它们其实是在不停运动的。研究人员使用了一种目光追踪装置来帮助记录实验对象的眼睛什么时候直盯着屏幕看，什么时候转向其他方向。只要实验对象的眼睛动一下，视线离开屏幕上的文字，电脑就会给他们要个小魔术：改变他们正在看的文本的大小写形式，突然把“lOoKeD lIkE tHiS”改成“LoOkEd LiKe ThIs”。令人惊讶的是，实验对象根本发现不了自己正在盯着看的这些文本的大小写形式，每秒钟都会在他们的眼皮底下改变几次。后续的研究表明，许多类似的“视觉非延续”现象都是人眼无法注意到的。正因为如此，拍电影的人才可以突然改变一位女士的着装或者一位男士的发式，甚至将一段胶片同另外一段胶片剪辑在一起，或者让桌子上的某东西不翼而飞，却很少能够引起观众的注意。[74]有趣的是，当被问及是否能够找出这些变化时，人们都信心十足地表示自己可以。[75]

我们注意不到的不仅是那些细微的变化，我们也常常忽视周围情境表面上非常明显的变化。《偷拍》系列节目曾进行了这样一项实验：一位研究人员走向一个大学校园中的行人，问他到某建筑物应该怎么走。[76] 在他们两个人一起查看研究人员随身携带的地图时，两位建筑工人抬着一块门板非常无理地从他们两人中间走了过去，并暂时挡住了这位行人的视线，使他无法看到那位研究人员。就在建筑工人走过去的时候，最初的那位研究人员蹲下来藏在门板后跟建筑工人们一起离开，而另外一位事先藏在门板后面的研究人员会站出来代替他同那位行人继续刚才的话题。一开始的研究人员和后来的研究人员身高不同，体形不同，声音也明显不同，发式和衣着的差别更是明显。如果他们两人并排站到你的面前，你可以很容易地将他们区分开来。那么，那位停下来帮助研究人员指路的好心人对这样的大变身会有什么反应？答案是没有反应。事实上，大部分参与实验的行人根本没有发现他们帮助的对象顷刻之间已经换成了另外一个人。

那么，我们是不是可以得出结论，即使世界刚刚在人们的眼皮底下发生变化，他们也没有办法察觉到这种变化？当然不是。如果我们将该研究的结果推到逻辑的极端，我们就会像极端分子那样陷入荒诞的怪圈，忙着向人们分发小册子宣扬此事。如果人们永远也不知道自己对世界的体验已经发生了变化，我们又怎么会知道物体在移动，怎么会知道在十字路口应该停下来还是继续前行，怎么能够数出比 1 更大的数字？这项实验其实说明，有些时候，我们对过去的体验和我们对其他人的体验一样，也是模糊不清的。更重要的是，这些研究让我们知道了什么时候这种情况出现的概率最大，什么时候最小。前面讲到的研究为什么会出现那样的结果？关键的一个因素就是，在每个例子里，当情况发生改变时，实验对象都没有注意到外部刺激的某方面。在色卡研究中，在等待的30秒钟内，色卡是在另外一个房间里被打包的；在文本阅读实验中，文本是在实验对象的眼睛离开屏幕的时候发生改变的；在问路实验中，研究人员是在门板挡住了实验对象的视线的时候换人的。如果深红棕色变成了发出荧光的浅紫色，或者“这”变成了“那”，或者来自波基普西事务所的会计师在实验对象眼皮底下变成了女王伊丽莎白二世，上述研究结果就不会出现。事实上，研究证明，如果在发生改变的过程中，测试对象正全神贯注于刺激物，他们就会迅速准确地发现变化。[77]这些研究说明的关键问题是，除非在发生变化的时候，我们的头脑正积极地注意着发生变化的这个方面，否则我们感知变化的能力将是令人绝望的，我们将不得不依赖记忆，不得不将目前的体验同对过去体验的记忆进行比较，这样才能够找出变化所在。

当然，早在几个世纪之前，魔术师就已经认识到这一点了，并且利用这个认知来促使我们这些没有认识到这一点的人掏钱看表演。在前文中，你曾经从6张扑克牌中选出了一张。当时我没有告诉你的是，我有常人不具备的特异功能，在你还没有选之前就已经知道你选的是哪一张牌了。为了证明这一点，我已经把你选中的那一张牌从里面抽出来了。现在，看一看下面的图，你知道我的厉害了吧。我是怎么做到的？当然，其中的诀窍是更让人兴奋的——如果事先你不知道这是个小魔术，你就肯定不会回头去找机关在哪里。可是，如果你把前后两张图放在一起一对照，我就没戏唱了。因为你立刻就能看出来，图 2–1 中的所有牌（包括你选的那一张）都没有出现在图 2–2 当中。然而，要是你相信魔术师的确有可能知道你选了哪张牌（或者通过敏捷的手法，或者通过高明的推理，或者通过通灵术），而且就在你的目光暂时离开最早的那 6 张扑克牌的时候，它们被换成了后一组，这个魔术造成的错觉就很有说服力了。事实上，当这个小魔术最早出现在互联网上的时候，我认识的许多极聪明的科学家还以为出现了一种新技术，服务器凭借这种技术来追踪人们敲击键盘的速度和加速度，并根据这些数据来猜测人们选择了哪张牌。我自己甚至刻意把手从鼠标上挪开，唯一的目的就是确保我手部的细微动作不会被追踪。直到反复试了 3 次以后，我才发现，原来在看第一组 6 张牌的时候，我只记住了自己选出的那张牌，也就无从发现其他所有的牌都变了。[78]这个关于扑克牌的游戏和我们现在谈论的话题有什么关系？这个小魔术能够迷惑人的原因同我们无法说清楚自己在上一次婚姻中到底有多幸福的原因是一样的。

图 2–2　扑克牌

戴着有色眼镜看到的幸福

连体双胞胎雷巴和洛里说自己是快乐的，她们的话让我们深感困扰。我们坚信这一定不是真的，但是无论我们用什么办法将她们的幸福同我们的幸福进行比较，这种做法本身就好像是很愚蠢的。如果她们说自己是幸福的，那么我们又凭什么说她们不幸福呢？当然，我们可以采取律师们常用的伎俩，质疑她们认知、评价或者描述自己体验的能力。我们可以说："她们也许认为自己是幸福的，但这只是因为她们不知道幸福到底是什么。"换句话说，因为洛里和雷巴从来没有感受过我们这些正常人的体验，比如在草坪上翻跟头，在大堡礁附近潜水，在大街上闲逛而不用担心招来围观的人群，所以我们怀疑她们对幸福体验的背景知识极度缺乏，因而对幸福的评价方式与其他人也不同。比如，如果我们送给这对连体姐妹一个生日蛋糕，再交给她们一张有 8 分制的测量表（这可以被认为是一种能够表达不同幸福程度的只有 8 个词语的人工制表），然后要求她们衡量自己此时此刻的主观体验，也许她们会告诉你，她们的幸福感是 8 分。但是，是不是存在这样的可能性——她们对这 8 个词语的用法跟我们不一样？她们丝毫不令人羡慕的生存状态会不会扭曲这些词语的用法呢？毕竟，她们那种生存状态中的人怎么可能知道一个正常人的生活到底会有多幸福呢？也许雷巴和洛里使用这 8 个词语的方式跟我们不同，因为对于她们而言，生日蛋糕带来的幸福感就值 8 分。自然，她们会用 8 个词语中最好的一个来描述这种体验，但是我们不会因此而忽略这样的事实——她们认为可以用 8 分来评价的体验对于我们来说只值 4.5 分。简而言之，她们评价幸福的标准和我们不一样。如图 2–3 所示，贫乏的体验背景会把语言“挤扁”，这套完整的词汇体系会被用来描述一系列有限的体验。根据这样的推理，当这对连体姐妹说自己幸福极了的时候，她们体验到的其实不过是我们比较幸福时的感觉。

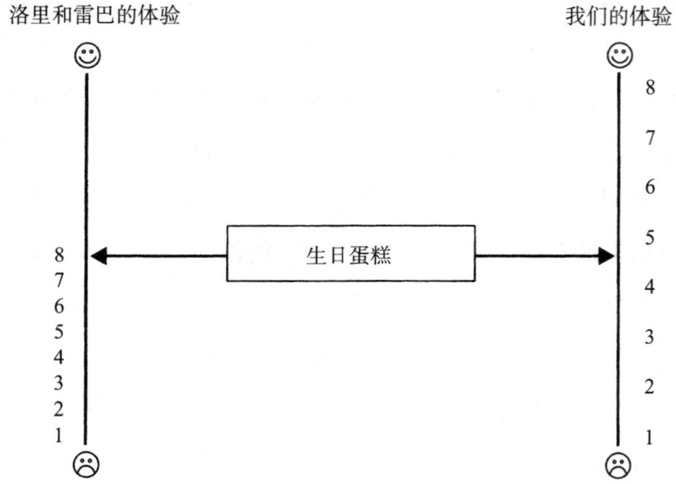

图 2–3　语言挤压假设论

被挤压的语言

“语言挤压假设论”的好处在于，它假设世界上任何地方的任何一个人在收到生日蛋糕时的主观体验都是一样的，但他们对这种体验的描述是不一样的。如果真是这样，我们生活的这个世界就太简单、太好应付了。而且，这样我们就能够继续坚持己见，认为虽然洛里和雷巴说自己生活得很幸福，可是她们其实根本不幸福，我们也就更能名正言顺地认为自己的生存方式比她们的好。然而，这个假设的漏洞实在是太多了——如果我们担心因为洛里和雷巴从来没有体验过翻跟头的兴奋而无法像我们这样使用这 8 个评价词语，那么我们要担心的事情实在是太多了。比如，我们最好担心一下自己从来都没有体验过的那种心灵的平静和安全感。之所以拥有这种平静和安全感，是因为我们确信一位挚爱的姐妹会一直陪伴我们左右。无论在心情不好的时候我说了多么愚蠢的话、做了多么愚蠢的事情，我都永远不会失去她的爱。总是存在这样一个人对我们的了解像我们对自己的了解一样深刻，希冀着我们的希望，忧虑着我们的忧愁……她们从来没有体验过我们的体验，我们其实也从来没有体验过她们的体验，很有可能我们才是那些语言受到挤压的人。在说自己感到欣喜若狂时，我们并不知道，那其实是因为从来没有体验过洛里和雷巴所体验到的那种强烈的感情、那种天赐的缘分、那种不受污染的姐妹情谊，所以我们才会这么说。而我们所有人，你、我、洛里和雷巴都最好担心一下世界上还存在着许多比我们所体验过的东西更加美好的体验，比如不乘坐飞机飞行，亲眼看着我们的孩子赢得奥斯卡奖或者普利策新闻奖，遇见上帝并学会如何与他秘密握手……所以，每个人对这 8 个评价词语的使用都是不充分的，没有一个人知道幸福到底是什么。根据这样的推理，我们应该采纳梭伦的建议，死之前都不说自己是幸福的。因为要是有一天真正的幸福出现了，所有的词语都被我们用尽了，面对媒体，我们将无法找到合适的词语来描述这种感受。

然而，上面所述不过是最初级的担心，还有更多担心。如果我们要通过彻底的实验来一劳永逸地证明洛里和雷巴并不明白幸福是什么，也许唯一的办法就是利用魔法将她们分开，让她们各自体验正常人的生活。然后，在单独生活几周之后，如果她们找到我们，否定了自己之前的说法，要求不再被变回连体人，这是不是足以证明她们之前在描述自己的体验时用混了量表中的4分和8分？因为至少从表面上看来，她们自己现在是这样认为的。我们都曾经遇到过这样一些人，他们或者改变了自己的宗教信仰，或者经历了离异，或者在一次心脏病发作之后活了下来，现在他们宣布自己顿悟了，尽管以前他们曾经有过不同的言论和想法，但直到现在，他们才找到了真正的快乐。我们能够相信这些有过特殊经历的人所说的话吗？

他们的话其实未必可信。我们现在来看这样一项研究：研究人员给自愿接受测试的人看一些问答题，要求他们估计一下自己正确回答这些问题的可能性有多大。其中一部分测试对象只看到了问题（问题组），而另外一些人既看到了问题又看到了答案（问题及答案组）。问题组的实验对象认为这些问题很难，而问题及答案组的人，也就是既看到了问题（费罗·法恩斯沃斯发明了什么）又看到了答案（电视机）的人，相信即使自己没有看到答案也能轻而易举地答对这些问题。很明显，如果测试对象已经知道答案了，问题就显得很简单了——当然是电视机了，这谁都知道！因此，测试对象无法判断这些问题对于那些事先不知道答案的人来说到底有多难。[79]

类似研究证明，一旦我们有了某种体验，我们就无法轻易地将这种体验放在一边，无法做到好像从来没有经历过这种体验那样来看待这个世界。我们的体验会变成镜片，我们透过它来看待自己过去的所有经历、目前的处境以及未来的前景。同其他镜片一样，这组镜片会重塑和扭曲我们看到的东西。而且这组镜片不像普通眼镜那样可以在休息的时候摘下来放在床头柜上，它们更像戴在我们眼球上的隐形眼镜。只要我们学会了阅读，我们就不再把字母看作一堆用墨水写成的弯曲线条。一旦我们知道了什么是自由爵士乐，我们就再也不会认为奥奈特·柯尔曼的萨克斯演奏是噪声了。一旦我们了解到凡·高是位精神病患者，或者埃兹拉·庞德是个反犹太主义者，我们看待他们艺术作品的方式也就截然不同了。如果洛里和雷巴被分开了几周，并且告诉我们现在她们比过去更加幸福，她们也许是对的。但是，她们也有可能是错的。她们也许只是告诉我们，现在作为正常人的她们跟我们这些一直是正常人的人有了同样的看法，都把连体看作一种痛苦，她们反而无法说清那些从来没有被分离过的连体兄弟姐妹的感受到底是什么样的了。从某种意义上来讲，被分离之后，她们就变得跟我们一样无法正确地想象作为连体人会有什么样的感觉了。变成正常人会影响她们对过去的看法，而且她们无法轻易地摆脱这种影响。所有这些都意味着，当人们有了新的体验，并宣称自己以前的语言其实受过挤压（语言受过挤压指的是，虽然她们当时说自己很幸福，也自认为很幸福，但是其实并不是真的幸福）时，他们很可能弄错了。换言之，如果人们现在说自己过去错了，他们很可能现在是错的。

相对而言的幸福感

洛里和雷巴几乎没有做过那些让正常人感到特别幸福的事情，比如翻跟头、潜水、命名自己发明的毒药，这当然是一个重要的影响因素。如果贫乏的体验背景不一定会挤压语言，那么它会起到什么作用？让我们假设洛里和雷巴的体验背景的确比一般人贫乏，因此假如人们例行公事地在她们生日那天送一个巧克力蛋糕，她们就会根据自己贫乏的体验背景来评价这个简单的体验。其中一个可能性就是，她们贫乏的体验背景有可能会挤压她们的语言。而另外一种可能性是，这种贫乏的体验背景并不会挤压她们的语言，反而会拉伸她们的体验，也就是说，她们在评价 8 分的时候，幸福感其实跟我们评价 8 分的时候是一样的，因为在她们收到生日蛋糕的时候，她们的幸福感跟我们在大堡礁潜水时的幸福感是一样的。图 2–4 说明的是“体验拉伸假设论”。

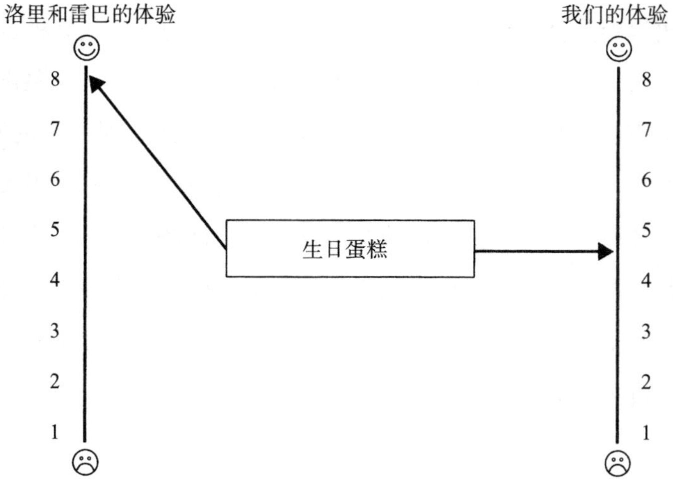

图 2–4　体验拉伸假设论

体验拉伸假设论是个稀奇古怪的说法，但是我们对它并不陌生。有些人处于根本不可能感受到幸福的环境中，却宣称自己很幸福，我们常常会这样评价他们：“他们只是因为不知道自己都错过了什么才感到自己很幸福。”这就是所谓的体验拉伸。“不知道自己都错过了什么”，意味着我们有时候真的感到很幸福，可是一旦经历了错过的那些东西，我们就知道让我们感到幸福的那些东西其实是不值得的。这并不意味着那些不知道自己到底错过了什么的人不如那些知道自己错过了什么的人幸福。在你我的生命中，能证明这一点的例子比比皆是，现在就来谈谈我的体验吧。我偶尔会吸一支香烟，因为它让我感到快乐，而我妻子有时候无法理解为什么我会因为吸烟而感到快乐，很明显，因为没有香烟她也可以很快乐（而且如果我也能不吸烟，她就会感到更快乐）。但是，根据体验拉伸假设论，如果在少年时代我没有体验过香烟神秘的药物学魅力，我就可以不吸烟而感到很快乐。但是，我已经体验过了。所以，春季假期期间，在可爱岛金色的沙滩上，我倚靠在休闲椅上，小口啜饮着大力斯可酒，看着夕阳一点点沉入塔夫绸一样的大海中，此时此刻，如果我嘴里没有叼着气味刺激的古巴雪茄，这个美妙的时刻就不可能如此完美了。如果我用语言挤压假设论，仔细地向妻子解释，因为她从来没有体验过蒙特 4 号雪茄带来的刺激享受，她的体验背景非常贫乏，根本不知道快乐到底是什么，那么我是在拿自己的运气和婚姻开玩笑了。当然，我肯定无法赢得这场争论，因为一直以来都是我输，这一次这样做我也绝对是自取灭亡。如果我告诉妻子因为学会了享受雪茄，所以我的体验背景改变了，这使我再也无法享受没有雪茄的未来，只有在伴随着雪茄的香气之时，夏威夷日落的体验才能达到 8 分，而没有雪茄的日落体验就只能得到 7 分，这种解释不是更好吗？[80]

关于我和我的假期已经说得足够多了。现在让我们谈谈我和我的吉他吧。我弹了很多年吉他，随着弹奏三和弦布鲁斯音乐的次数越来越多，我从中得到的乐趣却越来越少。但是，在十几岁刚刚开始学习演奏吉他的时候，我会待在楼上自己的卧室里心情愉快地一遍遍练习同样的曲子，直到我的父母再也受不了了，猛砸天花板要求我尊重《日内瓦公约》赋予他们的基本权利。我可以利用语言挤压假设论来解释，因为演奏能力的提高，我的视野已经拓宽了许多，现在我知道自己十几岁的时候其实并不是真的快乐。但是，利用体验拉伸假设论来解释这是个曾经一度让我快乐但是现在已经取悦不了我的体验，不是更好吗？在莫哈韦沙漠迷路一周之后终于喝到了一杯水的人，当时肯定会认为自己的幸福感是 8 分。然而，一年之后，同样是这杯水，带给他的幸福感不过是 2 分。那么，我们是不是可以认为在用一只生锈的铁盒喝下那口救命水的时候，他感觉到的幸福其实是一种错觉？或者，一口水到底是带来幸福还是解渴取决于感受主体的体验背景，这种说法是不是更有道理？如果贫乏的体验背景会挤压我们的语言，而不是拉伸我们的体验，那么那些说自己吃到花生奶油酱和果冻感到开心的孩子很明显是搞错了，因为在吃到鹅肝酱之后，他们必定会承认自己当时的感觉是错的；当时他们也许是对的，可是在变老之后，他们因为吃了太多的油腻食品而心脏不适时，才知道原来自己是错的。日子周而复始，与此同时，我们体验到越来越多的幸福，也越来越认识到一直以来（直至此时此刻）自己对幸福的看法错得多么离谱。

那么，到底哪个假设才是正确的？我们说不清楚。我们能够说清楚的是，所有对幸福的评价都是出于某种个人立场的宣言，每个人的视角不同，因为每个人有不同的经历，在评价自己目前的体验时，这些经历就起到了语境、镜片和背景的作用，无论科学家对此有多么向往，凭空而来的观点都是不存在的。一旦我们经历了某种体验，我们看待世界的方式就同此前不一样了。一旦我们丢失了自己的天真无邪，就再也回不去了。我们也许能够记得自己过去怎样想，曾经说过什么（当然不一定能记得），曾经做过什么（也不一定能记得），但是重现这些体验并按照我们当时的标准来评价它们的可能性是微乎其微的。从某种意义上来讲，现在吸烟、弹吉他和吃鹅肝酱的我们，已经不比任何一个旁观者更有资格来代替之前的我们发表意见了。被分离了的连体姐妹也许可以告诉我们她们现在对连体的感觉，但是她们无法告诉我们那些从来都没有被分开过的连体姐妹的感受。没有人知道雷巴和洛里 8 分的幸福感是不是和我们 8 分的幸福感一样，今后的雷巴和洛里也不知道。

揭开幸福的神秘面纱

1916 年 5 月 15 日清晨，南极探险家欧内斯特·沙克尔顿开始了一段历史上最考验人类体力和意志的探险旅程。他的“坚韧”号探险船沉没在韦德尔海，他和他的船员们被困在了荒芜的象岛。在经过了漫长的 7 个月之后，沙克尔顿和手下的 5 位船员登上了一只救生小艇，并划着这只小艇穿过了 800 英里[①]冰冷刺骨、波涛汹涌的海面。到达南乔治亚岛之后，这些饥寒交迫、浑身冻伤的探险队员上了岸，打算徒步穿越这个小岛，目的地是另外一侧的一个捕鲸

① 1 英里≈1.609 3 千米。——编者注

站。没有人曾经完成这样艰难的跋涉。这天早晨，明知此去凶多吉少，沙克尔顿却写道：

> 我们穿过了两岸怪石嶙峋、海藻丛生的海湾的狭窄入口，向东方划行。当阳光穿透迷雾，将我们身边不断拍过来的海水照得波光粼粼之时，我们兴高采烈地朝着海湾前进。在这个晴朗的清晨，我们看起来很奇怪，但是我们感到很幸福。我们甚至忍不住唱起歌来，要不是我们看上去像鲁滨孙·克鲁索，无意之间看到我们的人还以为我们是行驶在挪威海峡或者美丽的新西兰西海岸，准备出海野餐的一群人呢。[81]

沙克尔顿果真是这样想的吗？他的快乐和我们的快乐一样吗？有什么办法能够解答这些疑问吗？正如我们已经了解到的，幸福是一种很难对自己和他人解释的主观感受，因此，判断一个人宣布自己幸福的说法是否正确是一件特别让人烦恼的事情。但是不用担心，因为黎明到来之前，夜晚总是格外黑暗。

第三章
测测你的幸福感

请你反躬自省，问一问自己的心，看它都知道什么。

——莎士比亚，《一报还一报》

关于心理学教授的笑话非常少，所以对仅有的几个笑话，我们都格外珍惜，下面就是其中的一个。当两个心理学教授在走廊里相遇的时候，他们是怎样问候彼此的？我知道，他们会说："你看起来不错，那我好吗？"其实这个笑话不怎么好笑。但是，人们之所以认为这个笑话应该好笑，是因为人们可以不知道其他人感觉如何，却起码应该知道自己感觉如何。出于同样的原因，"你好吗"这句问候比"我好吗"要流行得多。然而，尽管这听起来很奇怪，但是有时候人们似乎根本看不透自己的心思。当连体姐妹宣称自己感到幸福的时候，我们忍不住怀疑她们是否只是以为自己是幸福的。也就是说，她们也许会相信自己说的话，但是她们的说法可能是错误的。在决定是否相信人们的幸福宣言之前，我们必须首先判断这些人是不是有可能从根本上弄错了自己的感受。我们会搞错很多东西——黄豆的价格、螨虫的寿命或者法兰绒的历史，但是难道我们也会搞错自己的情感体验吗？难道我们会在明明没有体验到某种感觉的时候认为自己体验到了吗？真的有人回答不上来这个世界上最耳熟能详的问题吗？

当然有，照照镜子，你就能发现一个。接着读吧。

被误读的情感体验

然而，在你准备继续往下读之前，我要挑战你的能力——你能够停下来仔细且长时间地看着你的大拇指吗？现在，我敢打赌你一定会对我的挑战置之不理。我还敢打赌你一定会接着读，因为看自己的手指是一项非常容易的任务，能做到这一点根本证明不了什么，如果每个人的成功率都达到 100%，这项游戏就只能用乏味来形容了。要是你觉得看自己的手指是一件再容易不过的事，请先考虑一下我们看到周围环境中的某样东西时实际发生的情况再下结论吧，这样东西可以是一个大拇指、一个甜甜圈或者一头愤怒的貂熊。从一样东西表面反射的光线投射到我们眼中的那一刻，到我们认出这样东西之前只有短短一瞬的时间差，在这一瞬间，我们的大脑必须提取和分析这样东西的特点，并将它们与我们记忆中存储的相关信息进行对比，从而确定它到底是什么，以决定应该对它采取什么样的措施。这是非常复杂的事情，复杂到没有哪个科学家能够准确地说明这个过程是如何进行的，也没有哪台电脑能够虚拟这个过程，然而，我们的大脑能够以惊人的速度和精准度来完成这个复杂的任务。事实上，大脑的工作效率非常高。所以，我们都可能有这样的体验：朝左边瞥一眼，看到一只貂熊，立刻感受到恐惧，而下一秒，我们就发现自己已经藏在高大的西克莫树后面进一步思考安全脱身的办法了。

现在，来想象一下“看”的过程应该是怎样的吧！如果你要从零开始设计大脑，那么也许你会让它首先识别环境中的东西：“利牙森森、棕色皮毛、怪异轻微的响鼻声，还有热乎乎的口水——天哪！是貂熊！”然后思考该怎么办：“现在看来逃跑是个明智的选择！”然而，人脑并不是被无中生有地设计出来的。人脑最重要的功能是最早被设计出来的，而稍次要一些的功能则是在后来的千百万年间像铃铛和哨子一样一件件被附加上去的，这也解释了为什么大脑中真正重要的部分（比如控制你呼吸的部分）都在底部，而那些对延续生命可有可无的部分（比如控制你情绪的部分）则长在上面，就像蛋筒上面的冰激凌。实践证明，迅速地从愤怒的貂熊身边逃走比认出它到底是什么重要得多。像逃跑这样的行动事实上对我们这些陆生物种的祖先的生存是至关重要的，所以进化机器绝对不会贸然行事，它要尽职尽责地让我们的大脑先回答“我应该怎样做”这个问题，而不是“这是什么”的问题。[82] 实验表明，在遇到一样东西的时候，我们的大脑只是很快地分析一下关键特征，就马上根据某些特征的有无来做出非常简明的决定：“这东西很重要吗？我必须马上做出反应吗？”[83] 狂怒的貂熊、哭泣的婴儿、抛来的石块、召唤你的同伴、颤抖的猎物，这些东西在生存游戏中的地位举足轻重，需要我们在遇到时立刻采取行动，而不能把时间耽误在确定其身份这样具体的工作上。因此，人类大脑的工作程序是：首先确定一样东西的重要性，然后再确定它是什么。这意味着当你转头向左看的时候，最开始的一段时间你的大脑并不知道你看到的是貂熊，只知道这东西看起来很可怕。

怎么会这样？如果我们还不知道这东西是什么，又怎么会知道这东西很可怕呢？为了理解这到底是怎么一回事，只要试想一下在一望无际的沙漠中你如何辨认走向你的人是谁就可以了。首先吸引你注意的是远处一个移动的物体。在你盯着它看的过程中，你会很快发现这是个正在朝你移动的物体。再近一点儿，你会看到移动的是一种生物，然后，你看出来移动的是一种二足动物，接下来认出来它是一个人，然后是一位女性，然后是一个体形肥胖、深色头发、穿着百威啤酒T恤衫的女人，然后，你会反应过来——天啊！梅布尔阿姨在撒哈拉沙漠干什么啊？你认出梅布尔阿姨的过程是渐进的，也就是说，一开始的认识是非常笼统的，随着时间的推移它越来越具体，直到最后你发现原来自己是他乡遇故知。同样，你认出左边那只貂熊的过程也是渐进的，只不过这个过程非常快而已，而且也是从笼统到具体。研究表明，在识别过程非常早、非常笼统的阶段，我们就已经有足够的信息来确定一样东西是否可怕了，可是此时我们没有足够的信息来判断它到底是什么。一旦我们的大脑判断出自己正处在危险的环境中，它们就会指示腺状组织分泌大量的荷尔蒙来造成高度心理唤醒状态——血压升高、心跳加速、瞳孔缩小、肌肉紧张，这些生理变化促使我们立刻采取行动。在我们的大脑完成全面分析、识别出这个东西的身份之前，它们就已经让我们进入了准备好逃跑的状态中，我们马上就可以跳起来夺路而逃。

我们在不知道唤醒自己到底是什么的时候就可以被唤醒，这个事实具有非常重要的启示意义，能够帮助我们了解自己识别主观情感的能力。[84] 比如，北温哥华的卡皮兰诺河面上有一座狭长的木板和铁索结构的吊桥，距离河面230英尺①，来回摇摆，非常危险。研究人员对走过这座吊桥的一些年轻男子的反应进行了研究。[85]一位年轻女士询问每一位过桥的年轻人是否愿意参与一项调查。在他表示愿意之后，这位女士就会告诉他自己的电话号码，如果他打电话过来，这位女士就会详细地解释调查的细节。其中的关键区别在于，那个年轻女士会在一些年轻人过桥的过程中向他们提问，而在另外一些人刚刚过了桥的时候向他们提问。结果研究人员发现，那些在过桥过程中被提问的年轻人第二天更有可能打电话过来。为什么？在那座破破烂烂、左右摇摆的吊桥上遇见女研究人员时，那些男青年正在经历强烈的心理唤醒，通常人们会把这种感觉称为恐惧。但是，因为他们接受了一位迷人的女士的采访，他们会错误地认为这种感觉是性吸引。很明显，如果只是面临可能掉下去的危险，害怕掉下去的感觉肯定会被解读成恐惧，可是在见到美女时，它就会被解读成欲望了。这项研究清楚地表明，人们确实会搞错自己的感觉。[86]

你幸福了吗？

小说家格雷厄姆·格林曾这样写道："看起来，在产生恨和爱的时候，我们体内被激活的腺体是一样的。"[87]的确如此，研究表明，心理唤醒可以用许多方式来解释，我们对心理唤醒的解释取决于我们对唤醒因素的认定。人们很可能会将恐惧解读为欲望，将忧虑解

① 1英尺≈0.304 8米。——编者注

读为罪恶感，[88]将羞耻解读为焦虑[89]。但是，不能仅仅因为我们不知道该如何解读自己的情感体验，就说我们不知道这种体验到底是什么样的。也许我们叫不出准确的名字，也许我们解释不清产生这种情绪的原因，但是我们总还是知道它们感觉起来是什么样的，不是吗？我们是不是有可能在根本没有体验到一种情绪的时候就以为自己已经感受到它了呢？哲学家丹尼尔·丹尼特是这样提出这个问题的：

> 假设在将某人催眠之后，我们告诉他，他的手腕会疼。如果催眠术有效，那么他感觉到的疼痛到底是由催眠术导致的实实在在的疼痛，还是受到催眠才感受到的不存在的疼痛呢？有人说是催眠术造成了真正的疼痛，要是我们在催眠之后告诉他，“在醒来的时候你会感觉自己的手腕很疼”会怎样？如果这样的催眠也起作用了，情况会同前面那次催眠一样吗？相信自己正在感受痛苦和处于痛苦之中难道不是一回事吗？[90]

乍一看，我们会误以为“自己正在感受痛苦”这样的说法是非常荒谬的，“感受到痛苦”和“以为自己感受到痛苦”之间的区别看起来如此牵强，就好像在玩文字游戏。但是，请你先考虑一下下面的场景，然后再重新考虑一下这个说法。你正坐在一家沿街的咖啡馆里，一边啜饮着香浓的现煮咖啡，一边心满意足地浏览一份周日出版的报纸。窗外行人熙熙攘攘，还不时有新的客人将明媚的春光带进咖啡馆；邻桌上那对卿卿我我的小恋人之间亲密的交谈，就是春天永恒魅力的明证；从面包房随风飘来新出炉的羊角面包诱人的酵母香味；玫红唐纳雀婉转的啁啾之声也不时随风而至；你正在阅读关于竞选资金制度改革的文章，文章写得很有意思……一切都那么令人愉快。突然，你意识到自己现在已经看到第三段了，可是，在看第一段的时候你就嗅到了面包的香气，听到了鸟儿的歌唱，现在你根本不知道自己读的这篇报道说了些什么。你真的读过第二段了，还是只是梦见自己读过了？赶紧回头再看一下，你很肯定这些词都很眼熟。在重读这些话的时候，你甚至记得在不久之前头脑中刚刚有一个声音为你读了这些文字，现在头脑中的那个声音听起来跟你一样惊讶，而朗读的声音曾经一度被美丽的春光淹没了。

现在，我们面临两个问题。首先，在第一次阅读第二段的时候，你是否体验到阅读它了呢？其次，如果体验到了，你知道自己正在体验吗？问题的答案分别是"体验到了"和"不知道"。你的确体验到了阅读这段报道，所以在回过头来重新看一遍的时候，你感到自己对那些文字很熟悉。要是当时在你的桌子上有一台视线追踪装置，它也会证明你一直都没有停止读报。事实上，你恰恰就是在持续读报的过程中发现自己……发现自己……发现自己干什么，发现自己虽然正处在体验阅读的过程中，却并未意识到自己正在体验！现在，请允许我放慢节奏，仔细解释一下这个说法，以免你又分心去听小鸟婉转的啁啾之声而漏听了我的话。"体验"这个词来自拉丁文"experientia"，意思是"尝试"，"意识到"这个词来自希腊语"horan"，意思是"看到"。体验暗示参与某事件，意识强调旁观某事件。在日常会话中，这两个词通常可以互换而不会造成误解，但是它们蕴含的意思是不同的。一个让我们有参与感，而另一个则给人能够认识到这种参与行为的感觉。一个暗示着反应，另一个则意味着被迫做出反应。事实上，我们可以把意识当作我们对自身经历的体验。[91] 当两个人争论狗是否有意识的时候，“意识”这个词的意义通常会被他们曲解得面目全非：一方认为这个词的意思是“有体验的能力”，另一方则认为它的意思是“有认知的能力”；其中一个说，狗又不是石头，它当然有意识，而另一个则反驳说，狗又不是人，它当然没有意识。这两种论断都有可能是正确的。也许狗的确能够体验黄色和甜味，虽然人类无从知道它们的感觉是什么，但当狗站在一个黄色的甜的东西面前的时候，它也会有感觉。然而，正在进行体验的这条狗很可能不会像人一样立刻认识到自己正在体验什么，不会一边咀嚼还一边想“这块儿蛋糕味道真不错”！

体验同意识之间的区别是难以捉摸的，因为在大多数情况下，它们总是焦不离孟，孟不离焦。在把一块儿蛋糕送入口中的时候，我们体验到了香甜的味道，也知道自己正在体验香甜的味道。这是再平常不过的事情，没有什么了不起的。体验和意识之间的关系既然如此亲密无间，那么探讨二者之间的区别又有什么意义？如果你也心存这样的疑问，那么现在最好给你的记忆倒一倒带，重新回到坐在咖啡馆里正准备要走神儿去听小鸟啁啾、闻面包香气的时刻。现在请按下播放键，想象你的思绪从此越飘越远，不再回到阅读报纸这件事上了。对，就是这样。现在，想象在体验阅读新闻报道的同时，你的意识长时间地离开了你的体验，而你却一直没有发现自己已经走神了，再也没有回到惊觉自己本该在读报的那个时刻。旁边桌上的那对小情侣恰巧停下了亲密的举动，坐直了身体，并向你询问关于竞选资金法案的最新进展。你耐心地向他们解释你不知道，因为他们要是肯花时间注意一下彼此之外的事物的话，就一定能够发现你正愉快地倾听春天的声音，而“没有在读报”。这对小情侣被你的反应搞蒙了——据他们观察到的情况，你的确手拿一份报纸，你的眼球也确实正在进行从左到右的运动，可你却说自己没有在读报。在交头接耳嘀咕了一阵儿，又相互亲吻了一下之后，他们决定测试一下你说的是不是实话。“很抱歉又打扰您，但是我们很想知道上周有多少名参议员投票支持竞选资金法案，不知您可否猜测一下？”因为你正在闻羊角面包的香味，听鸟儿的歌唱，并没有在读报，所以你根本不知道有多少个参议员对这项法案投了赞成票。但是，看起来要让这两个奇怪的人停止多管闲事，最好的办法就是告诉他们些什么，所以你就凭空捏造了一个数字。“我猜有 41 名吧。”你说。这下大吃一惊的人就只有你自己了，因为这个数字刚好就是正确答案。

这个故事听起来太奇怪了，根本不可能是真实发生的情况。毕竟，怎么可能有 41 名参议员投票支持修改竞选资金法案呢？可无论从哪个角度来看，这都是真实可信的。我们的视觉体验同我们对体验的意识是由大脑的不同部位来控制的，所以大脑遭到某种破坏（具体说来，就是名为“V1 区域”的大脑皮层视觉信息接收区受到损伤）可以阻碍其中一个过程，导致体验和意识丧失它们通常紧密的联系。比如，那些患有视盲症的人就无法意识到自己看得见，他们会很诚实地告诉你他们完全失明了。[92] 大脑扫描也证实了他们的说法，因为他们大脑中通常与视觉体验意识相关联的那部分脑组织不再活动了。但大脑扫描还表明，他们脑组织中同视觉相关的部分的活动基本正常。[93] 所以，如果我们在墙上的一点打一束光，并问一位视盲症患者她是否能够看到我们打出的光束，她会告诉我们：“我当然看不到。从我身边的导盲犬你也应该能够看出我是个盲人。”

但是，如果我们要求她猜测一下那束光会落到墙上的哪一点——只是尝试一下，说点儿什么，随心所欲地猜一下——她猜对的概率却高得惊人，这无法用碰巧猜对来解释。如果“看到”的意思是体验到光束，并知道它的位置，那么她其实是能看到的，可是如果“失明”意味着无法意识到自己能看到的事实，那么她又确实“失明”了。她的眼睛不断地将现实情景这部电影投射到其大脑的幕布上，但是观众正在大厅里买爆米花。

这种体验同意识的分离会造成我们情感体验中出现许多怪现象。有些人看起来对自己的情绪和感觉非常敏感，甚至能够像小说家那样细致入微地描绘其色彩和气氛的每一点细微的变化，而另外一些人则只掌握了几个相当基本的情感类词语，选择的表达方式无非“还好”、“不太好”以及“我已经告诉你了”，这让他们的伴侣感到非常恼怒。如果我们的表达缺陷严重到在橄榄球赛结束之后还迟迟无法痊愈，那么我们有可能被诊断患有“神经性述情障碍”，其字面意思就是“缺少描述自己情感状态的词语”。在被要求描述自己的感觉的时候，神经性述情障碍患者常常会说：“没有什么感觉。”当我们问他们感觉如何的时候，他们常常回答“不知道”。可惜的是，他们的疾病绝对不是靠随身携带一本同义词手册或者学习提高用词水平的课程就能够治愈的，因为神经性述情障碍并不是缺乏传统的情感描述词语，而是缺少了解自己情感状态的内省能力。他们看起来是有感觉的，只是他们不知道自己有感觉而已。比如，在看到像截肢或者车祸照片这类能够激发强烈情绪的图片之后，神经性述情障碍患者的生理反应其实和正常人是一样的。但是，神经性述情障碍患者完全不具备正常人那种用语言表达图片所导致的悲伤感觉的能力，他们甚至无法把这些图片同雨后彩虹和可爱小狗的图片区别开来。[94] 有些证据表明，神经性述情障碍是由大脑皮层前扣带束机能障碍造成的，这部分脑皮层组织是用来调节我们对许多事情的意识的，其中包括我们对内在情绪的感知。[95] 正如意识同视觉的分离能够造成视盲症一样，意识同情绪的分离也能够造成所谓的感觉迟钝。很明显，至少在某些时候，某些人有可能不知道自己正在感到快乐、忧伤、厌倦或者好奇。

测量情感体验的 3 个科学法则

很久以前，长着络腮胡须的上帝创造了一个小小的、扁扁的地球，并把它放在了宇宙的正中央，这样一来，人类就成了万物的中心。后来，物理学出现了，这幅图画也变得越来越复杂了，其中又增加了核爆炸、夸克、膜，还有超弦。这些批判性分析的好处是，在几百年后的今天，大部分人都不知道自己的方位到底在哪儿了。通过揭示出我们仅凭直觉判断的自我理解的瑕疵，心理学家创造了许多一度不存在的新问题。也许宇宙就是大的维度中套着小的维度，也许时间终有一天会停滞或者倒流，也许像我们这样的普通人从来都没有试图弄清楚这些错综复杂的现象，但是，至少我们可以相信自己的体验吧！哲学家、数学家迪卡儿曾这样总结说，体验是我们唯一可以完全信赖的东西，其他任何我们自以为知晓的东西都是由我们的体验推理出来的。然而，我们已经知道，即使在基本准确地揭示了“幸福”的意思后，我们还是无法确定同样宣布自己感到幸福的两个不同的人的体验是否一样，或者我们现在的幸福感同以前的幸福感是否不一样，或者我们到底是不是真的幸福。如果科学的目的是让我们在那些自己曾经非常了解的事物面前感到笨拙和无知，那么再没有比心理学更能成功地做到这一点的学科了。

“科学”这个词跟“幸福”一样，因为大家对它意义的理解实在是五花八门，所以反而弄不清楚它的意义到底是什么。我的父亲是一位杰出的生物学家，在对这个问题深思熟虑数十年之后，他对我说，心理学不能算作一门科学，因为科学研究的一个重要条件是要用到电。很明显，用电流电击你的脚踝不能算作用电，我本人对科学的定义则更加开放一些。然而我的父亲、我本人以及其他一些科学家都能够认可的一点是，如果我们无法量化某事物，我们就无法用科学的方法研究它。当然，这个无法量化的事物也是可以被研究的，有人甚至认为非定量研究的价值比所有科学研究的价值的总和都要大。然而，这毕竟不是科学，科学是同测量有关的，如果一样东西不能被量化，它就不具备以科学方法来研究它的潜力。也就是说，要是不能用时钟或者尺子或者其他东西上的刻度来衡量它，我们就不能用科学的方法来研究它。我们已经知道，我们很难在测量完一个人的幸福感之后对这个测量结果的有效性和可信度充满信心。或许，人们根本就弄不清自己的感受，或者无法记住自己的感觉。即使他们弄清楚了或者记住了，科学家也无法考量他们的描述能否如实地反映他们的体验，更无从知道该如何解释人们的各种说法。所有这些都表明，对主观体验的科学性研究注定困难重重。

这虽然困难，但并不是完全没有可能，因为体验是可以通过沟通来了解的。但需要注意的是，这种沟通的媒介并非六车道的钢铁桥梁，而是一条足够结实的长绳子。实现这种沟通有三个前提。

第一个前提是任何一位木匠都知道的：工具不合手确实让人头疼，但是总好过用自己的牙齿来拔钉子。主观体验的本质决定了根本不可能有真正的幸福测量计，也就是说，观察者不可能使用一件可靠的工具来精确测量其他人的主观体验——读出读数，记录测量结果，并将该结果同其他测量结果进行比较。[96] 如果一定要有如此精确的工具，我们最好就把视线追踪器、大脑扫描仪和色卡都打包带走，并将研究主观体验的任务留给诗人，毕竟，在过去的几千年里，他们的表现一直可圈可点。但是，这样做还不如干脆把研究一切事物的任务都交给他们。计时器、温度计、气压计、分光计和其他所有被科学家们用来测量他们感兴趣的事物的仪器都是不完美的，每一种仪器都会有误差，要不然为什么政府机构和大学每年要花那么多钱购置各种只比原先精确了一点点的同类仪器？如果我们坚决舍弃所有只能帮助我们以不完美的方式接近真理的手段，那么我们不但要摒弃心理学和物理学，还有法学、经济学和历史学。简而言之，如果无论做什么都强求完美，我们就只能研究数学和甲壳虫乐队的《白色专辑》了。所以，也许我们应该接受一点儿模糊理论并停止抱怨。

第二个前提是，在所有我们能够采取的衡量主观体验的有瑕疵的手段当中，当事人自己如实且实时的描述是其中瑕疵最少的一种。[97] 当然，也有许多其他衡量幸福感的方式，其中一些看起来要比当事人的自述严谨、科学和客观得多。比如，我们可以利用肌电仪来测量面部横纹肌传递出来的电子信号，位于眼部上方的皱眉肌能够在我们感到不愉快的时候皱眉，主颧骨肌能够在我们微笑的时候把我们的嘴角向耳侧拉伸。我们可以利用生理机能测定仪来测量自主神经系统中的皮电反应、呼吸作用以及血液循环活动，当我们体验到强烈感情的时候，这些生理活动都会发生改变。脑电图、正电子发射型断层扫描仪，还有核磁共振仪，都能够测量大脑不同区域内电流的活动以及血液的流动情况。比如，在感受到积极和消极的情绪时，额叶前部左右两侧的大脑皮层会分别被激活。就连钟表也可以成为测量幸福的有效工具，因为在受到惊吓的时候，正处于幸福状态中的人的眨眼速度一般比正处于恐惧或焦虑状态中的人要慢一些。[98]

科学家们在根据当事人如实且实时的描述来进行研究的时候，常常感觉自己有必要强调，这些描述在大多数情况下都同其他测量手段显示的结果一致，以证明选择这种手段的合理性。然而，从某种意义上来讲，这其实是一种本末倒置的做法。毕竟，我们认为从肌肉运动到大脑血液流动情况这些形形色色的生理活动都是幸福的标志，而这样认为的唯一原因是，人们在出现这些生理变化的时候说自己感到幸福。如果在颧骨肌肉收缩、眨眼速度变慢，以及左前脑充血的时候，每个人都说自己感到怒不可遏或者极度沮丧，那么我们不得不对这些生理变化做出不同的解释，认为它们是不幸福的标志。想要知道一个人的感觉，我们必须首先承认有且仅有一个人的说法是最关键的：她很可能无法清楚记得自己以前的所有感受，她也可能无法清楚认知自己目前的感受，我们也许会因为她的说法而感到迷惑，怀疑她的记忆，担心她是否有跟我们一样的语言表述能力。然而，在经过这么多痛苦的挣扎之后，我们还是不得不承认她是唯一一个有可能用来描述“此时此刻情景”的人，因此，她的说法是检验其他一切测量结果的黄金法则。如果她的说法同研究者告诉我们的情况吻合，我们就会更加信服她的说法，并且很自信地认为，她对自己体验的描述同我们的描述建立在同样的基础之上，在体验到她所宣称的那些体验的时候，她的身体反应跟我们的反应也是一样的……凡此种种，不一而足。但是，即使所有这些幸福的标志都天衣无缝地连接在一起，我们也还是不能完全确信自己了解了这个人的内心世界。然而，我们可以确定自己已经接近一个研究者所能达到的极限，这样的结果足够好了。

第三个前提是，虽然测量过程的不完美经常会带来各种问题，但只要我们认识到了这种误差，它们就不会带来太大的问题。我们如果不知道自己的眼镜片上有一条很深的划痕，就会错误地认为世界裂开了一道口子，而且这道裂缝还如影随形，我们走到哪里，它就跟到哪里。但是，我们如果知道眼镜片有划痕，就能够尽可能地将这个因素排除到我们的研究之外，并提醒自己，世界之所以看起来好像存在裂缝，是因为我们的测量工具有瑕疵。通过主观体验这个已知的天生就有瑕疵的工具，科学家们都能看到些什么？回答这个问题的关键就是被统计学家们称为“大数法则”的现象。

我们中的许多人对大数抱有误解，认为它们跟小数字其实是一回事，只不过大一点儿而已。所以，我们期待它们能比小数字做更多的事情，却不期待它们能够做不同的事情。比如，我们知道神经元本身绝对不可能有意识，它只会通过轴突和树突来交换电子信号。神经细胞不过是简单的组织，比西尔斯公司的对讲机还要简单，而且它们只能做一件简单的事情——在碰上化学物质的时候释放出自身的化学物质。如果我们想当然地认为数十亿个这种简单的组织只能做数十亿件简单的事情，我们就永远想不到它们其实可以呈现出 2 个、10 个或者 10 000 个神经元根本就不具备的特性。意识恰好就具有这种进化论的特性，从某种意义上来讲，意识是人脑中神经元之间大量交换活动的结果，而该特性却不会呈现在这些交换的任意部分或者其中一小部分当中。[99] 量子物理学也说明了类似的道理。我们知道，亚核粒子具有同时出现在两个地方的奇异又让人着迷的能力，要是所有由这种粒子构成的东西也具有同样的特性的话，所有的奶牛就都能够同时出现在不同的牛棚中了。而这显然是不可能的，因为稳定性是大量超微物质交换的必然结果之一。简而言之，有时候“更多”并不仅仅是简单的量变，而且可能产生质变。

结合大数法测和概率法则，我们可以解决许多和主观体验不完美测量相关的问题。我们知道，在大家都不作弊的情况下，抛硬币出现正面和反面的概率差不多。那么，如果周二晚上你没有其他更好的安排，不如跟我一起到哈佛广场的格拉夫大街酒吧玩抛硬币游戏吧。游戏是这样玩的，我们抛出一枚硬币，我猜是正面，你猜是反面，输家要向酒保保罗支付我们两个人这一轮的啤酒钱。如果赌了 4 次，而我赢了 3 次，你就肯定会把自己的失利归结为运气不好。但是，如果我们抛了 400 万次硬币，而我赢了其中的 300 万次，你和你的朋友们就很可能会认为我作弊了，会往我身上涂柏油，并在我身上沾满羽毛以示惩戒。为什么？因为即使不知道什么是概率，凭直觉，你也会知道在数量很小的时候，微小的不完美，比如突然吹来的风或者指尖的汗珠，都有可能影响抛硬币的结果。但是，如果数量很大，这样的不完美就不再起作用了。也许有几次抛硬币的时候，硬币上有汗珠；还有几次，有风吹到硬币上影响了它的转动。在只抛 4 次的时候，这些因素会让硬币多出现一次正面，但是这样微小的因素让硬币多出现 100 万次正面的概率能有多大？你的直觉告诉你，这样的概率无限小。你的直觉完全正确，它就像地球上所有的东西都突然消失的概率一样小。

同样的道理也适用于主观体验。假设我们让两个实验对象去体验两件可能带来幸福感的事情，比如给其中一个 100 万美元，给另外一个一支小口径手枪。然后，我们要求他们告诉我们他们有多幸福。一夜暴富的实验对象说她欣喜若狂，拥有武器的那位告诉我们他感觉还好（也许他并没有感受到拥有武器的人应有的兴奋）。那么，有没有可能这两个人其实主观感受是一样的，但给出了不同的描述？是的，有这种可能。新晋百万富翁那样说也许只是为了表现礼貌而不是高兴，或者手枪的新主人其实感到异常兴奋，但是因为最近他刚在大堡礁附近同上帝握过手，所以说自己的感觉还行。这都是实实在在的、非常有意义的问题，我们如果根据他们本人的说法妄下结论，说拥有手枪不能带来幸福感，就太愚蠢了。但是，如果我们送出了 100 万支手枪和 100 万个装着巨款的信封，并且 90% 得到钱的人比 90% 得到武器的人感觉更幸福，那么我们因为言不由衷的话而上当受骗的概率会变得很小了。同样，如果只有一个人说他今天吃香蕉奶油派比昨天吃椰蓉奶油派要快乐，我们就有理由怀疑她可能记错了以前的体验。但是，如果这种情况不断地在数百人甚至数千人身上发生，而且他们当中有人先吃香蕉奶油派，有人先吃椰蓉奶油派，那么我们有理由怀疑不同口味的派会带来不同的体验，其中一种比另外一种更令人愉悦。毕竟，每个人都误认为香蕉派味道比其实际味道好，而椰蓉派味道比其实际味道差的概率又能有多大？

体验科学面临的一个根本性问题是，无论是根据语言挤压假设论，还是根据体验拉伸假设论来解释，每个人的体验以及描述它们的语言之间的对应关系都是有差异的。而且，因为其他人只能通过当事人的语言描述来了解他们的主观体验，所以这些体验的本质是永远无法被完美考量的。换言之，如果每个人对体验的测量尺度都不一样，那么科学家不可能将两个人的说法进行比较。这是一个问题，但是问题并非出在"比较"上，而是出在"两个"上。这个数字实在是太小了，当数量增加到200或者2 000，测量尺度的个体差异的干扰就渐渐变小了。假如世界上所有生产卷尺、直尺和码尺的工人都在参加假日派对的时候喝多了，并生产出了数百万把尺寸稍有不同的量尺，那么，即使你测量了一只恐龙的尺寸而我测量了一块芜菁的尺寸，我们也不敢断言恐龙一定比芜菁大，毕竟我们有可能用的是工人喝醉了之后生产出来的尺子。但是，如果数百个人带着数百把量尺来测量其中一样东西，我们就可以将这些人测量出的结果进行平均，并有理由相信霸王龙确实比那种蔬菜的块头大。毕竟，所有测量恐龙的人使用的尺子的测量结果都偏大，而所有测量芜菁的人使用的尺子的测量结果都偏小的概率非常小。当然，这也不是完全没有可能，而且我们可以非常精确地计算出这个概率，但是我们可以保证，你不需要费劲计算了，因为这个概率实在太小了，如果把它写下来，恐怕会有许多个"0"。

最基本的事实是：态度积极的当事人如实且实时的自述只能不完美地反映其主观体验，但我们别无选择。如果水果沙拉、恋人或者爵士乐让人非常不称心，我们就可以不再吃这盘沙拉、不再亲吻这个恋人或者不再听这个乐队的音乐。但是，大数法则告诉我们，在一种测量工具非常令人不满意的时候，我们不能停止测量，恰恰相反，我们应该不断地测量，直到这种微小的不完美在大量数据的狂轰滥炸之下趋于无穷小为止。同时，在所有地方出现的亚核粒子会相互抵消彼此的行为，所以那些变成了奶牛、汽车和法裔加拿大人的聚合物可以老老实实地待在我们安置它们的地方。同理，谨慎收集的大量体验自述也可以使每次测量中的不完美相互抵消。没有哪个自述是对其自身体验无懈可击的反映，你的不行，我的也不行。但是，我们可以很自信地说，如果我们问足够多的人同一个问题，普遍的回答就可以被看作对一般体验基本精确的反映。量化情感体验的科学研究要求我们不断下注，虽然我们每次获得的信息都有可能是错误的，但是如果你要赌我们的结论是错误的，那么请你再抛一次硬币，拿出你的钱包，并告诉酒保保罗我要一杯健力士啤酒。

至关重要的幸福感

在流行音乐史中，那些最恼人的歌曲多数是以这类句子开头的："感觉，就只是感觉。"在看到这样的字眼的时候，我通常会皱起眉头，因为这就像用"耶稣，就只有耶稣"来开始一首赞美诗一样。难道只有感觉吗？什么东西比感觉更重要？当然，我们可能想到战争与和平，但是战争与和平之所以重要，还不是因为它们带给人们的感觉吗？如果战争没有让我们感到痛苦和悲痛，和平没有让我们感到安逸和最起码的幸福，它们还会对我们有意义吗？战争、和平、艺术、金钱、婚姻、诞生、死亡、疾病、宗教都是一些真正的大题目。为了它们，人类挥洒的鲜血和笔墨已经可以构成汪洋大海了，但是它们之所以如此重要，原因无他，只是因为它们都是强烈的人类情感的源泉。如果它们不能让我们感觉振奋、绝望、感激或者无望，我们就不会在这上面浪费如此多的鲜血和笔墨。柏拉图曾经问道："除了能够带来幸福感并消除和避免痛苦之外，这些东西还有其他好处吗？当你说它们好的时候，除了痛苦和幸福的标准，你还遵循其他标准吗？"[100]的确，感觉不但重要，而且是重要性的意义所在。理所当然，所有在被烧伤的时候感到疼、在被喂食的时候感到高兴的生物，都会宣称烧伤的感觉不好，而吃东西的感觉很好。同样，期待一个没有消化道的生物也这样定义食物的好坏是不可理喻的。几个世纪以来，道德哲学家们都在不断尝试其他定义好与坏的方法，但是没有哪个标准能够让其他人（或者说我）心服口服。只有正确分析一样东西为什么好，才能证明它的确是好的。在研究了所有被人类称为好的事物和经验并探讨它们到底好在哪里之后，我们的结论才是显而易见的：归根结底，它们之所以好，是因为它们能让我们感到幸福。

鉴于感觉的重要性，我们如果能够精确地描述它们的模样以及人们是如何衡量它们的，那么这真是太好了。然而，正如我们已经看到的，我们的描述无法达到科学研究所推崇的那种精确程度。然而，尽管已有的科学方法论和概念工具还不能让我们准确地衡量个体的感觉，但它们至少可以帮助我们在黑暗中跌跌撞撞地用尺子来依次衡量数十个个体的体验。我们面临的是一个重要到无法置之不理的难题——为什么我们经常无法了解将来什么样的生活才会让我们感到幸福？对这个问题的科学回答很有启示意义，而且既然已经对这个问题以及解决它的一般方法有了初步的了解，我们就不妨进一步探讨一下这个问题。

第三部分

想象力的双重身份——魔术师与冒失鬼

第四章
想象出来的幸福

想象会把不知名的事物用某种形式呈现出来，
诗人的笔让它们具有如实的形象，
于是，空虚的无物也有了居处和名字。

——莎士比亚，《仲夏夜之梦》

我们确信阿道夫·费希尔没有组织那场暴动，也没有挑起那场暴动。事实上，在骚乱发生、警察遇害的那个夜晚，他根本就不在现场。直到19世纪末，芝加哥势力强大的企业主还在对那些在他们的工厂中做工的男人、女人和孩子实施令人窒息的压迫。而费希尔领导的工会挑战了这种压迫，所以企业主们决心给工会一点儿颜色看看。正因为如此，阿道夫·费希尔受到了审讯，法庭根据已被买通的证人所提供的伪证给他扣上了莫须有的罪名，并判处他死刑。1887年11月11日，他站在绞刑架上，留下了一句让世人惊讶的遗言："这是我一生中最幸福的瞬间。"几秒钟之后，他脚下的活动板门落下，绳索勒紧了他的脖颈，最终夺走了他的生命。[101]

幸运的是，他为美国工人阶级争取平等权利的梦想不是那么容易就被扼杀的。在费希尔被绞死一年后，一位能干的小伙子改进了干法摄影术的操作流程，发明了划时代的柯达相机，并很快成为世界上最富有的人之一。在接下来的几十年间，乔治·伊斯曼还创造了一种革命性的管理理念，他缩短了自己员工的工作时间，为他们提供工伤补偿、退休年金、人寿保险、利润分红，并最终把公司1/3的股份都给了他们。1932年3月14日，这位备受爱戴的发明家和人文主义者坐在书桌旁，写了一张简短的便条，利落地盖上水笔笔帽，吸了一支烟，然后做了一件让世人震惊的事情——结束自己的生命。[102]

费希尔和伊斯曼是两种截然不同的人，但他们的故事都令人称奇。他们两个都坚信，普通的劳动者有权利享受合理的薪金和体面的工作条件；在工业时代的早期，他们两人都将一生的大部分精力放在推动社会变革上。等待费希尔的是惨痛的失败，穷困潦倒、声名狼藉，最终他以一个罪犯的身份被处决。而伊斯曼的人生则是大获全胜，他以公认的胜利者的身份离开了这个世界，生活富裕而且备受尊重。那么，为什么那个一事无成的穷人站在绞刑架上的时候感觉自己是幸福的，而那个成绩卓越的富人却选择了自杀这条路？费希尔和伊斯曼对各自所处环境的反应看起来如此矛盾，如此有悖常理，以至有些人会认为这是虚张声势或者精神失常的表现。很显然，在费希尔穷困潦倒生活的最后一天，他是幸福的。同样明显的是，在伊斯曼光辉一生的最后时刻，他却是不幸福的。而我们都确信无疑，如果我们处在他们的境遇中，我们的感觉一定跟他们的完全相反。那么，这两个人到底出了什么问题？我要说的是，他们其实没有问题，而是你有问题。当然我也有问题。你我都在想象“感觉起来如何”的时候犯下了一系列的错误。

想象“感觉起来如何”听起来就像白日梦，然而事实上，这是我们最重要的精神活动之一，而且我们每天都在进行这样的活动。我们决定要跟谁结婚，到什么公司工作，什么时候生孩子，退休后生活在哪里，我们的这些决定在很大程度上取决于我们对某事发生或者不发生“感觉起来会如何”的想象。[103] 我们的生活也许并不总是按照我们希望或设想的样子进行，但是我们坚信，只要这些事情如期而至，我们的幸福一定没有止境，而悲痛则与我们无缘。也许我们确实不可能总是得到自己想要的东西，但至少我们确信一开始自己想要的是什么。我们知道我们一定能够在高尔夫球场上找到快乐，却无法在流水线上找到快乐；我们跟拉娜待在一起会感到幸福，而跟丽莎在一起则不会；当一名陶艺师会让我们愉悦，而当水管工则不会；我们居住在亚特兰大很惬意，居住在阿富汗则很痛苦。我们之所以知道这些，是因为我们能够展望未来会发生的事情，并虚拟一个还没有成为现实的未来世界。只要发现自己正处在必须做出决定的风口浪尖，如“我应该再吃一块儿鱼，还是直接去吃‘叮咚’饼干”“是接受堪萨斯城的那份工作，还是继续留在现在的职位上期待晋升”“是接受膝部手术，还是先试试药物治疗”，我们就会想象未来的各种可能的选择，然后想象自己在所有情况下会有什么感觉（“要是手术没有效果的话，我一定会后悔没有先试试药物治疗方案”）。我们并不需要费多大力气就能够想象出《财富》杂志“500 强企业”的首席执行官，肯定要比绞刑架上等待行刑的囚犯幸福。因为我们是具有预见性的灵长类动物，我们并不需要实际去经历阿道夫 · 费希尔或者乔治 · 伊斯曼的生活，就能够知道在他们选择的道路上走上一段是什么样的感觉。

似乎只有一个难题了：这两位看起来并不认同我们得出的结论。费希尔宣称自己是幸福的，而伊斯曼的做法让他看起来不像一个幸福的人。只要不是这两个家伙都搞错了自己对生活的感觉到底是什么样的，我们就得考虑一下是不是我们自己搞错了——在我们试图想象处于费希尔和伊斯曼的境遇当中到底有什么感觉时，我们的想象力也许会莫名其妙地出一些问题。在审视将来我们可能会有的生活方式时，我们不得不考虑也许那种看起来更好的生活方式事实上是更差的生活方式，而且我们并非总能准确地判断出哪个更好。我们不得不考虑，也许在悄悄想象走别人走的路的感觉时，自己可能已经犯下了根本性的错误，而这个根本性的错误会使我们错误地选择未来。

这个错误可能是什么？想象力是一个有力的工具，我们可以“无中生有”地勾勒出许多场景。但是同所有工具一样，这个工具也有它的缺点，在本章和下一章我会告诉你它的第一个缺点。了解想象力（能够帮助我们展望未来的机能）的缺点的最好方式，就是理解记忆（帮助我们认识未来的机能）和视觉（帮助我们看到现在的机能）的缺点。你会了解到，导致我们错误地记忆过去和错误地看待现在的缺点，正是导致我们错误地想象未来的那个缺点。这个缺点来自大脑每一天、每一刻都在玩的一个小魔术，现在它正在跟你耍这个花招。让我来告诉你大脑这个不可告人的小秘密吧。

你的记忆可信吗？

早期马克斯兄弟制作的大多数影片都会出现这样一个神奇的场

景：胖乎乎的小丑哈伯·马克斯将手伸进肥大的双排扣男式雨衣中，忽地拉出来一把富鲁格号、一杯冒着热气的咖啡、一个洗脸盆或者一只绵羊。到3岁的时候，我们中的大多数人都已经知道大东西不可能放进小口袋里，而表演中的喜剧场景，比如从口袋里掏出一个抽水马桶或者一头牲口，同我们的这个认识是相互矛盾的。富鲁格号怎么能够装进雨衣呢？那么小的一辆汽车里怎么能够装得下那么多滑稽的小丑呢？魔术师助理怎么能够挤进这么小的盒子里呢？这些当然都是不可能的，而且我们也清楚地知道这个事实，因此我们会更欣赏艺术所创造出来的假象。

人类的大脑也会创造出类似的假象。如果你曾经尝试过把一整部你最喜爱的电视剧拷贝到电脑硬盘上，你就会知道完整记录真实的世界需要大量的空间。我们的大脑拍摄了大量的快照，记录了数百万个声音片段，再加上气味、味道、触觉、三维空间、时间顺序以及不间断的说明，而且年复一年、日复一日地做着这些事情，记忆银行中储存着它们对世界的各种反映，却永远不会内存不足。只要稍加提示，你就能够很快地想起小学六年级时那个糟糕的日子——因为取笑菲尔·迈耶斯的正畸牙套而惹恼了他，他发誓要在放学后狠狠教训你一顿。我们是怎么把这么多经验放到两耳之间如此狭小的大脑空间中的呢？我们做的正是小丑哈伯所做的——欺骗观众。正如你在前面几章中了解到的，我们的体验并不是储存在记忆中的，至少不完全是。为了存储方便，我们首先对它们进行了压缩，把它们简化成最基本的几条线索，比如总结性的短语（晚餐很让人失望），或者几个关键特征（嚼不动的牛排、有瓶塞味的葡萄酒、蛮横无理的招待）。以后，当我们想要记起这种体验的时候，大脑就会飞快地编出一条新的体验信息，而不是单纯地提取我们作为记忆储存起来的体验信息。[104] 这个重新组织信息的过程是非常迅速且毫不费力的，所以我们会产生错觉（就像崇拜伟大的魔术师的观众那样），以为这个东西一直都储存在我们的头脑中。

但事实并不是这样的，而且我们也已经多次证明了这个事实。比如，在某项研究中，实验对象看到一组记录一辆红色轿车驶向让车标志、右转并撞上一个行人的全过程的幻灯片。[105] 在看完幻灯片之后，一部分实验对象没有回答任何问题（无问题组），而剩下的实验对象则被要求回答了一个问题（问题组）。这个问题是："当红色轿车停在停车标志前面的时候，有没有其他车辆经过？"然后，研究人员给所有实验对象看了两张图片——其中一张图片显示红色轿车正在靠近一个让车标志，而另外一张图片显示红色轿车正在靠近一个停车标志，然后要求他们指出自己刚才看到过哪一张。要是这些实验对象已经将体验储存在记忆中了，他们就应该选择红色轿车靠近让车标志的那张照片。结果，无问题组中有 90% 的人都挑出了正确的照片，但是问题组 80% 的实验对象选择的却是汽车靠近停车标志的照片。很明显，问题改变了这些实验对象对之前体验的记忆。如果大脑所做的是重新组织过去的体验，那么体验被扭曲就是顺理成章的；如果大脑做的只是提取过去的体验，这样的扭曲就无法解释了。

人们从后续事件获取的信息会改变他们对之前事件的记忆，这个普遍的发现曾经多次在许多不同的实验室和实践场合出现，因此许多科学家得出了两个结论[106]：首先，记忆包括"填充"并未被储存的细节；其次，我们通常意识不到这一点，因为这种"填充"发生得非常迅速而且是下意识的。[107] 其实，这种现象的作用是非常强大的，甚至是在明知道别人想要骗我们的时候，这种情况也会发生。比如，现在请你飞快地看一下下面这组词语，看完之后，赶快用手遮住这些词。然后，我就要开始骗你了。

床

休息

醒着

疲劳

梦

唤醒

打盹儿

毯子

打瞌睡

睡熟

打鼾

小憩

祥和

打哈欠

瞌睡

现在，我要变我的小魔术了。下面这些词中有哪些没有在上面出现呢？床、打瞌睡、睡眠，还有汽油。当然，“汽油”算是一个正确答案。但另外一个同样正确的答案是“睡眠”，你要是不相信的话，不妨抬起手看一眼前面的词。(不管怎么样，你总得抬起手的，我们还要继续往下讲呢！）如果你跟大多数人一样，你肯定知道其中没有“汽油”这个词，但是你会误认为自己曾经看到过“睡眠”这个词。[108]因为上面那组词中的每一个联系都非常紧密，你的大脑选择存储你看到的这些词的本质含义（一组关于睡眠的词），而不是存储每一个词语。通常，这是一个聪明且有效的记忆策略。本质含义信息能够指示你的大脑重新编织你的体验，帮助你记起自己曾经读过的词。但是这一次，你的大脑却上当了，因为本质词、关键词、核心词根本没有出现。在大脑重新编织体验的时候，它错误地将并未真正出现的本质词包含了进去，这同前面实验中实验对象错误地将问题所暗示的，却并未在图片中出现的停车标志包含到图片中的道理是一样的。

类似的实验曾经做过几十次，使用的词语也各自不同，但这些实验都发现了两个让人惊讶的事实。首先，人们并不是朦朦胧胧地记得自己曾经看到过本质词，或者只是猜测自己曾经看到过这个词，相反，他们清楚地记得自己曾经看到过这个词，并且确信这个词出现过。[109]其次，即使是在事先得到提醒的情况下，这种现象还会出现。[110]即使事先知道研究人员想要骗你相信曾经看到某本质词，你还是会觉得自己看到过它。

大脑是最伟大的魔术师

填充过程充斥于我们对过去的回忆中，其作用强大又难以被发现。它同样存在于我们对现在的感知中。假如你在一个百无聊赖的星期四决定要解剖自己的眼睛，那么最终你会在自己的视网膜后部发现一个点，你的视神经就从这里出发，连接你的眼睛，通往你的大脑。而在这个连接视神经和视网膜的点上，眼睛是不能正常接收影像的，所以我们把这个点叫作盲点。因为在这个点上没有视觉感知器，所以没有人能够看到投射到盲点上的影像。然而，在环顾起居室的时候，你看到姐夫坐在沙发上品尝芝士汁的完整模样，却没有看到他的影像中间有一个黑点，为什么？因为你的大脑利用盲点周边的信息，合理推测了在视力正常的情况下盲点能够看到什么，并在影像中添加了这些信息。的确如此，大脑会无中生有地发明东西、创造东西、编造东西！而且它从来没有问过你对此事的态度，也没有试图征得你的同意，它只是尽可能地猜测真实信息的本来样子，然后将它填充进去。因此，你看到的那个大吃芝士汁的姐夫，有一部分是他面部光线的真实反射，而另一部分则是你的大脑制作的，只不过这个部分在你看来也很真实罢了。如果不信，就请你闭上你的左眼，并用右眼盯着图 4–1 中的魔术师看，然后慢慢地将这幅图拉近至你的眼睛。坚持将视线聚焦在魔术师身上，你就会发现，当图上角的地球移入你的盲点的时候，看起来它就像是消失了一样。你会突然在那个地球的位置上看到空白一片，因为你的大脑在这个地球的周围看到的都是空白一片，并据此推测投射到眼睛盲点上的影像也应该是空白一片。如果你继续把书移向自己，地球就会再次出现。当然最终你的鼻子会碰到图片上的兔子，而你也会有一些反常的举动。

这种填充的小把戏并非只在视觉世界出现。有些研究人员录下了这样一句话，“The state governors met with their respective legislatures convening in the capital city”（各州州长分别在州首府召

图 4–1　魔术师和地球

开的会议上会见了本州的立法委员会成员）。然后，他们对录音动了手脚，用咳嗽的声音替换了 Legislatures（立法委员会）这个单词中的第一个"s"的发音。[111] 实验对象都听到了咳嗽的声音，但是他们认为这声咳嗽是发生在两个音节中间的，因为他们都听到了被换掉的"s"音。即使特别要求他们去辨认到底哪个音被消掉了，即使让他们训练数千次，他们还是听不出来到底缺少了哪个音，因为他们的大脑知道那个音应该在那里，并非常热心地将它补上了。[112] 下面的研究更能说明问题，研究人员录制了"咳嗽 + eel"的音（在下文中我将用"*"来代替这个咳嗽声）。当这个音出现在不同的句子中时，实验对象会听到不同的单词——出现在"The * eel was on the orange"（*eel 在橙子上）这个句子里时，实验对象听到的是"peel"（削皮器）这个词，而出现在"The * eel was on the shoe"（*eel 在鞋上）这个句子里时，他们听到的是"heel"（鞋跟）这个词。[113] 这个发现让人印象深刻，因为这两个句子只有结尾部分不同，这意味着实验对象必须听到句子的最后一个单词才能将第二个单词中缺失的信息补齐。但他们还是补齐了信息，而且须臾之间就补得天衣无缝，甚至以为自己真的听到了那个单词。

这类实验就像舞台后台的秘密通道，可以帮助我们了解大脑是如何完成这些惊人的魔术的。当然，你如果跑到后台去看一场魔术表演，并认真地看一下所有的电线、镜子以及活动暗门，再回到座位上的时候，就会感觉看演出的气氛都被破坏了。毕竟，在了解了这些魔术的奥秘之后，你就不会上当了，不是吗？如果你回过头去再试一试上页图中的小魔术，你就会注意到，尽管通过阅读你已经了解了关于盲点的科学解释，但实验结果还是一样的。的确如此，无论你了解了多少光学知识，无论你的鼻子多少次撞上了图中的兔子，这个魔术还是屡试不爽。怎么会这样？我已经尝试说服你，事情有时候并不是它们看起来的样子。现在，让我再来说服你相信另一个事实：你常常会情不自禁地相信它们就是看起来的那样。

从唯实主义到唯心主义

除非你没有经历过童年，而是直接从吃胡萝卜泥的时期跳到了要为抵押贷款操心的时期，你很可能会记得《绿野仙踪》里多萝茜和她的朋友们历险途中的一个场景——他们围在伟大而可怕的奥兹面前，而奥兹以一个飘浮在空中的硕大头颅的形象出现。小狗托托突然挣脱，撞翻了房间角落里的屏风，暴露出藏在屏风后面的控制机器的小个子男人。大家都惊呆了，稻草人指责这个小个子是骗子。

“的确如此！”小个子看起来好像还很高兴，一边搓手一边说道，“我确实是个骗子。”

“有没有人知道你是个骗子呢？”多萝茜问道。

“除了你们4个人和我自己，没有人知道。”奥兹答道，“我已经骗了大家那么长时间，我还以为永远都不会露馅呢。”

“可是，我想不明白，”多萝茜迷惑地问，“为什么我看到的你是一个巨大的头？”

“这就是我耍的花招了。”奥兹回答道。

“我认为你是个非常坏的人。”多萝茜说。

“哦，不要这样说，亲爱的！我其实是一个非常好的人，但我不是个好魔法师。”[114]

18世纪末，哲学家们也经历了跟多萝茜的经历差不多的令他们大开眼界的事情，并（有些不情愿地）承认虽然人类的大脑是个非常高级的器官，但它是个不太高明的魔法师。在此之前，哲学家以为，感官是将关于客观世界的信息从现实世界传递到头脑中的渠道，头脑就像一张电影幕布，客观的景象会在上面重新播放。有时候这个过程会出现问题，所以有时候人们会出现错觉。但是当所有感官都运转正常的时候，它们是能够如实反映现实的。1690年，哲学家约翰·洛克这样描述这种唯实主义的论点：

当我们的感官向我们的大脑传递任何感觉的时候，我们只得承认现实中存在一些不以我们的意志为转移的东西，这些东西会影响我们的感觉，通过我们的感官来引起我们大脑的注意，并产生相关的想法。我们目前还无法怀疑感官的证言，也不能怀疑我们观察到的这些简单事实的确共同反映了真实的世界。[115]

换言之，大脑只是相信，而没有假装。因为硕大的头颅的确出现在他们的视野中，所以他们才看到了飘浮着的硕大头颅。对于那些具备哲学头脑的哲学家而言，唯一的问题就是研究大脑如何完成了这种令人惊叹的如实反映。然而在1781年，离群索居的德国教授康德也挣脱了绳索，撞翻了屋角的屏风，揭示了大脑是一个最高明的骗子这样的事实。康德的唯心论认为，我们的知觉并不是眼睛将现实中的影像传递到大脑中这样的生理过程，而是将我们眼中所见与我们已经想到、感到、知道、期待和相信的东西结合，并利用知觉信息和事先存在的知识来共同构建我们对现实的认知。“理解力无法凭知觉知道任何东西，感官也无法思考任何东西。”康德写道，“只有将它们结合起来才能够产生知识。”[116]哲学家、历史学家威尔·杜兰特用一句非常精彩的话总结了康德的观点：“我们知道的世界是一座建筑、一件制成品，也可以说它几乎是一件人工制造的物件，因为头脑作为成型模具的作用，与事物提供刺激信号的作用，两者的贡献同样大。”[117]康德论证道，人对飘浮的头颅的认识是由人对飘浮的头颅的一般知识、记忆、信仰、需求以及其他一些东西，还有确实存在的飘浮的头颅共同构筑的（虽然不一定总是有一个现实的飘浮的头颅存在）。知觉是肖像，而不是照片，它的形式不但反映了被描绘的东西，而且反映了艺术家的创作手法。

这种理论是一个启示，在此后的几个世纪里，心理学家对这个理论进行了扩展，并指出，个体认识能力的发展同哲学认识的发展其实是差不多的。20 世纪 20 年代，心理学家让·皮亚杰注意到，年幼的孩子常常会把自己对事物的认识与该事物的本质混淆起来，以为其他人看到的一定跟自己看到的一样。如果一个两岁的孩子看到自己的玩伴离开了房间，然后又看到一个成年人将一片饼干从饼干桶里拿出来并把它藏到抽屉里，她就会以为那个玩伴以后会到抽屉里去找饼干。而事实上，在成年人把饼干从饼干桶里拿出来然后放到抽屉里的时候，她的小玩伴并不在场。[118] 为什么她会这样以为？因为这个两岁的孩子知道饼干在抽屉里，所以他就想当然地认为其他每个人都知道这一点。因为无法区分世界中的事物和头脑中的事物，所以这个孩子不能理解不同的头脑中可以包含不同的东西。当然，随着他们越来越成熟，孩子们的世界观就由唯实主义转变为唯心主义，渐渐认识到自己的想法只是一种观点，他们看到的不一定是客观事实，所以两个人对同样的事情可能会有不同的认识和观念。皮亚杰得出的结论是：“孩子的思想是唯实主义的，其发展过程中包含着消除最初的唯实主义认识论的过程。”[119] 换句话说，跟哲学家一样，普通人一开始的时候也是唯实主义的，后来才渐渐克服了部分唯实主义的倾向。

大脑是天才的造假者

虽然唯实主义渐渐退场，但它并没有走得太远。研究表明，在特定条件下，即使成年人也会表现出唯实主义的倾向。比如，在某项研究当中，两个成年人面对面坐在一个方孔置物架的两侧，如图

4–2 所示。[120] 其中的几个方格中放着一些普通的物件，有些方格是两面通透的，所以两侧的人都能够看到里面摆放的东西，比如最大的那辆卡车和中等尺寸的卡车。其他方格则有一面是封闭的，所以里面的东西只有一个人能够看到，而另外一个人看不到，比如小卡车。两个人一起做了这样一个游戏：视线被挡住的那一侧的人（发令官）让视线无遮挡的那个人（行动者）将某物品移动到特定的位置。如果发令官说“请将小卡车移到底层”，会发生什么情况？如果行动者是个唯心主义者，她就会移动那个中等尺寸的卡车，因为她能够意识到发令官看不到小卡车，所以他指的一定是中型卡车，因为从他的角度来看，中型卡车是最小的。而如果行动者是个唯实主义者，她就会忽略发令官看到的东西和自己看到的是不同的情况，进而无法意识到在下达指令的时候他指的根本不可能是小卡车。那么，她会移动哪辆卡车？

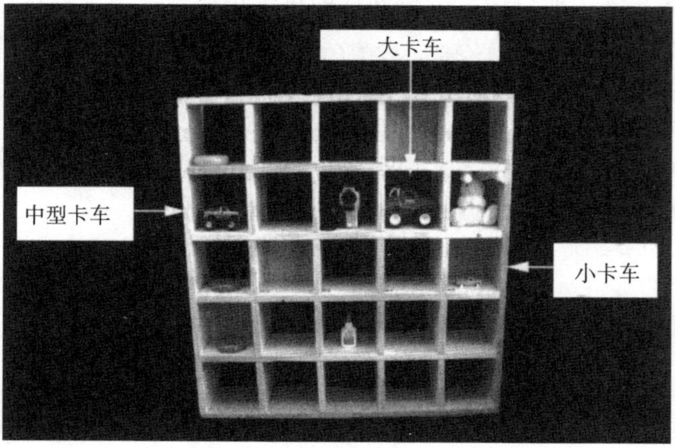

图 4–2　方格

当然，她移动的是中型卡车。什么？你认为她们很蠢吗？不，她们都是正常的成年人。她们的大脑功能完全正常，她们有体面的职业、信誉良好的银行账户，还有得体的餐桌礼节，都是过着正常生活的普通人。她们知道发令官的视角与自己的不同，因此在发令官说“移动小卡车”的时候，她们会认为他指的一定是中型卡车。然而，尽管这些正常的成年人的大脑运转完全正常，做的事情也是任何唯心主义者都会做的，但她们的手表现出的只有一半的事实。除了衡量行动者手部的动作之外，研究人员还利用视线追踪装置跟踪了行动者的眼部动作。视线追踪的结果表明，在听到“移动小卡车”的指令时，她们的目光第一时间都转向了小卡车，而不是中型卡车，尽管其实中型卡车才是发令官能看到的最小的卡车，但毕竟小卡车才是行动者能看到的最小的卡车。换言之，最初行动者的大脑从自己的角度出发把“小卡车”阐释为她能够看到的最小的卡车，而没有考虑到发令官的视野与自己的不同。在移动小卡车这个想法上耽搁了一小段时间之后，行动者的大脑才开始想到发令官的视野与自己的不同，所以他指的一定是中型卡车，这时候大脑向手发出指令，让它移动正确的卡车。手做的正是彻底的唯心主义者会做的事，但是目光的移动表明，大脑曾经还是一个唯实主义者。

像这样的实验表明，与其说我们长大成人之后就完全抛弃了唯实主义的思维方式，不如说我们学会了如何克服唯实主义的影响，即使是成年之后，我们的认知过程最初还要经历唯实主义的思维过程。[121] 基于这种思维方式，我们自动认定我们对某事物的主观认识其实就是对该事物本质的忠实反映。只不过在时间、精力和能力都允许的情况下，我们会在稍迟些时候开始质疑这个假设，并且想到现实世界也许和它看起来的样子不同。[122] 皮亚杰将唯实主义描述为“自发和即时地将标记同被指代事物相混淆的倾向”。[123] 研究表明，这种将我们的主观感觉同事物的本质特点相混淆的倾向，在我们一生当中都保持着这种自发和即时的特点。它不但没有彻底离开，甚至一刻也不曾离开，而且转瞬即逝、没有表征，并且很快就被克服了。但是它一直都是我们认识世界的第一步。我们会首先相信自己看到的东西，然后在不得不怀疑它的时候，才选择不相信自己的感知。

所有这些都说明心理学家乔治·米勒所言不虚。他曾写道：“大脑智能的最高成就就是感知现实世界。”[124] 在我们两耳之间的这个大约重 3.5 磅的器官不仅是一个记录装置，而且是一台智能计算机，它能够收集信息，进行精明的判断，甚至猜测，然后给出对事物本质的最佳阐释。因为这些阐释通常都很高明，同时这样的阐释通常都与现实世界本来的模样惊人地相似，所以我们没有意识到自己看到的只不过是一种阐释。相反，我们感觉自己好像正舒舒服服地坐在自己的头脑中，透过眼睛这两扇清晰的窗户看到世界真实的样子。我们常常会忘记大脑是个天才的造假者，它不停地编织着记忆和体验，而且每一个细节都被处理得天衣无缝，所以人们很难看出这其实是赝品。从某种意义上来讲，我们每个人都是造假者，印一张伪钞，欣然接受其他人会用它付账，而且没有意识到自己既是这张几乎可以乱真的假钞的始作俑者，也是它的受害者。正如你将要了解到的，有时候我们会因为忽略了事实的本质而付出惨痛的代价。在我们暂时忘记了大脑的骗术，并不假思索地接受自己的记忆和认知的时候，我们犯下的错误与我们想象未来时犯下的错误是一样的。

富人并不像你想的那样幸福

约翰·列侬在让我们“想象再也没有国家”时，加上了一句话：“这样做其实并不难。”的确如此，想象一般是不需要费太大力气的。当我们想象自己打算午餐时吃的黑麦面包夹五香烟熏牛肉时，或者想象妈妈发誓说上周就已经寄出了那件法兰绒浴袍的时候，我们不需要专门留出一段时间，卷起袖子，并郑重其事地把想象一块儿三明治或者一件浴袍当作工作来做。恰恰相反，只要我们稍微有一点儿考虑这些问题的打算，我们的头脑就能够轻而易举地利用它们已经知道的关于熟食和午餐还有包裹和母亲的知识，来构建意识图像（温热的五香烟熏牛肉、黑麦、苏格兰风格彩格呢质地的浴袍，还有邦尼兔图案的拖鞋），这些就是根据我们的体验与记忆想象出来的。同体验和记忆一样，这些意识图像在跳入我们意识中的时候就已经无法改变了。我们应该对自己的想象力能够如此轻松地提供这项服务心怀感激，但是，因为我们无法有意识地指导这些意识图像的绘制过程，所以我们会像对待记忆和体验一样，先假设它们是对我们正在想象的事情的精确反映。

比如，现在请你想象一盘意大利面，并且告诉我你觉得明天晚饭吃它怎么样。好吧，请注意两个问题。第一，这并没有太大困难。你可以一整天都想着意大利面而不用流一滴汗，穿着新浴袍百无聊赖地到处闲逛，把所有繁重的想象工作都留给大脑来做。第二，你想象的那盘意大利面，可能比我征求你意见时所指的那一盘东西丰富得多。也许你想象的是从罐头瓶中倒出来的黏糊糊的肉酱，也许你想象的是上面浇着波伦亚肉酱汁散发罗勒迷迭香味的正宗意大利面。酱汁可能是番茄味的、奶油味的、蛤蜊味的、葡萄味的。面条上可能摆着两个传统肉丸，也可能放着几片鸭肉肠，并点缀着腌酸豆和松仁。也许你想象着自己站在厨房的餐台旁一手拿着报纸，一手端着可乐吃意大利面，或者你想象着自己来到最喜爱的意大利餐厅就餐，服务员带你到靠近壁炉的一张小桌子旁坐下，为你斟上一杯醇香的20世纪90年代的巴罗洛葡萄酒作为开胃酒。无论你想象中吃意大利面的场景是什么样的，我敢打赌，在听到我说“意大利面”的时候，你肯定不会在开始勾勒面条模样之前问我关于调味酱和就餐地点等细节问题。相反，此时你的头脑就像一个试图根据炭笔素描绘制出一幅色彩斑斓的油画的艺术家，会自动填充我的问题中没有提到的细节，并为你送上一份特制的、在盘中被堆得高高的意大利面。当你预测未来的这份面条能够带给你什么样的感受的时候，你对这份特制面条的反应同你对某特定记忆或者体验的反应是一样的，就好像那些细节都是你想象的这个东西与生俱来的，而不是由大脑填充的。

正因为如此，你很可能会犯下错误，而你未来的吃面经历可能会让你为自己今天所犯的错误感到懊恼。[125]其实，与其说“明天晚餐吃意大利面”这个短句描绘的是一个单一的事件，还不如说它描述的是一系列相关的事件，而你想象出来的仅仅是这一系列事件当中的一个，这个想象中的事件会影响你对未来享用这顿晚餐的期待。事实上，你在不知道会吃到哪一盘意大利面的时候就尝试想象自己吃它时的感受，就像在不知道要买哪一辆车的时候（法拉利还是雪佛兰）就猜测自己将会花多少钱，或者在不知道配偶的成就如何的情况下（赢得诺贝尔奖或者聘请了本城最好的离婚律师）就预测自己会为他感到多么骄傲，或者在不知道到底是哪位亲属（亲爱的父亲还是艾达表姐那位坏脾气的舍曼表叔）过世的情况下就想象自己到底会有多么伤心。意大利面的品种有很多，而你想象的那个特定的品种肯定会影响你对享用它的体验的期待。要正确地预测你对自己所想象的体验的反应，这些细节是至关重要的，因此明智的人一定不会对意大利面充满期待，或者至少会增加一些限制条件来给自己留些余地，比如，"如果这份意大利面煮得很筋道，并且配上烟熏茄汁，那么我想我会喜欢。"

但是，我敢打赌，你还是会期待的，而且你不会给自己留余地，你会比轮滑餐馆的厨师博迪亚更利索地为自己做出一盘想象中的意大利面，然后信心十足地对自己将来同这盘食物的关系做出预测。如果你没有这样做，那么恭喜你，请给自己发一个奖牌。如果你这样做了，别担心，还有很多人和你一样。研究表明，在预测自己对未来事件的态度时，人们常常会忽视想象，大脑活动中不可缺少的一环，即对未知领域进行填充。[126] 比如，某项研究的研究对象被要求对自己在各种未来环境中的反应做出判断，比如他们愿意花多长时间来接受电话调查，或者他们愿意花多少钱在一家西班牙餐厅庆祝某事等。[127] 这些研究对象还要报告自己对这些预测的正确性有多大把握。在进行预测之前，有些研究对象被要求描述他们所想象的这个未来事件的细节（"我在嘉丁涅饭店点了一份葡萄酒炖小排，搭配烘烤的根茎类蔬菜和荷兰芹浓汤"），然后，研究人员要求他们假设自己所想象的每一个细节都是完全正确的（假设者），而另外一些人则没有被要求描述这些细节，也没有被要求做出任何假设（非假设者）。结果表明，非假设者对自己预测的把握一点儿也不比假设者小。为什么？因为在被问起晚餐的时候，非假设者很快就下意识地勾勒出了在某特定餐馆享用特定的几道菜的场景，并且假设这些细节都是准确无误的，不是凭空想象的。

我们发现自己常常会犯同样的错误。当妻子要求你参加下周五晚上的聚会时，你的头脑中立刻勾勒出一幅在市中心饭店顶层豪华套间参加鸡尾酒会的景象，想象穿着黑色燕尾服的服务员端着摆满餐前小点的银托盘从一个有点儿不耐烦的竖琴演奏者身边经过，然后你禁不住对这样的想象打了个哈欠，上下颚分开的宽度足以刷新纪录。但你通常想不到的是，聚会的种类有很多——生日聚会、美术馆开幕聚会、影片开机聚会、游艇聚会、办公室聚会、狂欢聚会、私人派对，而你对各种聚会的反应又该有多么不同。所以，你告诉她不打算去参加聚会。当然，她才不管这么多，硬是把你拉去参加聚会，而你其实也度过了非常愉快的夜晚。为什么？因为聚会中大家喝着便宜的啤酒，吃着膨化食品，而不是听着古典音乐，嚼着海苔饼干，这恰好是你喜欢的那种聚会。你喜欢上了这个自己如果预测就一定会厌恶的聚会，因为你的预测是建立在反映我们的大脑最合理的猜测基础之上的，但这个猜测大错特错。关键是，当我们想象未来的时候，我们常常在头脑的盲点上进行想象，这种倾向有可能让我们在试图衡量未来事件的情感价值时做出错误的预测。

这种倾向是超然存在于对聚会、餐馆和各种口味的意大利面的预测之外的。例如，我们中的大多数人都确信自己会愿意当伊斯曼而不是费希尔，这当然是毋庸置疑的。只是在做出判断之前，我们还需要先考虑一下自己的大脑是如何迅速和不容置疑地填补了所有关于他们的生平和死亡的细节的，以及这些编造出来的细节能够在多大程度上左右我们的判断。现在，请你考虑一下下面这两个故事。在阅读本章开头的故事时，你的大脑几乎完全不可能为你想象出这样的故事。

假如你是一个年轻的德裔移民，生活在19世纪拥挤、肮脏的芝加哥。为数不多的几个大家族，比如阿穆尔家族、麦考密克家族、斯威夫特家族和菲尔德家族，垄断了他们各自所在的行业，并像使唤牲口、使用机器那样压榨你和你的家人的劳动成果。你花许多时间来为一家小报撰稿，这家小报的宗旨是争取社会公正，但你不傻，所以你知道这些文章改变不了什么，工厂照样运转，工厂生产纸张、叉子、拖拉机，并在榨干了工人的血汗之后将他们扫地出门。在这样的美国，你只是一个初来乍到、无足轻重的小人物。一天晚上，一些工人与当地警察在秣市广场发生了争执，尽管炸弹爆炸的时候你并不在场，你还是和其他“无政府主义者头目”一起被抓了，并被指控策划了这场骚乱。一夜之间，你的名字登上了各大主流报纸的头版，同时你也有了一个更大的发表自己见解的舞台。当法官根据伪造的证据判处你绞刑的时候，你意识到这个可耻的时刻将会被载入史册，而你将会成为“秣市烈士”，并被永远铭记，你的牺牲将会为你孜孜以求却无力成就的社会革命铺平道路。几十年后将会出现一个更加美好的美国，人们将会因为你的牺牲而授予你无上荣耀。你不是一个笃信宗教的人，但你禁不住想到了被钉在十字架上的耶稣。他同样是被扣上了莫须有的罪名，被施予不公正的判决，并被残忍地杀害；他同样是牺牲了自己的生命，以确保一个伟大的理想能够在未来的几个世纪迸发出蓬勃的生命力。做好赴死的准备之时，你当然会感到紧张。但是，从深层意义上来讲，这个时刻其实是从天而降的好运，是梦想即将实现的高潮，也许你甚至会说，这是你一生中最幸福的时刻。

镜头切换到第二个故事。1932 年，在纽约市的罗彻斯特，处于大萧条时期的你是一位 77 岁的老人，你用毕生的精力建立了一个王国，推动了技术的进步，并用你的财富建立了众多图书馆、交响乐团、大学和牙科诊所，这些都极大地改善了数百万人的生活。你一生中最幸福的时光都用来摆弄相机、徜徉于欧洲各地的艺术馆、垂钓、狩猎，还有在北卡罗来纳州的住所做木工活。然而因为脊髓疾病的困扰，现在对于你而言，用一直以来让你幸福的积极态度面对生活已经越来越困难了，不得不待在床上的每一天对于曾经活力四射的你来说都是令人伤感的嘲讽。你已经无法变得年轻，也永远无法康复了，好时光一去不复返了，在剩下的日子里你会越来越衰老。一个星期一的下午，你坐到书桌旁，拧开自己最喜爱的那支钢笔的笔帽，在一个笔记本上写下了下面这句话："亲爱的朋友们：我的工作已经做完了，还等什么呢？"然后你点燃一支香烟，在享用了它最后一缕香气之后掐灭了它。你小心翼翼地拿起那支鲁格尔半自动手枪对准了自己的胸口。医生曾经教过你如何找到自己心脏的位置，现在你可以感觉到它在你的枪口之下急速地跳动。在准备扣动扳机的那一刻，你当然感到紧张。但是，从深层意义上来讲，你知道这一颗子弹能够让你留下美好的过去，并逃离更加苦涩的未来。

好的，讲完了，请开灯。上述这些关于阿道夫·费希尔和乔治·伊斯曼生活的细节都是准确无误的，但这并非问题的关键。关键问题是，正如有些聚会你喜欢，而有些你不喜欢，有些口味的意大利面你喜欢，而有些你不喜欢，有些富裕的生活方式并不像你期待中的那样美妙，而有些被迫害致死的经历也不像你想象中的那样可怕。你之所以会认为费希尔和伊斯曼的感觉有悖常理，主要是因为你几乎肯定会错误地想象他们所面临的处境的各种细节。没有经过深思熟虑，你的行为就像一意孤行的唯实主义者，信心十足地根据大脑在你不注意的时候编造的那些细节来预言自己将会有什么感受。你的错误不在于你想象了完全不存在的东西（毕竟，这正是想象的功能），而在于你不假思索地将你想象的东西当作事实的完美体现。你是个很好的人，却是一个很糟糕的魔法师。

如果在大脑形成的那一刻给你选择的权利，你很可能不会选择这个会变魔术的大脑。幸亏从来没有人让你自己选大脑！如果大脑没有了填充信息的魔术，你就只能拥有支离破碎的记忆、空空如也的想象，而且你无论走到哪里，都摆脱不了一个小小的空洞。康德说过："没有概念的知觉是盲目的。"[128]他的意思是，尽管我们认为自己的主观感受是理所当然的，但如果大脑没有了填充信息的魔术，我们甚至无法拥有任何与此稍微类似的感受。我们看到的是未必真正存在的东西，记得的也未必是真正发生过的事情。虽然这听起来有点儿像水银中毒的症状，但它是合情合理真实存在的，而且是再正常不过的了，只不过这样真实存在的普遍现象也是需要我们付出代价的。虽然我们模模糊糊地知道大脑其实不断地在记忆中填充学术知识，但是我们还会情不自禁地期待未来能够在每一个细节上都跟我们现在想象的一样。我们将会看到，比起我们的大脑没有能够想到的那些细节，它填补进来的这些细节所惹的麻烦还算少的。

第五章
幸福的细节

啊，可恨的错误，你是忧愁的产儿！

为什么你要在人们灵敏的头脑里制造颠倒是非的幻象？

——莎士比亚，《裘力斯·恺撒》

赛马银光丢失后不久，格里戈里侦探和罗斯上校就找到了那个偷偷摸进马厩偷走这匹得奖的赛马的嫌疑人。但是，跟往常一样，夏洛克·福尔摩斯还是先警察一步发现了真相。上校问福尔摩斯：

“你还有其他线索吗？”

“在那天夜里，狗的反应是奇怪的。”

“那天晚上，狗没有什么异常反应啊。”

“这正是奇怪的地方。”福尔摩斯提醒道。[129]

狗一直生活在马厩中，并且当天盗窃案发生的时候，两个马倌都睡着了，这两个事实促使福尔摩斯做出了一个毋庸置疑的高明推理。后来他解释道：

在解决这个问题以前，我意识到狗不出声是条重要的线索……马厩中有一条狗，然而当有陌生人进来把马牵走时，它竟然没发出任何声音，没有惊醒睡在草料棚里的两个马倌。显然，这位午夜来客是这条狗非常熟悉的人。[130]

尽管侦探和上校都意识到了发生过的事，但是只有福尔摩斯注意到了什么事情没有发生过：狗没有叫。这意味着盗马贼并非警察找到的那个陌生人。通过仔细地分析整个案件，福尔摩斯进一步将自己同普通人区别开来。我们即将了解到，普通人在想象未来的时候，很少注意到有什么是自己没有想象到的，而那些缺失部分的重要性往往超出我们的想象。

存在的与缺失的，我们更容易忽略后者

如果你生活在一座高楼林立的城市中，你就会知道鸽子有一种非比寻常的能力，它们能够精确地计算排便的时间、速度和位置，让自己的排泄物准确无误地击中你最昂贵的毛衣。考虑到它们有如此惊人的“投弹才能”，我们不禁感到奇怪，为什么它们竟学不会一些很简单的事情。比如，我们把鸽子关进一只安装有两根横杆的笼子里，我们可以短时间照亮任意一根横杆。[131] 鸽子很快就知道了按压被照亮的横杆可以得到一粒鸟食，但是它永远也不知道按压没有被照亮的那一根来得到同样的奖赏。鸽子可以毫不费力地发现有光出现就意味着有获得食物的机会，可是无法理解没有光出现同样也有吃到食物的机会。研究表明，在这个方面，人类有点儿像鸽子。比如，某实验要求实验对象进行一场推理游戏，他们给实验对象看一系列的三连字母（也就是 3 个字母的组合，比如 SXY、

GTR、BCG 和 EVX）。然后研究人员告诉实验对象，其中的一个组合是特殊的。而实验对象的任务就是找出这个组合到底特殊在哪里，也就是说，这个组合到底有什么区别于其他组合的特点。实验对象看了一组又一组的三连字母，每一次研究人员都会指出一个特殊的组合。实验对象到底需要看多少组才能够推理出那个特殊的三连字母组合的特殊之处？其中一半的实验对象看到的所有三连字母中特殊的那一组，特殊在它包含 T 这个字母，而他们需要看大约 34 组三连字母，才能够发现“T”这个字母是这些三连字母中的特别之处。而另外一半的实验对象看到的特殊三连字母组，特殊在它不包含“T”这个字母，结果令人惊讶：不管这些实验对象看过多少组三连字母，他们中都没有任何一个人能够发现这一点。[132] 人们很容易就能够发现一个字母的存在，然而，正如犬吠声一样，他们根本无法意识到它的缺失。

如果这样的倾向仅限于鸟食和三连字母，我们根本就不需要在意它。但事实证明，我们一般无法意识到缺失的东西，这种倾向是日常生活中我们所犯的错误的潜在原因。比如，不久前我发表意见说鸽子具有非比寻常的用粪便击中行人的天赋，而如果你曾经是鸟粪的受害者，你很可能会得出同样的结论。但是，我们凭什么认为鸽子真的瞄准了，并真正击中了自己的目标呢？答案就是，我们中的大多数人都可以清楚地记得这样的经历，尽管我们只是偶然经过这些恼人的、飞翔着的鸽子栖息的阳台，人头从空中看过去只是一个相对较小而且快速移动的目标，但是一小摊难闻的白色黏稠物还是准确无误地击中了我们。我们当然有充分的理由。但是，如果我们真的想知道鸽子是否有意为之并且具备百发百中的天才技能，我们就必须同时回想一下自己清清爽爽、安然无恙地经过这些阳台的次数。判断在城市中生活的鸽子到底是否对我们怀有敌意，以及它们的“技能”到底准不准的正确方式，也就是同时考虑鸽子粪出现在和缺席于我们的外套之上的次数。如果 10 次中有 9 次鸽子粪都击中了我们，我们也许就应该承认它们“枪法”的精准和鸽群分布范围的广泛了。可是，如果它们只是在 9 000 次中击中了我们 9 次，那么从表面上看来像是百发百中的瞄准和恶意攻击的行为。就只不过是瞎猫碰上死耗子的小概率事件了。鸽子粪失准的次数对决定我们到底能够从被鸽子粪击中的事件中得出什么结论至关重要。事实上，当科学家想要确定两件事之间的因果关系（比如，云的催化同降雨的关系、心脏病和胆固醇的关系等）时，他们会根据共现、非共现和共缺案例的数据来计算出一个系数。举例说明，胆固醇偏高并患心脏病，叫作共现；胆固醇偏高但是未患心脏病，或者胆固醇不高但是患上了心脏病，叫作非共现，胆固醇不高也没有心脏病，叫作共缺。所有这些数据对评估这两件事之间是否存在因果关系都是必要的。

当然，这是非常合情合理的，至少对于统计学家来说如此。但是，研究表明，当普通人想要知道两件事之间是否存在因果关系时，他们通常都会寻找、关注、考虑和记住到底发生了什么，而不会去寻找、关注、考虑和记住没有发生什么。[133] 很明显，人们犯下类似错误的年代已经很久远了。在大约 4 个世纪以前，哲学家、科学家弗朗西斯 · 培根爵士就描述了头脑是怎样犯错的，他认为不考虑缺失的信息和事物是其中最严重的错误。

> 人类理解力的最大障碍和干扰来自感官的迟钝性、不称职以及欺骗性，这表现在刺激感官的事物竟能压倒不直接刺激感官的事物，即使后者更加重要。由此，思考一般总是随视觉所止而告停，以至人们对看不见的事物很少有所觉察或完全没有。[134]

培根用一个故事证明了自己的观点，这个故事是他从西塞罗那里引用的。早在 1 700 年前，西塞罗就讲述了这个故事，它的主人公是一位罗马神庙的参观者。为了让参观者深切感受到诸神的威力，罗马人让他看了几个因为有虔诚的信仰而在海难中幸存的水手的画像。他们试图让这个人承认这是奇迹的证明，这个人却提了一个很精明的问题："能不能让我看看那些发过忠诚誓言却在海难中丧生的人的画像呢？"[135] 然而，科学家的研究表明，像我们这样的普通人很少会想到要求看丧生的水手的画像。[136]

因为无法思考缺失的事物，我们常常会做出一些非常古怪的判断。比如，在 30 年前进行的一项研究中，实验者问一些美国人哪两个国家更相像，是锡兰和尼泊尔，还是联邦德国和民主德国？大部分人都选择了联邦德国和民主德国。[137] 但是，当被问到哪两个国家的差别比较大时，大部分美国人还是选择了联邦德国和民主德国。那么，这两个国家怎么会既是更相像也是更不相像的国家呢？这当然不可能。在被要求判断两个国家的相似性的时候，人们倾向于寻找二者之间的相似之处而忽略不相似的地方（联邦德国和民主德国之间有许多共同之处，比如国名中就有两个字相同）。然而，当被要求判断两国之间的区别时，他们则更容易去寻找不同之处而忽略了存在共性的地方（二者之间的区别也同样不少，比如政治体制就不同）。

忽略缺失事物的倾向还会导致人们在决策过程中犯更多错误。假设你现在要去下面两个岛屿中的一个度假：一般岛（拥有一般的天气、一般的沙滩、一般的饭店和一般的夜生活），或者极端岛（拥有美好的天气、绝妙的沙滩，但是饭店破烂不堪，而且没有夜生活）。现在你需要做出选择，你会选择哪一个？大部分人会选择极端岛。[138] 可是，如果你之前预订了这两个岛的行程，而现在需要在用信用卡支付之前取消一个，你会取消哪一个？大部人还是选择取消对极端岛的预订。为什么人们既会选择又会取消极端岛的行程？因为在进行挑选的时候，我们通常考虑的是各种选择的优点，而当我们拒绝的时候，我们常常考虑的是各种选择的缺点。所以在需要做出选择时，人们选择了它；而在需要表示拒绝时，人们又拒绝了它。当然，选择度假地点的符合逻辑的方法是同时考虑正反两方面的因素，但我们中的大部分人并不是这样做的。

想象力的细节缺失

我们对缺失事物的失察也影响了我们对未来的看法。正如我们无法记住过去的每一个细节（高中毕业典礼上你穿了什么颜色的袜子），或者注意到当前事件的每个细节（你身边的人现在穿着什么颜色的袜子），我们也不可能想象出未来事件的每一个细节。现在你可以闭上眼睛，花两个小时的时间想象自己正在驾驶一辆配备双涡轮增压、5.5 排量、V12 发动机的梅赛德斯 – 奔驰 SL600 型轿车。你能够想象得到保险杠的曲线、挡风玻璃的斜面，以及崭新的真皮座椅散发出来的新皮革的特殊气息。但是无论你用多长时间想象，如果我要求你根据你想象中的这个图像来读出车牌号码，你就一定不得不承认自己不小心忽略了这个细节。当然，没有人能够想象到每一个细节，要求人们做到这一点也是非常没有道理的。然而，正如我们很容易将自己想象的未来事物的细节当作真正会发生的情况，我们也会将自己想象不到的事情当作不会发生的事情，这个习惯同样给我们带来很多麻烦。换言之，我们考虑不到大脑到底进行了哪些填充，也考虑不到它到底省略了多少细节。

为了证明这一点，我经常请求人们告诉我，如果他们最大的孩子突然意外死亡，那么在此后第二年他们的感受会怎样。你很可能已经猜到了，为此我成为聚会中“不受欢迎”的人。我知道，这确实是一个令人厌恶的问题，我不会要求你回答这个问题。但事实上，假若你回答了这个问题，你给我的答案会同其他人的大同小异，基本意思都差不多。比如“你 ×× 的是不是疯了？要是那样我的人生就毁了——彻底毁了。我甚至可能选择自杀。到底是谁邀请你参加这个聚会的？”如果到目前为止这个人还没有用手中的鸡尾酒泼我的话，我通常会提出更深入的问题——问他是怎样得出这样的结论的，他的头脑中出现的是什么样的想法和情境，他都考虑过哪些信息。人们通常都会告诉我，他们想象自己听说孩子的死讯，或者想象自己出席孩子的葬礼，或者想象自己打开孩子卧室的门却发现房间里面空荡荡的。但是从我开始提这个问题以来这么长的时间中，我尽管成功地使所有接受过我调查的人都将我扫地出门，却从来没有听到过任何一个人在谈论这个意外事件时令他们心碎忧愁之外，还想到了在这个孩子死亡之后的两年间几乎肯定要发生的其他一些事情。事实上，没有哪个人提及观看另外一个孩子在学校表演话剧，或者同配偶做爱，或者在一个温暖的夏日午后吃一块儿裹着太妃糖的苹果派，或者读书，或者写书，或者骑自行车，或者其他一些我们和他们都有可能做的事情。现在，我绝对没有任何一点儿不良企图，比如，暗示吃一口又黏又甜的苹果派就能够安慰痛失爱子的心灵，这不是问题的关键。我想要说的是，在悲剧发生之后两年的时间里肯定会发生一些事情，会有一些这样或者那样的小插曲和事件来填满这段时间，而这些小插曲和事件本身就能够引发不同的情绪。不论这些情绪是强烈的还是微弱的，是负面的还是正面的，如果不考虑这些因素，你是没有办法准确地回答我的问题的。可是据我所知，还没有谁想象过我的问题所暗示的那一个可怕的事件之外的任何事情。在想象未来的时候，他们遗漏了许多事情，而那些被遗漏的事情其实是很关键的。

针对弗吉尼亚大学的学生们做的一项研究证明了这一事实。研究人员要求这些学生设想，如果自己学校的橄榄球队在同北卡罗来纳大学队即将进行的比赛中获胜或者失败，自己在此后几天的心情。[139] 在进行预测之前，其中一些学生（描述组）被要求描述具有代表性的一天，而其他学生（非描述组）则没有被要求这样做。几天之后，研究人员要求他们汇报自己的想法，结果表明，只有非描述组的学生过高地估计了比赛的胜负对自己情绪的影响。为什么？因为在非描述组的学生想象未来的时候，他们很容易忽略比赛之后的一些细节信息。比如，他们没有考虑到在自己学校的队伍输球（这是令人伤心的）之后，他们可能跟朋友们一起出去一醉解千愁（这感觉很不错），或者在球队赢得比赛（这让人愉快）之后，他们却不得不到图书馆去复习功课，准备参加化学期末考试（这让人沮丧）。非描述组的学生只关注了未来事件的一个方面，也就是橄榄球比赛的结果，而忽略了未来其他会左右他们心情的各种因素，比如狂饮派对和化学考试。而描述组的学生则更准确地预测出自己的心情，因为他们不得不考虑一些非描述组忽略的细节。[140]

我们很难摆脱自己注意力的束缚，也就是说，我们很难发现自己到底忘记考虑什么了。因此，我们才会如此频繁地错误估计未来事件对自己情绪的影响。比如，大部分美国人都可以被分为两类：居住在加利福尼亚州并为此感到幸福的人，没有住在加利福尼亚州，但相信如果自己住在那里一定会很幸福的人。然而研究表明，住在加利福尼亚州的人并没有比其他地方的人更幸福。那么，为什么每个人（甚至包括加利福尼亚州当地人）都相信他们住在加利福尼亚州会更幸福呢？[141]加利福尼亚州拥有最美丽的风景，同时也是美国气候最宜人的地方，非加利福尼亚州居民一听到这个充满魔力的名字，就立刻想到了那里阳光灿烂的沙滩和高大的红杉树。虽然洛杉矶的气候要比哥伦布市好，但气候仅仅是决定一个人幸福的众多因素当中的一个，人们忽视了所有其他因素。让我们来尝试给自己的想象添加一些被忽略的细节吧，比如交通、超市、机场、运动队、有线电视费率、住房支出、地震、水土流失等。现在，也许我们能够意识到虽然洛杉矶在某些方面要比哥伦布市好（比如天气），但是哥伦布市也在某些方面优于洛杉矶（比如交通没有那么拥堵）。我们之所以认为加利福尼亚州居民比俄亥俄州居民更快乐，是因为我们想象中的加利福尼亚州只有如此可怜的一点点细节，而且忽视了这个事实——很可能我们没有想象到的那些细节能够在很大程度上改变我们最后的结论。[142]

导致我们高估加利福尼亚州居民幸福度的这种倾向，也会让我们低估那些罹患慢性病或者身体有残疾的人的幸福度。[143] 比如，当视力正常的人想象失明生活的时候，他们似乎忘记了失明并不是生命的全部。盲人看不见，但是正常人能够做的大多数事情他们都可以做，他们也能去野餐，他们也纳税，他们也能够听音乐，当然他们也会遇上堵车，因此，他们其实和正常人一样幸福。也许正常人能做的事情当中不是每一件他们都能做，但是，也有许多他们能做而正常人不能做的事情。盲人的生活跟正常人的生活不是一模一样的，但是不管盲人的生活是什么样的，他们的生活绝对不会只围绕着失明这一件事展开。然而，当正常人想象失明的生活时，他们却忽视了这种生活其他所有可能的方面，因此他们无法正确衡量这种生活的幸福度。

今天得到 19 美元与明天得到 20 美元，你更期待哪个？

大约 50 年前，一位名叫肯奇的俾格米矮人第一次走出了非洲茂密的热带雨林，在一位人类学家的陪伴下踏上了开阔的平原。远处出现了一群野牛，它们看起来就像苍茫天空映衬下的一些小黑点。肯奇好奇地观察着它们，最后他求助于人类学家，想知道它们是哪种昆虫。“当我告诉肯奇那些昆虫其实是野牛时，他大笑不止，要我不要撒如此愚蠢的谎。”[144] 人类学家既不愚蠢也没有撒谎。然而，肯奇一生都生活在茂密的雨林当中，在那里没有开阔的视野，所以他没有能力理解我们认为理所当然的事实，也就是说，远处的事物看起来是不同的。你和我都不会把有蹄动物误认为是昆虫，因为我们已经习惯了从很远的地方看东西。我们也早就知道了，在我们的视网膜上，远处东西的影像要比它们在近处时小。那么，我们的大脑怎么知道视网膜上的这个小影像到底是近处的小东西还是远处的大东西的影像呢？细节，细节，还是细节！我们的大脑知道，近处物体的表面纹理的细微特征是清晰可辨的，物体离我们越远，这些特征就会越模糊地融合在一起，所以我们可以根据看到细节的多少来估计物体离我们有多远。如果这个视网膜上的微小影像非常具体，足以使我们看清蚊子头上细小的绒毛和它翅膀上玻璃纸样的纹理，大脑就能够判断出这个东西离我们的眼睛不超过1英寸①。而如果这些微小的视网膜图像没有多少细节，我们只能够看到模糊的轮廓和缺乏光影变化的野牛身体，大脑就判断这个东西大约在几千码②之外。

在空间中，靠我们近的事物比离我们远的事物看起来更加清晰，同样，在时间上离我们更近的事情也是如此。[145] 不久的将来通常都有具体的细节，而遥远的未来则是模糊和波澜不惊的。比如，如果我们问两个年轻人在想象“结婚”的时候都想到了什么，那些距离这件事发生一个月远（或者一个月后要结婚，或者一个月以前刚刚结婚）的年轻人，都会把结婚看作一件抽象且模糊的事情，他们会给出高度概括的描述，比如“做出严肃的承诺”或者“犯错误”。但是，那些第二天马上就要结婚的夫妻就会想到婚礼上的一些具体细节，给出像“拍照”“穿结婚礼服”这样的描述。[146] 同样，

---

① 1英寸≈0.025 4米。——编者注

② 1码≈0.914 4米。——编者注

当我们要求实验对象想象自己在第二天锁上一扇门的时候，他们的描述里通常包括非常多的细节，比如“将钥匙插入锁孔”，但是如果要求他们想象在明年锁上一扇门，他们的描述就要模糊得多，其中常常包括像“保卫房子的安全”这样的短语。[147] 在考虑很久以前或者很久以后的事情的时候，我们通常会抽象地考虑这些事情为什么会发生，然而在考虑不久之前发生的事情或者不久的将来即将发生的事情时，我们通常会想到非常实际的情况，比如它们到底是怎样发生的。[148]

我们对事物的看法在时间维度上与在空间维度上是一样的。但是，时间地平线和空间地平线之间还有一个非常重大的区别——在看到远处的野牛时，我们的头脑能够很清楚地意识到，这些野牛之所以看起来光滑、模糊并缺乏细节，是因为它们离我们很远，而不会错误地认为野牛本身就是光滑和模糊的。但是，在回想或者想象一件很久以前的事情的时候，人们常常认为这些事情事实上就像我们记忆中或者想象中的一样波澜不惊和模糊。比如，我们常常想知道自己为什么会做出事后（尤其是在不得不履行承诺时）让自己非常后悔的承诺。我们当然都有过这样的经历。我们同意下个月帮忙照看侄子和侄女，并且对此十分期待，甚至在日记中记录了此事。然后，当这一天真正来临，我们必须购买开心乐园餐、芭比娃娃，把香烟藏起来，同时忽略下午 1 点钟有 NBA（美国男子职业篮球联赛）总决赛的事实时，我们常常会很纳闷当初同意干这件事的时候自己到底在想什么。好吧，这就是我们当时所想的——在同意干这件事的时候，我们考虑的是为什么要帮忙带孩子，而不是该怎么带孩子，我们考虑的是因果关系而不是具体细节。我们忽略了一个重要的事实，那就是我们想象中照看孩子的体验没有任何细节，而我们最终经历的照看孩子的体验则充满细节，两者是截然不同的。在下个月帮忙照看孩子是“爱的善举”，而现在照看孩子的过程则是“忙活午饭的实际行动”，虽然表达爱意是一种带来精神愉悦的行为，可是买炸薯条就完全是另外一回事了。[149]

如今对于我们来说，照看孩子的种种琐碎细节都是非常清晰的现实问题，而在一个月前，我们还想象不到这样的情形。也许这没有什么值得惊讶的，真正令人称奇的是，当这些细节真切地出现在我们面前时，我们完全没有准备，以致措手不及。很久之后照看孩子的体验就像看远处的玉米地，它们都呈现出平坦的假象，[150]尽管我们都知道玉米地不是真的平坦，而只是从远处看起来很平坦，而且我们好像也没有意识到很久以前的事情其实也具有同样的性质。当实验对象被要求描述“美好的一天”时，如果这一天恰好是明天，他们的想象就是丰富多彩的，而如果这一天在一年之后，他们想象的丰富性就大打折扣了。[151]美好的明天充满了各种细节，看起来就像是很多好事情（“我会睡个懒觉、看看报纸、看场电影、见我最好的朋友”）中间夹杂着少许让人不快的事情（“我还得打扫那些讨厌的落叶”）。然而，一年后的美好的一天就像一盆用幸福食材烹饪出来的口感顺滑的浓汤。当被要求对比明天和一年后某天的真实程度时，人们宣称明年那盆浓汤的真实程度跟明天全是大块食材炖出来的汤的真实程度不相上下。从某种意义上来讲，我们就像糊涂的飞行员，在打算着陆时才惊讶地发现，在空中看起来一马平川的四边形玉米地里其实长满了玉米！知觉、想象和记忆都是非常了不起的能力，它们具有许多共同点，但至少有一点是肯定的，知觉是这三者之中最精明的。我们很少会把远处的野牛误认为近处的昆虫，但是若地平线是时间维度上的而不是空间维度上的，我们就会跟俾格米矮人犯同样的错误。

我们对不久的将来的想象和对很久以后的将来的想象具有不同的特点，因此我们对二者价值的认识也不同。[152] 比起下个月的演出或者下个月才能吃到的苹果派，大多数人更愿意为今晚的百老汇演出或者今天下午就能吃到的苹果派花更多的钱。这没有什么可奇怪的。等待是痛苦的，因为必须忍受这样的痛苦而要求折扣也是合情合理的。但是研究表明，在想象等待之苦时，人们通常会想当然地认为，比起很久之后的等待之苦，将要忍受的近期的等待之苦更使人难受，因此他们会做出许多稀奇古怪的事情。[153] 比如，很多人都情愿等待一年得到 20 美元而不是等 364 天得到 19 美元，因为多等待很久之后的一天，在现在看来并不是什么大问题。然而，大部分人情愿今天就得到 19 美元，而不愿意等到明天拿 20 美元，因为从今天来看，明天的等待是无法忍受的折磨。[154] 不管一天的等待能够造成多大的痛苦，无论什么时候经历它，它的痛苦程度都应该是一样的。可是在人们的想象中，不久的将来要忍受的痛苦是非常严重的，所以他们很愿意支付 1 美元来免除它。而很久之后才要忍受的痛苦则是微不足道的，他们也很愿意接受 1 美元的报酬来忍受它。

为什么会这样？不久的将来发生的事情在我们的想象中具有生动的细节，这让它感觉更加实在，所以，比起考虑以后要发生的事情，在考虑马上要发生的事情时，我们会感到更焦虑或者更兴奋。实际上，研究表明在想象不久之后得到一笔奖励（比如奖金）的时候，大脑中负责产生令人愉快的激动情绪的那一部分会变得非常活跃，而当他们想象在很久之后得到同样奖赏的时候，这部分的活动则弱得多。[155]你从在图书馆门口兜售饼干的女童子军手中购买巧克力薄荷蛋糕的次数，是不是比从敲开你的家门预售饼干的女童子军那里预订蛋糕的次数多得多呢？如果是，那就表明你自己也做过这类奇怪的事情。在用自己“预见”的望远镜来窥探未来的时候，近处的清晰和远处的模糊会让我们犯下各种错误。

自作主张的想象力

在返回贝克街之前，福尔摩斯禁不住一边抚弄自己的葫芦烟斗，一边瞄准格里戈里侦探的眼睛打出一记重拳。他对华生说：“格里戈里禀赋中缺乏看到想象力价值的能力。而我们则想象可能发生什么，根据自己的推测采取行动，并最终证明自己是正确的。”[156]

这是非常有力的一击，但不是很公平的指控。格里戈里侦探的问题并非在于缺乏想象力，而是他太信任想象力了。任何一个不断填补空白的大脑都注定会同时忽略许多东西，因此我们想象中的未来就包含着大脑捏造出来的细节，同时也缺失了它忽略掉的许多细节。问题不在于我们的大脑会填补也会忽略（谢天谢地它有这种能力），而在于它把这事干得太好了，好到我们都意识不到它这么干了。因此，我们倾向于毫不怀疑地接受大脑的想象，并且期待未来每个细节都跟我们想象的一样，而且只包含我们想象的那些细节。所以，想象的缺点之一在于，它在没有通知我们的情况下就为所欲为。但是，虽然有时候想象力太为所欲为，但有时它又太保守了。关于这个缺点，我们也有许多故事。

第四部分

未来的幸福

第六章
未来的现实枷锁

你的信带我飞越愚昧的现在，我已经感觉到未来的脉动了。

——莎士比亚，《麦克白》

在大多数规模适中的图书馆中，你都能够找到摆满书架的、于20世纪50年代出版的关于未来主义的作品，这些作品常常被冠以“通往原子时代”“明天的世界”这类书名。随手翻一翻其中几本书，你就能够发现这些书其实探讨的更多的是当时的情况，而不是原本试图要描述的未来的情况。翻不了几页，你就能够看到这样的画面——一位梳着20世纪50年代当红影星唐娜·里德的发式、穿着大摆长裙的妇女正在自己的原子时代的厨房中忙活着，准备一听到丈夫火箭车的声音就把金枪鱼端上桌。再往后翻几页，你就会看到巨大玻璃罩下的现代城市的素描，城市里行驶着核动力的列车、反重力小轿车，衣冠楚楚的路人乘坐人行道上的双向传送带上班。你还会注意到有些东西被遗漏了——男人不抱孩子，女人不带手提箱，年轻人的眉毛和乳头上都没有佩戴环饰，老鼠的叫声也从吧唧吧唧的咂舌声变成了短促的吱吱声。你也找不到滑板或者手举的标语牌、智能电话或者易拉罐饮料，没有氨纶，没有乳胶，没有戈尔特斯（Gore-Tex）防水面料，没有美国证券交易所，没有联邦快递或者沃尔玛。而且，看起来所有的非洲裔、亚洲裔和拉美裔的人都不小心错过了未来。事实上，书中描绘的图景之所以如此诱人，是因为这些描绘都是彻头彻尾可笑至极的谬误。书中所描述的未来看起来就像是科幻电影《禁忌星球》和家庭伦理剧《老爸最明智》的杂糅。又有谁会相信未来是这样的呢？

折射现实影子的未来

人们为理解未来事物所付出的努力历史悠久，而且备受推崇。威廉·汤姆逊·开尔文伯爵是 19 世纪最有远见的物理学家之一（也是热力学温度测量体系的创始人），但是，当他小心翼翼地审视未来世界的时候，他得出的结论是“比空气重的机器是飞不起来的”。[157]大部分科学家也认同了这个观点。著名的天文学家西蒙·纽康教授在 1906 年这样写道：“笔者认为，已知的任何物质、机械和力的形式的组合，都无法进行空气中长距离的载人飞行，同其他任何物理事实一样，我们完全可以证明这一点。”[158]

威尔伯·莱特后来证明了开尔文和纽康的观点是错误的。然而，他也曾经表示，1901 年他和他的弟弟认为“人类在 50 年内上不了天”，[159]而他的估计出现了 48 年的“误差”。在备受尊崇的科学家和成绩斐然的发明家当中，宣布飞机不可能被发明出来的人数跟预言人类不可能进行太空旅行、不可能发明电视机和微波炉、不可能发现核能、不可能进行心脏搭桥手术、不可能选出女性参议员的人数不相上下。荒谬的预言、有失水准的评论和让人丢脸的错误预测比比皆是，关于它们的故事三天三夜也讲不完。但现在请允许我建议你暂时不要考虑此类事件的惊人数量，而要考虑一下这些错误在形式上的相似性。对此，著名科幻作家阿瑟·克拉克总结出了被后人称为克拉克第一定律的描述："当一位德高望重的老科学家宣布某事可能发生的时候，他几乎是正确的。但是，当他说某事不可能的时候，他却很可能说错了。"[160] 换言之，科学家几乎都是因为错误地认为未来会跟现在非常相似而犯下了错误。

被现在改写了的过去

从这个角度来讲，一般人具备了相当高的科学素养。我们已经了解到，在回忆过去和遐想未来的时候，大脑大量使用了填补的伎俩。看到"填补"这个字眼，人们会想到一个空洞（就像是墙上或者牙上的洞）被一些材料（比如涂泡沫或者镶银）给补上了的情景。事实上，在借助想象力填补昨天和明天的空洞时，大脑最常用的材料就是今天。先来考虑一下这种情况在我们试图回忆过去的时候发生得多么频繁吧。大学生们听到雄辩的演说并改变了自己的政治观点，他们却常常认为自己一直是这样想的。[161] 正在约会的恋人互相倾诉两个月前对彼此的印象，他们记忆中当时的看法跟现在的没有什么区别。[162] 看到考试成绩的时候，学生们常常觉得自己在考试之前对待考试就同现在看到考试成绩单时一样重视。[163] 当被问起头疼的情况时，病人通常会记得前一天跟现在一样疼。[164] 当中年人被问起他们在大学时代对婚前性行为的看法、当时的政治观点还有饮酒量时，当下的想法、感觉和饮酒习惯通常会影响他们的记忆。[165] 当寡妇或者鳏夫被问起5年前配偶去世自己有多么伤心时，当前的伤感程度经常会影响他们的记忆。[166] 类似的例子不胜枚举，但是我们需要注意的问题是，在所有这些例子当中，人们都是因为把自己当下的想法、做法和说法当成了自己过去的想法、做法和说法，从而错误地回忆了自己的过去。[167]

在回忆自己的情绪时，这种用现在的材料来填补过去的空洞的倾向尤其明显。1992年，罗斯·佩罗同时在多家电视台播出的访谈节目中宣布，他有意参与入主白宫的竞选。一夜之间，在那些对现状不满的选民心目中，他成了弥赛亚（救世主）的化身。一位不隶属于两大主要政党且没有从政经验的候选人似乎有希望赢得这份地球上最有权势的工作，这在美国历史上还是第一次。他的支持者热情高涨、信心十足。但是，7月16日，正如当初他突然宣布参加总统选举一样，佩罗突然宣布退出总统选举。究其退出的原因，他只是语焉不详地解释说，他担心一些“肮脏的政治阴谋”会毁掉女儿的婚礼。他的支持者们被打了个措手不及，乱作一团。随后，同年10月，佩罗又改变主意了，重新进入战局，结果他在11月输掉了选举。他最初的参选宣言令人称奇，此后的退出更令人惊异，而他的第二次参选简直令人难以置信，所以他的落败也就在情理之中了。整个过程让那些支持他的人经历了各种强烈的情感波动，所幸，一位研究人员从7月开始就着手衡量并记录了人们对这些事件的情绪反应，包括7月佩罗宣布退出竞选之后的反应，他第二次参选后人们的反应，以及在他失败之后人们的反应。这位研究者还在11月要求实验对象回忆自己在7月时的感受，研究结果出乎人们的意料。[168] 有些选民在佩罗不断改变主意的过程中一直支持着他，11

月时，在他们的记忆中，他们在听到他退出的消息时所感受到的难过和愤慨比当时实际感受到的程度要轻。还有一些人在 7 月佩罗放弃参选之后也放弃支持他了，在这些人的记忆中，他们的绝望程度要比当时的实际感受更强烈。换言之，佩罗的支持者错误地把当下自己对他的感觉当成当时自己对他的感觉了。

当现实照进未来

如果过去是一面有许多个洞的墙，那么未来则是完全脱离了墙的洞。记忆使用了填补的伎俩，想象本身就是填补。“今天”只是影响了记忆中“过去”的基调，却充斥于我们想象的“未来”之中。更简单一点儿的表述就是，大多数人都很难构想出一个同现在截然不同的未来，更难想象出跟现在完全不一样的未来的想法、需求或者感觉。[169] 年轻人文身是因为他们坚信“死亡才是永恒”这种说法将会魅力永存；初为人母的女性放弃了自己前途无量的律师工作，是因为她们相信在家中照顾子女永远是一份很有成就感的工作；刚刚吸完一根香烟的人至少在此后的 5 分钟内相信自己可以很容易地戒掉烟瘾，而且坚信自己的决心不会被血液中的尼古丁冲垮。心理学家并不是专门跟年轻人、吸烟者和母亲过不去。我还记得在某年感恩节的时候（好吧，其实是大多数感恩节的时候），我吃得太饱了。在咽下最后一口南瓜派并发现由于肺部受到食物挤压而感觉呼吸困难之后，我意识到自己吃得太多了，我步履蹒跚地挪到起居室，平躺在沙发上，打着饱嗝，昏昏欲睡。这时，我听到自己说：“我再也不吃东西了！”当然，我后来又吃东西了，还有可能当晚就吃了，我的决心绝对坚持不到24小时，而且我很可能吃的是火鸡。我想，即使在发誓的那一刻我就知道这个誓言非常可笑了，可是好像我身体中确实有某部位真诚地相信，咀嚼和吞咽都是令人恶心的习惯，可以轻易地被抛弃，并且我认为那会儿正在我消化道中以大陆板块漂移的缓慢速度蠕动着的那堆东西，能够满足我此后的所有营养、智力和精神需求。

对这种情况我当然应该感到尴尬，原因有两个。第一，我的吃相就像头猪。第二，我过去已经有过这种胡吃海塞的经历，而且这些经历让我明白猪迟早还是会到食槽前吃食的。可是，我还是真心希望这一次自己在几天之内、几周之内，甚至永远都不会再吃东西了。考虑到其他的“猪”也免不了产生同样的错觉，我感到了一丝安慰。实验室中的研究和超市中的调查已经证明，当刚刚吃饱了的人被要求决定自己下一周想要吃什么的时候，他们肯定会低估自己未来的胃口。[170]他们刚刚咕嘟咕嘟喝下特浓泡沫牛奶，大口大口吃掉鸡肉沙拉三明治，或是狼吞虎咽地吞下了墨西哥香肠，但这些食物并没有暂时降低他们的智商，而是喂饱了他们，让他们无法想象饥饿的感觉。很自然地，他们也无法充分估计势必要杀回来的饥饿感的威力。如果我们早餐刚刚吃了鸡蛋、蛋奶小脆饼和加拿大咸肉，就马上去超市购物，结果很可能是我们采购的食物会不够吃。然后，当对椰子杏仁冰激凌的渴望在晚上如约到访时，我们只好责怪自己早上只买了这么一点点东西。

得到满足的心的反应同得到满足的胃的反应是一样的。在某研究中，研究人员要求实验对象回答5个地理问题，并告诉他们在努力回答问题之后，他们可以从下列两种奖赏中任选其一：刚刚要求其回答的问题的正确答案，或者一块儿糖。选择前者，他们就能知道自己是不是答对了问题；而选择后者，他们就永远无法知道问题的答案。[171] 有些实验对象在做题之前做出选择，而另外一些则在答题之后做选择。正如你能够猜到的那样，如果在做题之前进行选择，人们一般会选择糖，而在答题之后进行选择的人则多数会选择答案。换句话说，因为做了这些题目，所以人们对题目的答案非常好奇，认为题目的答案比美味的糖果更重要。但是，人们真的能猜到结果会是这样的吗？当另外一组实验对象被要求预测人们在做题之前和答题之后会选择哪种奖赏的时候，他们认为在两种情况下人们都会选择糖果。这些实验对象并没有真正体验过由做题目而带来的那种强烈的好奇心，所以根本想象不出自己会为了几个枯燥无味的答案而放弃士力架巧克力。这个发现让我想到了 1967 的电影《神鬼愿望》中绝妙的一幕：魔鬼花了许多天在书店里把所有悬疑小说的最后几页都撕了下来。也许你并不认为这是一件多么邪恶的事情，不知道为什么这会引起魔鬼的关注，但是如果你在即将找出到底是谁干了这件事的时候，发现记录着答案的那几页故事不翼而飞了，你就会明白为什么人们会心甘情愿地用自己不朽的灵魂来换取故事的结局了。好奇心是一种强大的推动力量，但是如果没有强烈感受到它的存在，你就很难想象它对你的影响有多么广泛和深远。

对这类在预测自己的饥饿感时遇到的问题（无论这种饥饿感是味觉的、生理的、情感的、社交的还是学术的），我们实在是太熟悉了。但是，为什么会这样？为什么人类的想象力会如此轻而易举地被牵制？毕竟，正是这种想象力创造了太空飞行、基因疗法、相对论和巨蟒剧团（英国喜剧团体）的奶酪店喜剧场景。即使是我们当中最缺乏想象力的人也能够想象出各种千奇百怪的事情，要是可以的话，在知道了我们都在想什么之后，我们的母亲甚至会毫不犹豫地用肥皂来给我们洗脑。我们可以想象自己被选为国会议员，从直升机上跌落，被漆成紫色在杏仁堆中打滚。我们可以想象自己生活在香蕉种植园中，或者潜水艇里。我们可以想象自己是奴隶、角斗士、警察、食人生番、交际花、潜水员或者税务官。然而，基于某些原因，我们无法在饱餐了一顿土豆泥和蔓越莓酱之后想象出饥饿的感觉！怎么会这样？

神奇的预感

要回答这个问题，我们就必须深入探讨想象的本质。在想象事物（比如企鹅、轮船或者透明胶带切割器）时，大部分人都有过在头脑中看到这样东西大致轮廓的经历。假如我问你企鹅的鳍长还是脚长，你很可能会马上在头脑中勾勒出一幅图画，然后看着它来找出答案。你能够感到似乎有一张企鹅的画像应邀跳入你的大脑，你还能感觉到自己先盯着鳍看了一会儿，又垂目看了一下它的脚的大小，再回过头去看了看鳍，然后告诉我你的答案。你所做的这些事情感觉起来很像是在看，因为实际上，这的确是在看。在你用眼睛看东西的时候，大脑中一个叫作视皮层的感官区域会被激活，而在你用意识的眼睛看头脑中的图像时，这个区域也会被激活（见图6–1）。[172] 比如，如果有人问你，唱生日歌的时候，高音在《祝你生日快乐》的哪一部分，你很可能会利用想象力在头脑中演奏这段旋律，然后通过听觉来判断音调的高低。同样，这种“用头脑中的耳朵来倾听”的感觉不只是一种修辞方法（特别是其实没有人真正这样说过）。当人们想象声音的时候，大脑中被称为听皮层的区域就被激活了，而在我们用耳朵聆听真实的声音时，被激活的也是这个区域（见图 6–2）。[173]

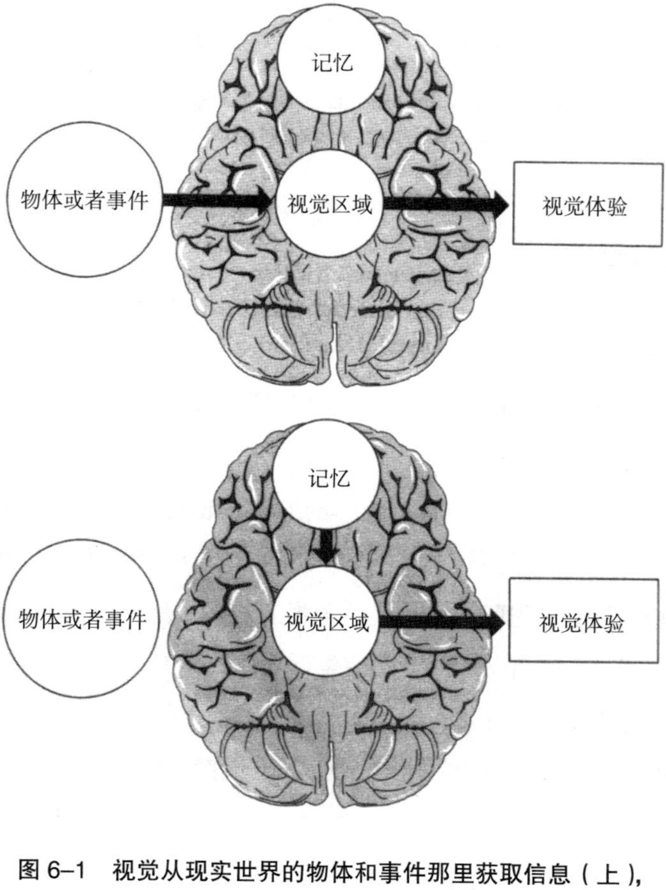

图 6–1　视觉从现实世界的物体和事件那里获取信息（上），而想象力从记忆中获取信息（下）

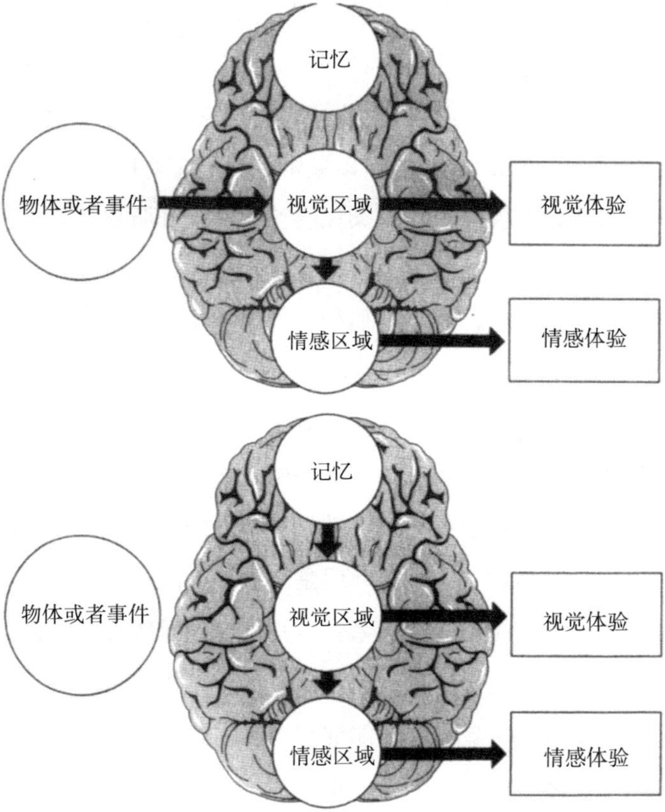

图 6–2　感觉（上图）和预感（下图）都从视觉区域获取信息，但视觉区域的信息来源是不同的

在一定程度上，这些发现说明并帮助我们了解大脑是如何进行想象的，也就是说，在试图想象各种事物时，大脑会求助于各个感觉区域。如果我们想知道不在我们面前的某东西的模样，我们就会从记忆中调出关于这个东西的信息并输送到视皮层，然后观看这幅存在于头脑中的图像。同样，如果我们想要知道一段现在没有从收音机中播放出来的歌曲的曲调听起来如何，我们就会把关于这段曲子的信息从记忆中调出并输送到听皮层，来感受这段存在于脑海中的乐曲。因为企鹅生活在南极，而且只有在有人过生日的时候我们才会唱《祝你生日快乐》，所以通常在我们想要用到它们的时候，它们都不在现场。在眼睛和耳朵无法给视皮层和听皮层输送回答问题所需要的信息时，我们就要求记忆输送信息，这可以让我们虚拟物体的模样或者声音。因为我们的大脑掌握了这种技能，即使被单独关在橱柜里，我们也能够找出歌曲的相关信息（高音落在“生”这个字上）以及企鹅的情况（鳍比脚长）。

利用视觉和听觉区域进行想象的确是非常精妙的设计，进化机制在没有征得我们同意的情况下就给每个人配备了这样的功能，它完全有资格获得微软视窗大奖。但是，看和听的机制跟我们或者我这样的感恩节饕餮鬼有什么关系？事实证明，即使被锁在柜子里我们也能知道企鹅的模样，想象力在此过程中发挥了重要的作用。当我们活在当下时，想象力同样能够帮助我们勾勒出未来的模样。假如有人问你，你看见自己的妻子正同邮差在床上翻云覆雨时会有什么感觉？这个问题一定会引发你的某种感觉，而且很可能是不好的感觉。你在头脑中想象企鹅的模样，并使用视觉器官来观察它以确定它的鳍的长度。同样，你也会在头脑中想象配偶的不忠行为，并感觉这种情形，以此对自己可能产生的感觉做出预测。[174] 你大脑中对真实事件做出情绪反应的机制也会对想象中的事件做出反应。所以，当我要求你想象这“限时特供”的事件时，你的瞳孔会扩张，血压也会升高。[175] 这是一个预测未来情绪的聪明办法，因为想象一件事时的感觉通常可以被当作有力的参考，帮助我们发现在此事真正发生时自己的反应。如果想象急促的呼吸和挥舞的邮包会带来强烈的嫉妒心和喷发的怒火，那么一旦真的遭到背叛，我们当然会以更加迅猛的势头感受到这样的情绪起伏。

其实，无须借助像配偶不忠这样会引起强烈情绪的事情，我们就能够说明这个事实。每天我们都会说“比萨饼听起来不错”这样的话，不管这句话的字面意思是什么，我们讨论的都不是马苏里拉干酪的声音特点，我们想表达的意思是，一想到吃比萨饼，我们就会产生一种开心的感觉。我们对这种感觉的解释是，如果想象中的这片比萨饼真的被塞到我们口中，我们会有更强烈的愉悦感觉。在主人用炒蜘蛛或者炸蚂蚱这类开胃菜招待你的时候，你不需要亲自咀嚼它们，就知道自己一定不会喜欢吃，因为仅仅是想到吃甲虫就足以让北美洲人恶心得浑身发抖了。这种发抖的感觉告诉我们，真正面对这些开胃菜的时候我们很可能会呕吐不止。问题的关键是，我们通常不需要坐下来，拿出笔和纸，一条一条地列举未来事件的好处和坏处，我们只需要在想象中虚拟这些事件，并注意自己对这些虚拟事件的情绪反应就行了。正如想象能够预见事物，它也能预先感受事件。[176]

跟随预感做对选择

通常，通过直觉预测自己的情绪，要比通过逻辑思考预测自己的情绪更准确。在某研究当中，研究人员要求研究对象从印象派绘画和加菲猫的海报当中任选一幅。[177]在进行选择之前，有些研究对象被要求从逻辑出发，认真考虑为什么自己会喜欢或者不喜欢某幅海报（思考者），而另一些人则被鼓励迅速地根据自己的直觉来进行选择（不思考者）。职业咨询师和投资顾问总是告诉我们，想要做出明智的决定就一定要努力进行深刻的思考。然而，事后当研究者电话采访这些研究对象，询问他们对这幅新获得的艺术品的喜爱程度时，思考者却大失所望。想象将某幅画挂在客厅当中会让他们感到快乐，可是思考者却没有选择这幅让他们愉快的画，而是忽略了自己的直觉，选择了另一幅画，这幅画拥有职业咨询师和投资顾问赞赏的品位（“莫奈作品的橄榄绿色调同窗帘的颜色不搭配，而加菲猫的海报会让来访者感觉我拥有吸引人的幽默感”）。与之相反，不思考者选择相信自己的预感：想象将海报挂在自家的墙上，然后记住自己此时的感受，并认为如果想象将这幅画挂在墙上会让自己感到快乐，那么真的将它挂上去也会起到同样的效果。他们的判断是正确的。预感这个过程帮助不思考者比思考者更准确地预测出自己未来的感受，并做出了正确的选择。事实上，如果当前人们无法感知到，他们就暂时无法预测自己未来会有什么感觉了。[178]

但是，预感也有其局限性。我们想象某事物时的感受，有时候无法正确反映我们在真正看到、听到、穿戴、驾驶、进食或者亲吻这个东西时的感觉。比如，在头脑中勾画一件东西的轮廓时，你为什么会闭上眼睛？在试图想起一段旋律的时候，你为什么要用手指塞住双耳？你这样做的原因是，你的大脑必须利用视皮层和听皮层来进行视觉和听觉的想象，如果这些区域已经在忙着进行它们的首要工作——看和听真实世界中的东西，它们就没有办法进行想象了。[179]如果你正忙着观察一只鸵鸟，你就很难想象出企鹅的样子，因为进行想象所必须调动的大脑区域已经被占用了。换言之，如果我们同时命令大脑看一件现实的东西和一件想象的东西，它会自动回绝第二条指令。大脑认为感知现实才是首要的和最重要的职责，因此你借用视皮层进行想象的要求立刻就被明确拒绝了。如果大脑不遵循这条“现实第一”的原则，比如在红灯亮起时你恰巧正在想象绿灯，你就会对红灯视而不见，直冲过去。这个原则使我们在看着鸵鸟的时候很难想象企鹅的样子，也使我们在感到恶心的时候很难想象出饥饿感，感到愤怒的时候很难想象出深情，在温饱的时候很难想象出食不果腹。如果有个朋友刚刚撞坏了你的新车，并提出下周请你看棒球赛作为补偿，因为你的大脑正在忙着为车被撞坏而恼怒，你就无法预测自己对棒球比赛的感觉。未来的事件想进入大脑的情感区域，可是当前的事件总是几乎占据着这个区域。

盒子里的未来

我们无法同时看或者感受两件东西，对于自己应该优先看、听和感觉什么以及忽略什么，大脑有着严格的原则。想象的请求经常被回绝，感官和情感系统都坚持这项原则，但是好像只有在感觉器官拒绝想象的请求时，我们才能够意识到自己的请求被拒绝了，我们无法发现情感系统其实也在做同样的事情。比如，如果我们在看鸵鸟的时候试图想象企鹅，“现实第一”的原则是不会允许这种情况发生的。我们理解这一点，因此我们从来也不会被搞糊涂，并错误地得出结论，认为眼前这只大鸟就是我们试图想象的企鹅。由现实中的一系列信息所激发的视觉体验叫作视觉，而由记忆中的信息所激发的视觉体验叫作意象，虽然这两种图像都是在视皮层中形成的，但要想搞混它们还真得喝下不少伏特加才行。[180]视觉体验的一个重要特征是，我们差不多总是可以区分视觉和意象。但是情感体验则不然，由现实世界中的一系列信息激发的情感体验是感觉，而由记忆中的信息激发的情感体验则叫作预感，混淆这二者的区别是世界上最普遍的现象。

比如，在某研究中，研究人员电话采访了居住在美国各地的被调查者，问他们对自己的生活是否满意。[181]如果被调查者生活的城市那一天刚好天气晴朗，他们就会回答说自己的生活比较幸福。相比之下，如果被调查者居住的城市当天天气不好，人们就会回答说自己的生活不太快乐。为了回答研究人员提出的问题，这些人都要想象自己的生活并问自己对生活有何感受。而他们的大脑奉行“现实第一”的原则，坚持对现实中的天气而不是想象中的生活做出反应。但是很显然，这些人都不知道自己的大脑在这样做，所以他们错误地把现实激发的感觉当成了想象激发的预感。

在另外一项相关研究中，研究人员让在健身中心锻炼的人尝试想象自己在远足时迷路而不得不在林中过夜，既没有水又没有食物的情形，并预测自己那时的感觉。[182]更准确地说，是让他们预测到底是干渴更折磨人，还是饥饿更让人难受。有些人是在刚从跑步机上下来时进行预测的（干渴组），而另一些人则是在锻炼之前进行预测的（不干渴组）。结果显示，干渴组有92%的人认为干渴比饥饿更让人难受，而非干渴组只有61%的人这样想。很显然，干渴的人试图通过想象在林中迷路、无水、无食物的情景，然后追问自己在此情此景中的感觉来回答问题。但是，他们的大脑坚持“现实第一”，并坚持先对在跑步机上锻炼之后造成的缺水状态做出反应，而不是想象中的远足，因为这些人不知道他们的大脑这样做了，所以误把感觉当成了预感。

你自己也很可能处于同样的困境中。比如，你刚度过了很糟糕的一天——猫咪在地毯上撒尿，小狗在猫咪身上撒尿，而洗衣机又坏掉了，《世界摔跤》（美国最受欢迎的体育节目之一）的收视率被《经典剧场》（美国著名的电视节目）超越了，你自然会心情郁闷。如果这个时候你试图想象第二天晚上跟朋友们一起打牌，你可能会把当下的坏情绪（我现在比较烦）归咎于想象中的伙伴（我不想去，因为尼克总是惹我生气）。事实上，抑郁症的重要标志就是，当抑郁症患者思考未来的发生的事件时，他们无法想象自己会喜欢那个未来世界。[183]度假？浪漫邂逅？到城里玩一夜？谢谢，不用了，我情愿继续待在黑暗中。眼睁睁看着他们在浓得化不开的忧郁中苦苦挣扎，他们的朋友再也无法忍受，于是对他们说，一切都会过去的，黑暗过后总会有黎明，总会有时来运转的那一天，以及其他一些非常典型的陈词滥调。但是，在抑郁症患者看来，所有这些挣扎都是很有意义的，因为在他们想象未来的时候，他们觉得自己现在没有办法高兴起来，所以也无法想象自己会在明天高兴起来。

在忙着为实实在在的当下感到苦恼之时，我们无法为想象中的未来感到高兴。然而，我们非但认识不到这是“现实第一”的原则不可避免的结果，而且会误认为想到未来才是让我们感到不快乐的原因。我们的错误在旁观者看来尤其明显，他们会说这样一些话，比如，“现在你感到沮丧是因为爸爸喝醉酒从阳台上摔了下来，妈妈因为打爸爸被关进了监狱，你的轻型货车被销售商收回去了。但是，到了下一周，一切都会不一样了，你就会后悔今天没有答应跟我们一起去看歌剧了”。在某种层面上，我们也意识到朋友们也许是对的。然而，在试图忽视、漠视目前的伤感或者将它们放到一边，并预测一下自己明天的心情时，我们常常发现这就像是在咀嚼动物肝脏的时候想象蘑菇的味道。[184]很自然，我们会想象未来并考虑这样做的感觉，但是因为我们的大脑一意孤行地要对当前的事件做出反应，所以我们误以为明天的感觉会跟今天的一样。

我已经等了很久，迫不及待地想要给你看图 6–3 这组漫画了。这是 1983 年我从一张报纸上剪下来的，从那以后我就一直不停地将它张贴在各种公告栏中，它总是能够取悦我。海绵被要求摆脱一切限制进行想象，想象在自己什么都可以变的情况下它想变成什么，而它所能够想到的最新奇的东西也不过是一只藤壶（barnacle，一种小甲壳动物）。当然，漫画家并不是在取笑海绵，而是在取笑我们。每个人都被局限在某地域、某时代和某境遇中，我们试图利用自己的意识来超越这些限制的努力大多是徒劳的。像海绵一样，只是因为不知道盒子到底有多大，我们才认为自己已经在盒子之外思考了。想象无法轻易超越现在，其中一个原因就是，它必须向感觉借工具，而这两种过程必须在同一个平台上进行。这就意味着，有时候我们弄不清平台上进行的到底是哪个过程。我们认为，想象未来时自己的感觉就是在到达未来时我们会有的感觉，而事实上，想象未来时的感觉通常只是我们对现在发生的事情的反应。感觉和想象的差别待遇是厚今主义的重要原因之一，但并非唯一原因。如果火车还没有到达你的目的地，如果你还没有准备好上床关灯睡觉，或者星巴克的服务员还没有拿出拖把恶狠狠地看着你，就请你接着跟我一起探讨下一个原因吧。

图 6–3　动物疯狂

第七章
相比较而言的幸福

“我这吻，绝不会因过多而腻得你恶心，
它越多，就越会惹得你饥渴难忍。
它让你的嘴唇时红时白，变化无穷尽。
十吻犹似一吻新，一吻甜过二十吻。
如果在这样消遣光阴的娱乐中共厮混，
那么，炎夏迟迟的长日，都好似余光匆匆的一瞬。”

——莎士比亚，《维纳斯和阿多尼斯》

没有人曾经亲眼见到飞翔的“温内贝戈尔”号游轮，而每个人都亲身体验过时间的流逝。可是为什么想象前者要比想象后者更容易？因为，虽然一艘重达 2 万磅的巨大游轮根本就不可能获得足够大的动力在空中飞行，然而一艘飞行着的“温内贝戈尔”号至少看起来像个具体的东西，所以我们很容易在头脑中勾勒出一幅这样的画面。我们在头脑中勾勒实实在在的事物的能力十分惊人，因此我们才可以在物理世界中有所作为。[185] 试想一个圆形的燕麦片包装盒上放了一只葡萄柚，然后再想象将盒子朝着远离你的方向倾斜，你就可以预见葡萄柚跌落的样子。你还可以想象到，如果你飞快地扳回盒子，葡萄柚会朝你所在的方向跌落，而如果你扳得很慢，它就会向与你相反的方向跌落。你可以通过这样想象出来的行为对自己正在想象的东西进行合理的分析，并借此解决现实世界中的重要问题。比如，在迫切想要一只葡萄柚的时候，你怎样才能让它落到你的大腿上。但是，时间不是葡萄柚，它没有颜色、形状、尺寸和形态，你不能捅它、剥它、戳它、推它、粉刷它或者穿透它。时间不是一个事物，而是一种抽象的概念，它并不适合想象，所以拍电影的人不得不采取一些人工化手段，利用实实在在的物体来表达时间的流逝，比如风中飘散的日历或者飞快旋转的时钟。然而，要想预见未来，我们就必定会被时间包围，并从时间的角度出发考虑问题。如果我们无法在头脑中创造出时间这种抽象的概念，我们又该如何考虑和合理分析它呢?

空间维度上的幸福与时间维度上的幸福

在需要考察某抽象概念的时候，人们通常会想象与其相像的一种现实物体，然后以该物体为目标进行理性分析。[186]对于大多数人来讲，空间就是同时间相似的那个现实物体。[187]研究表明，世界各国的人都将时间当作有空间方向性的东西来考虑。因此，我们会说过去在我们身后，而未来在我们前面；我们正在走向衰老，却常常回顾年幼的时光；日子从我们身边经过，就像飞翔的“温内贝戈尔”号游轮从我们头顶飞过。从我们的思维和语言来看，似乎实际上我们正在离开位于远处的昨天，并走向位于前方的明天。在画时间线条的时候，说英语的人会将过去放在左边，说阿拉伯语的人则会将过去放在右边，[188]而说汉语普通话的人会将过去放在底部。[189]但是，不管我们的母语是什么，我们都将过去放在了某个位置上，而将未来放在了另一个位置上。事实上，在解决同时间有关的问题时（比如，我在遛狗之后、读报之前吃早饭，那么我最先干的是什么），大部分人都会将这 3 个目标（早饭、狗和报纸）进行有秩序的线性排列，然后看看哪一个在最左边（或者最右边，或者最底端——这取决于我们的母语是什么）。通过比喻来进行理性分析是一个绝妙的技巧，它可以使我们扬长避短，利用我们能够看到的东西来考虑、谈论和分析我们看不到的东西。

唉！可惜的是，比喻既能够启迪我们又可能会误导我们，同样，我们赋予时间以空间维度的习惯也具有这两方面的效果。假如，你跟一位朋友好不容易在一家需要提前 3 个月预订的新开张的时尚餐厅订到了位置，在浏览过菜单之后却发现你们两个人都想吃山葵酱浇山鹑。可是，你们两个都是很要面子的人，知道同桌就餐的两个人在一家高级餐厅点同样的菜，几乎等同于在饭店大厅戴着同样的米老鼠耳朵头套一样，所以你们决定一个人点山鹑，而另外一个人点鹿肉秋葵汤，你们将会以体面的方式分享这两道菜。你们这样做不只是为了避免被怀疑成游客的尴尬，还因为相信变化是生活的调味料。关于调味料的比喻非常少，但这一个还不错。事实上，如果我们在饭后测量你们的愉悦程度，很可能会发现你和你的朋友都更享受这种分享的做法，而不是每个人各点一份山鹑。

但是，我们如果将这个问题在时间中展开，就会发生奇怪的现象。假如这家餐馆的经理被你不落俗套的衣着打扮深深吸引，并邀请你（而不是你的朋友，看来他有必要改变一下形象了）在明年每个月的第一个星期一到餐馆享用一顿晚餐，他将会为你预留整个餐厅最好的一张桌子。因为厨房有的时候会缺乏某种食材，所以他要求你现在就决定每次就餐的时候想吃哪道菜，这样他才能够做好充分的准备，为你提供你想要的高品质服务。你再次翻阅了菜单。你讨厌兔肉，吃小牛肉听起来又太残忍，你对蔬菜千层饼也完全没有兴趣。在看菜单的过程中，你发现只有 4 道菜能够打动你：山鹑、鹿肉秋葵汤、烟熏鲯鳅，还有藏红花意大利调味海鲜饭。很明显，山鹑是你的最爱，即使没有经理的诱惑，你也恨不得点上 12 份。但是，那样就显得太不文雅、太不体面了，而且你还想享受生活的调味料。所以你要求经理每隔一个月准备一次山鹑，而剩下的 6 顿饭依次准备秋葵汤、鲯鳅和意大利调味海鲜饭。

我的朋友，也许你在穿衣打扮方面非常有品位，但是一涉及点餐，你这样做可就自毁招牌了。[190] 为了研究这种体验，研究者连续几周邀请研究对象每周到他们的实验室去吃一次点心。[191] 他们要求其中一些研究对象（选择者）事先选好自己想要吃的点心，正如你会做的那样，他们选择享用适度多样化的点心。然后，研究人员又邀请了另外一组研究对象连续几周到实验室来。其中一些人每次都吃自己最喜爱的点心（无变化组），而另外一组在大多数时候吃的是自己最喜爱的点心，有时也会吃次喜爱的点心（变化组）。在研究过程中，他们测量了这些人的满足程度，发现无变化组的人比变化组的人更开心。换言之，变化削弱了而不是增加了人们的幸福度。请等一下，有些事不太对劲，而这跟鲯鳅无关。为什么当我们与朋友在高档餐厅共同进餐时，变化成了生命中的调味料，而在连续几周享用点心的时候，变化却变成人生幸福的绊脚石了呢？

生活中最残忍的真理之一就是：美妙的事情第一次发生的时候最美妙，但当它一再出现之后，其美妙程度就会渐渐降低。[192] 只要比较一下你的孩子第一次叫“妈妈”和上一次叫“妈妈”，或者你的父母第一次说“我爱你”和上一次说这句话时你的不同感受，你就能明白我的意思了。如果不断重复某经历——聆听某一首特定的奏鸣曲，同特定的人做爱，从特定房间的特定窗户看日落，我们很快就会适应这种情况，而每重复一次这种经历带给我们的愉悦也会减少一分。心理学家称之为“习以为常”，经济学家称之为“边际效用递减”，而我们称之为“婚姻”。但是，人类找到了两种对抗这种效应的武器：多样性和时间。一种对抗习以为常的方法就是增加经历的多样性（“嘿，甜心，我有一个别出心裁的主意——我们这一次从厨房的窗户看日落吧。”）。[193] 另外一种对抗习以为常的方法就是延长同种体验的间隔时间。如果每天时钟敲响 12 下的时候我们都互碰手中的香槟酒杯并亲吻爱侣，它就会变成一种相对无聊的体验，可是如果我们只在新年钟声响起时才这样做，并在时隔一年之后再次做这件事，这种体验就会带来无穷无尽、满满的幸福感，因为一年的时间足以让习以为常的效应消失。这里的关键点是，时间和多样性都是减弱习以为常效应的途径，但是如果你已经采取了一种方式，那么你不需要另外一种了。事实上（这是尤其重要的一点，所以请放下你手中的叉子，仔细听好了），如果两个事件之间间隔的时间足够长，多样性非但是不必要的，还会带来损失。

如果你允许我利用一些合理的假设，我可以很准确地证明这个事实。首先，想象我们可以利用一种叫作“幸福指数量表”的仪器，并以“嘿盾”为单位测量一个人的幸福度。现在，我们再来进行喜好的假设：假设吃第一口山鹑给你带来50嘿盾的幸福度，第一口秋葵汤给你带来40嘿盾的幸福度。这意味着两者之间你更爱吃山鹑。其次，我们来进行习以为常程度的假设：假设从你吃第一口开始，此后10分钟内，同一道菜的每一口带给你的幸福度都会减少1嘿盾。最后，让我们来进行消费速度的假设：假设你通常以30秒钟一口的速度吃东西。图7–1反映了在喜好、习以为常程度和消费速度的假设条件下你的幸福度的变化情况。你可以看到，在这种情况下，最有效地使你的幸福度最大化的方法，就是先吃10口山鹑之后再换喝秋葵汤，这是在开吃5分钟后进行的。为什么要换口味？因为正如图中斜线所示，第11口山鹑（在第5.5分钟时吃的）只能给你带来39嘿盾的幸福度，而你一口还没有品尝过的秋葵汤则会带来40嘿盾的幸福度。所以在就餐过程中，你和朋友应该交换盘子、座位或者至少是米老鼠耳朵头套。[194] 但是现在，请看一下图7–2，让我们了解一下通过改变你的消费速度来延长享受美食的过程，能够带来多么明显的幸福度变化。如果你每吃一口就会停歇10分钟以上（在这个例子中是15分钟），那么习以为常效应就不会显现了。也就是说，每吃一口都跟吃第一口时一样愉快，所以秋葵汤永远也比不上山鹑。换言之，如果你吃得足够慢，多样性不但没必要，而且会带来损失，因为秋葵汤带来的幸福度永远要比山鹑小。

那么，当你和朋友一起坐在假想的餐馆里时，你们点了两道菜共同分享。你知道自己吃下两口食物之间的间隔时间不长，所以你们用多样性来调剂口味，这是个好主意。但是，在餐馆经理邀请你事先点好明年每个月就餐的菜品时，你也点了好几样。你已经有充

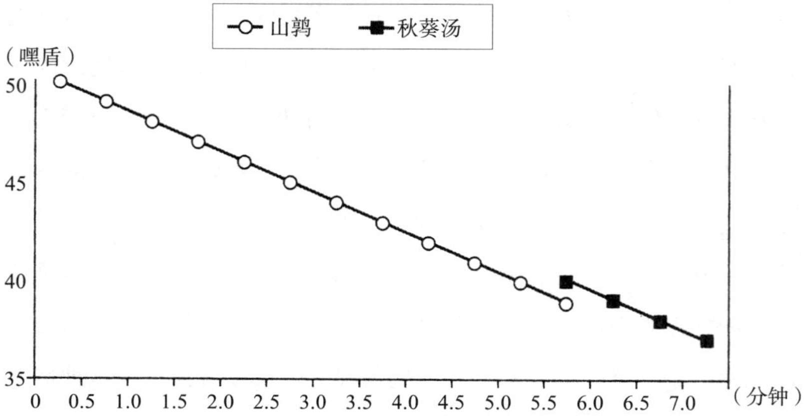

图 7–1　当消费速度很快时，多样性会提升幸福度

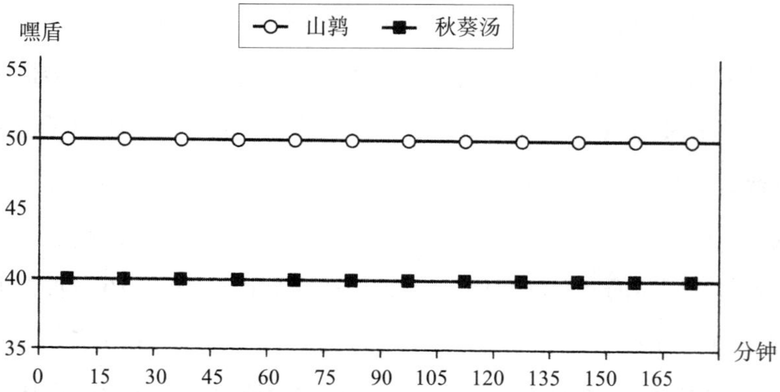

图 7–2　当消费速度很慢时，多样性会降低幸福度

足的间隔时间了，为什么还要追求多样性？这是因为空间比喻（见图 7–3）在起作用。你利用摆在同一张桌子上间隔不过几英寸的盘子来想象在时间上间隔开的几个盘子，所以你认为适用于空间间隔的盘子的分析一定也适用于时间间隔的盘子。当盘子之间的间隔是空间时，追求多样性是非常合理的。毕竟谁愿意坐在一张摆着 12

道山鹑的桌子上进餐呢？我们热爱什锦盘、拼盘和自助餐，是因为我们想要（也应该想要）在同一场合拥有丰富的选择。问题是，在利用想象进行推理，并将分别在 12 个月内享用的 12 道菜想象成摆放在你面前长桌子上的 12 盘菜时，我们将依次出现的选择误认作同时出现的选择了。我们之所以犯错，是因为忘记了时间间隔，而此时，多样性不但没有办法让我们更幸福，而且会降低我们的幸福度。

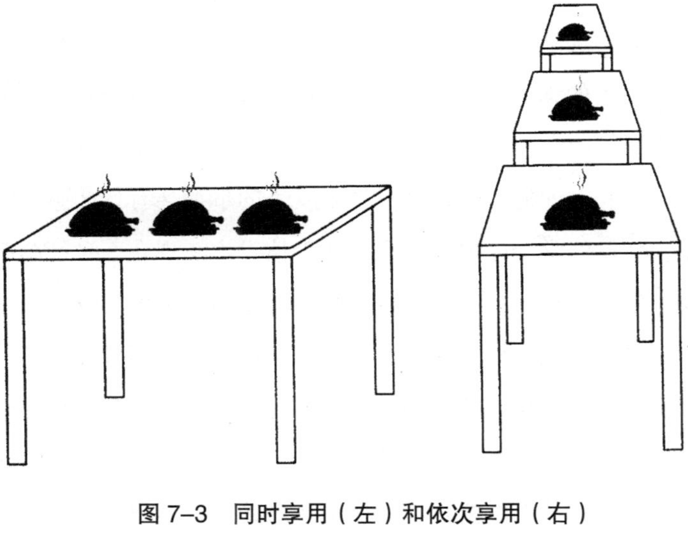

图 7–3　同时享用（左）和依次享用（右）

想象的终点不会距离起点太远

因为时间是如此难以想象，所以我们有时候会把它当作空间来想象，而有时候我们根本不去想象它。比如，在想象未来事件的时候，我们头脑中的画面通常会包含相关的人物、地点、话语和行动，但是很少会包含一个明确的时间信息来说明这些人是什么时候在这个地方说这些话、干这些事的。想象配偶在新年前夜对我们不忠的时候，我们头脑中的画面同想象在犹太教普林节，万圣节俄罗斯东正教复活节的时候发现这种不忠行为的画面，几乎没有差别。如果我们用“理发师”替代“配偶”，或者用“谈话”替代“床上”，“在新年前夜发现配偶同邮差鬼混”这句话反映的图景就会有天翻地覆的变化。然而，如果只是把“新年前夜”换成“感恩节”，则不会带来任何变化。其实，进行这样的替换几乎是不可能的，因为替换过后，头脑中的画面根本就没有什么可以改变的。我们可以审视一张想象的画面，看到谁在什么地方做什么，但是看不到他们是在什么时候做的。大致来讲，头脑中的画面是不反映时间的。[195]

那么，我们如何判断自己对将来发生的事情会有什么感受？答案就是，我们经常会先想象如果这些事情发生在现在，自己会有什么感受，然后再根据现在和以后之间存在差别这个事实进行一些调整。比如，我们让一个异性恋的小伙子描述当他遇到身穿比基尼的百威啤酒宝贝，用甜得发腻的声音邀请他给自己按摩时会有什么感受，他的反应其实是能够观察到的。他会微笑、眼睛睁大、瞳孔缩小、两腮通红，其他的器官也会产生自然的反应。现在，用差不多的问题来问另外一个小伙子，唯一的差别就是用“50 年后”取代了“现在”，你将能够观察到几乎一样的反应。的确，你可能会怀疑这家伙的想象完全集中在了红唇丰满的光脚美女身上了，完全忘记了考虑这件事要在半个世纪之后才会发生。那么，给他一点儿时间，比如几百微秒，当这段时间过去之后，你会发现想到时间因素后，他最初的激动和热情都消退了。因为他意识到青少年有自己的需要，而老爷爷有其他的需要，并得出正确的结论：与现在这样受丙酸睾酮控制的自己不同，垂暮之年的他可能不会因为像仙女一样的少女出现在自己面前而产生那么大的反应。他最初的急切以及其后的泄气很能说明问题，即在被要求想象未来事件的时候，他一开始先想象这些事发生在现在，然后才推演到将来，而到那个时候，身体的衰老将不可避免地损害他的视力和性欲。

这又有什么关系？毕竟，在最后的分析中，小伙子考虑到了现在与50年之后是两个不同的概念，那么谁又会在意他是在暂时被头脑中推销百威啤酒的浓妆艳抹的女推销员短暂吸引之后，才认识到这一点的呢？我在意，而且你也应该在意。小伙子先假想事情发生在现在，然后再根据此事会在以后发生这一事实对自己的想象进行修正，虽然这种判断方法被广泛采用，但是它注定会将我们引向谬误。[196]为了理解这个谬误的本质，我们可以先来看看下面这个实验。实验中，实验对象被要求猜测联合国到底有多少个非洲成员国。[197]研究人员没有让他们直接回答这个问题，而是让他们用猜测范围区间的方式来回答这个问题。他们问其中一部分人这个数量比10少还是多，差距是多少；而问另一部分人这个数量比60多还是少，差距是多少。换言之，他们给了实验对象一个任意的起点，并要求他们修正这个起点使其到达合适的终点。这跟小伙子利用当前的艳遇来作为判断的起点（“我太兴奋了”），再通过修正它来得出最后的结论（“但到那时我都67岁了，很可能不会像现在这么兴奋了”）是同样的道理。

这种判断方法的问题在于，起点对终点有着非常显著的影响。以10为基准的实验对象猜测联合国大约有25个非洲国家，而以60

为基准的实验对象猜测的数量是 45 个左右。为什么会出现差别如此大的答案？因为实验对象是从判断基准点是否正确开始考虑这个问题的，在意识到基准点不正确之后再慢慢推导出合理的答案。（“10 显然不对，那么 12 呢？不对，也太少了。14？也许是 25 吧？”）[198] 因为这个过程需要时间和精力，以 10 为基准和以 60 为基准的小组都疲惫了，所以在到达终点之前他们就停下来了。这种现象其实并不稀奇。如果你要求一个孩子从 0 开始正数，另外一个孩子从 100 万开始倒数，你可以确信，他们数累了就会放弃，他们停下来的位置肯定相差得非常远。基准点非常重要，因为我们常常会停在离基准点不远的地方。

在想象未来事件并判断自己未来的感受时，人们会先想象这件事发生在当下，再根据这件事情实际发生的时间来修正这个想象。这时候，他们跟小伙子犯了同样的错误。比如，某研究中的研究对象被要求预测的是明天早上吃肉酱意大利面感觉好，还是下午吃感觉好。[199] 有些研究对象是饿着肚子预测的，而有些则不是。当研究对象在理想的条件下进行预测的时候，他们认为下午吃意大利面比早上吃更愉快，当时饥饿与否对他们答案的影响微不足道。但是，有些研究对象是在不太理想的情况下做出预测的。准确地讲，他们是一边识别音乐音调，一边做出预测的。研究表明，同时进行其他任务会让人们停在离基准点非常近的地方。事实是，当研究对象一边识别音调，一边做判断的时候，他们判断在早上和下午享用意大利面的感觉是一样的。而且，他们当时的饥饿感对他们的判断有显著的影响：饥饿的人判断自己期待在第二天吃意大利面（无论什么时候），而不饿的人认为自己第二天不想吃意大利面（无论什么时候）。这种结果表明，所有的研究对象都使用这种从一个极端移向另一个极端的方式来进行预测。也就是说，他们先想象自己现在是否想吃意大利面（如果饿，他们吃起来就是“味道不错”，如果不饿，他们吃起来就是“令人作呕”），并把这个预感当作基准点来预测明天的愉悦程度。然后，正如那个爱猜想的小伙子考虑到 50 年后自己对性感的风骚女子的态度也许会跟现在不同，并相应地修正了自己的判断一样，这些实验对象也通过考虑吃意大利面的时间来修正自己的判断（“晚饭吃意大利面很棒，但是早饭吃太恶心了！”）。然而，一边识别音调一边进行预测的人就没办法修正自己的判断了，因此他们的终点非常接近基准点。因为在试图预测未来感觉的时候，我们会本能地把目前的感受当作基准点，所以期待中未来的感觉更像现在我们的感觉而不是到时候真正的感觉。[200]

为什么我们总喜欢拿现在与过去做比较？

如果你没有特殊技能，也没有惊世骇俗的经历，可还是暗自渴望自己能够创造一项吉尼斯世界纪录，你可以试一试以下的建议。在周一早晨冲进老板的办公室对他说：“我在公司服务已经有一段时间了，我自信工作卓有成效，因此我希望能够减薪 15%……但要是公司实在有困难，先减 10% 我也能够接受。”吉尼斯的那帮家伙一定会密切注意此事的，因为在劳资冲突不断的历史中，之前还没有谁曾经要求过减薪。的确，人们痛恨减薪，但是研究表明，他们痛恨减薪的原因跟薪水没有多大关系，而是同“减”字脱不开干系。假设人们面临两个工作机会：第一份工作第一年收入 3 万美元，第二年收入 4 万美元，第三年收入 5 万美元；第二份工作第一年收入 6 万美元，第二年收入 5 万美元，第三年收入 4 万美元。在被要求做出选择时，人们一般都会选择第一份工作，尽管这三年他们总共赚的钱其实比第二份工作要少。[201] 这是很奇怪的事情，为什么人们情愿减少总收入也不愿意经历薪金减少的过程？

你是否有过在电视机的喧嚣声中逐渐沉睡，却在另一个夜晚被轻微的脚步声吵醒的经历？要是有，你就已经知道答案了。人类大脑对绝对大量的刺激并不敏感，却对变化和差别非常敏感，也就是说，对相对大量的刺激很敏感。比如，我蒙上你的双眼，然后让你在手上拿一个木块，并在木块上放一包口香糖，你能够感觉到吗？正确的答案是“不一定”。能否感觉到取决于你手中木块的重量。如果这个木块只有 1 盎司[①] 重，当我将 5 盎司重的口香糖放到上面的时候，你很快就能够感觉出增加的重量。但是，如果你手中的木块有 10 磅重，那么你根本感觉不到增加的重量。“人们能否感觉到 5 盎司的重量？”这个问题是没有答案的，因为大脑不能感知盎司，只能感知重量的变化和差异。对于几乎其他所有的物理特性来说，情况也是如此。与绝对大量相比，我们对相对大量更加敏感。这一点不仅局限于像重量大小、亮度明暗或者声音高低这样的物理特性，它还延伸到了主观特征上，比如价格、优点、价值等。[202] 大多数人愿意为了节省 50 美元而开车穿过整座城市，去买一台价值 100 美元的收音机，但是如果要买的是一台价值 10 万美元的汽车，那么没有人愿意这么辛苦，因为在买收音机的时候，50 美元就是一大笔

① 1 盎司 ≈28.349 5 克。——编者注

钱了（“哇！目标折扣店同款的收音机正在半价促销！”），可是在买车的时候，50 美元就太微不足道了（“我辛辛苦苦地穿越整个城市就为了省下车款的 0.05%？”）[203]

经济学家无法认同这样的行为，他们会正确地告诉你，你的银行账户中的储蓄是绝对金额，不是“剩下的百分比”。如果穿过整个城区节省 50 美元是值得的，那么无论这 50 美元是买什么东西省下来的，它都没有区别。毕竟，当你用这 50 美元买菜和加油的时候，这些钱并不知道自己是从哪里来的。[204] 但是，人们对经济学家的说法置若罔闻，因为人类不是用绝对金额来思考的，他们是用相对金额来思考的。50 美元有时候多有时候少，这取决于人们拿它跟什么东西相比（所以人们才会不关心共同基金经理人是收取了投资收益的 0.5% 还是 0.6%，但人们愿意花几个小时在周日的报纸上搜索一张优惠券，好在买牙膏的时候打 6 折）。市场营销人员、政客以及其他意图对公众施加影响的人都非常了解我们对相对大量的偏好，并经常利用这一点来牟利。比如，一个历史悠久的伎俩就是，先要求一个人付出不太现实的大代价（“你能够在下星期五参加我们的‘救救狗熊’集会，然后在下星期六参加在动物园举行的抗议游行吗？”），再要求他们付出一个相对较小的代价（“好吧，那么至少，你可以为本组织捐助 5 美元吧？”）。研究表明，在考虑过大代价之后，人们会更愿意付出那个较小的代价。这在一定程度上是因为在这种情况下，那个较小的代价看起来更容易承受。[205]

因为商品的主观价值是相对的，所以其价值会因为比较对象的不同而发生变化。比如，每天早上在走路上班途中，我都会顺路到社区的星巴克咖啡，付给服务生 1.89 美元，他会递给我一杯优于一般水平的 20 盎司装咖啡。我不清楚星巴克煮制一杯这样的咖啡要花多少钱，也不知道他们为什么选择这个定价，但是我知道，要是有一天早上我发现售价突然涨到了 2.89 美元，肯定会立刻做出下面两件事中的一件：我会将新的价格同以前的价格进行比较，然后得出星巴克的咖啡现在贵得离谱的结论，并添置一个咖啡壶，开始每天在家煮咖啡。或者，我会将新价格同我可以用这些钱购买的其他东西（比如两支马克笔、一根 32 英寸长的人造竹子，或者 20 张光盘装的迈尔斯·戴维斯蒙特勒爵士音乐节演奏全集的 1%）进行比较，然后得出星巴克的咖啡其实很便宜的结论。从理论上来讲，这两种比较我都有可能做，那么我实际上做的是哪一种？

我们都知道答案：我会选择简单的比较。当我发现星巴克咖啡 2.89 美元一杯的时候，回想一下昨天我买同样一杯咖啡花了多少钱，比想象用同样多的钱能够买其他什么东西要容易得多，[206] 因为回忆过去的经历比重新设想新的可能性要简单得多，所以我在应该同其他可能性比较的时候选择了跟过去比较。我其实应该将它和其他可能的情况进行比较，因为无论咖啡在一天以前、一周以前，甚至是胡佛总统在任的时候售价是多少，这些都没有关系。现在，我要花的是绝对的美元，而我需要回答的唯一问题是：怎么才能花最少的钱得到最大的满足？如果进口咖啡豆突然遭到禁运，而一杯咖啡的价格已经飙升到了 1 万美元一杯，那么我唯一需要问自己的问题就是："用 1 万美元我还可以做其他哪些事情，这些事情带给我的满足感比一杯咖啡带给我的满足感是多还是少呢？"如果答案是"更多"，我就应该离开咖啡店；如果答案是"更少"，我就应该点一杯咖啡。

回忆过去比考虑其他可能性要简单得多，这一事实让我们做出了许多稀奇古怪的决定。比如，人们更有可能购买从600美元降到500美元的旅游服务，但是不愿意购买现价400美元，昨天却还在以300美元促销的一模一样的服务，[207]因为把服务价格同过去的价格比较要比将它同一个人可能购买的其他东西进行比较简单得多，所以我们最后选择了变得可以接受的不划算的交易，而放弃了从绝妙的交易变成很不错的交易的那个选择。这种倾向的结果是，我们对待"有可回忆的过去"的商品的态度同"没有过去"的商品的态度大相径庭。比如，假设你的钱包里有一张20美元的钞票，还有一张价值20美元的演唱会入场券，但是，在你到达演唱会现场的时候，却发现自己在路上弄丢了入场券，你会重新购买一张门票吗？大部分人说不会买。[208]现在，请设想你钱包里有两张20美元的钞票，在到达演唱会现场时，你发现自己在路上弄丢了一张钞票，你还会购买演唱会门票吗？大部分人会说买。并不需要精通逻辑学，我们就可以知道，在这两种情况下，所有有意义的要素是完全一致的：你失去的都是一张面值20美元的纸（一张入场券或者一张钞票），而且你都要决定是否花钱包里剩下的钱来购买一张入场券。然而，因为坚持将现在同过去进行比较的偏好，我们对这两个完全一致的情况做出了不同的分析。在弄丢了20美元，并考虑是否要买一张入场券的时候，这场演唱会是没有过去的，所以我们正确地将看演唱会同其他可能性进行了比较（我是应该花20美元看演出，还是买一副鲨鱼皮绒手套？）。但是，当我们弄丢的是演唱会门票，并考虑重新买一张时，这场演唱会就是有过去的，所以我们会将现在看一场演唱会的代价（40美元）同过去的代价（20美元）进行比较，从而不愿意看一场价格突然翻了 1 倍的表演。

并列的多种选择为什么更让我们头疼？

将现在同过去进行比较而不是同其他可能性进行比较，我们会犯错误。可是，在同其他可能性进行比较的时候，我们还是会犯错。比如，如果你和我一样，你的起居室就会像一个小型仓库，其中塞满了各种耐用消费品，从椅子到台灯、音响、电视机。在购买这些东西的时候，你八成逛了不少地方，也将你最终选择的那一个同其他几个选择进行了比较，比如同一系列的其他台灯、展示大厅里的其他椅子、同一货架上的其他音响，或者同一家卖场里的其他电视机。你不是决定是否要花钱，而是决定该怎样花钱，因为所有可能花钱的方式都由那些想要你钱的人为你展示出来了。这些“好人”帮助你克服了同过去做比较的天然倾向（“这台电视机真的比我那台旧电视机好许多吗？”），而且让你能够很容易地同其他可能性进行比较。（“当它们并排摆在商店里的时候，松下电视机的图像比索尼电视机的清晰多了。”）我们太容易被这样并列的比较愚弄了，这也解释了为什么零售商会不遗余力地确保我们会做这样的比较。

比如，人们一般都不会购买同类商品中最贵的那一个，因此摆上几件非常昂贵的商品事实上能够促进零售店的销售业绩。根本就没有人会买这么贵的东西（“噢！我的天哪！产自法国波尔多碧莎里奥南地区红颜容酒庄 1982 年的葡萄酒，一瓶售价 500 美元！”），但是，相比之下，没有那么昂贵的商品就显得很便宜了（“我还是买 60 美元一瓶的仙粉黛葡萄酒吧”)。[209] 厚颜无耻、奸诈无比的房地产代理会先带买主去看坐落于按摩房和毒品交易市场之间、年久失修的破房子，然后再带他们去看自己真正打算卖的房子，因为刚才的破房子会让现在的普通住宅看起来非常不错。(“噢，看啊，宝贝！草地上没有钉子呢！”)[210] 我们的“肩并肩比较”会受到昂贵的红酒和摇摇欲坠的破房子这类极端可能性的影响，而且跟我们已经考虑过的东西类似的可能性也会影响我们的比较。比如，在某项研究中，一些内科医生阅读了药品 X 的说明，然后被问及是否会将这种药开给患骨关节炎的病人。[211] 这些医生很明确地表达了对药品 X 功效的肯定，因为只有 28% 的医生选择不给病人开这种药。但是，当研究人员问另外一组医生是否会给病人开药品 X 以及同样有效的药品 Y 时，有 48% 的医生选择两种都不开。很显然，加上另外一种同样有效的药品使医生很难在两者之间做出取舍，因此他们中的许多人选择两种都不开。如果你发现自己曾经说过，“我实在没有办法在两部电影中做出选择，所以最后干脆选择待在家里看老电影了”，那你就知道为什么那些医生会有上述的举动了。[212]

“肩并肩比较”最具有欺骗性的一点是，它导致我们注意到可以将各种可能性区别开来的任何特征。[213] 我曾经在一家商店里度过了很可能是这一生中最不愉快的一段时间，我原本打算只在里面待 15 分钟的。我在去野餐的路上将车停在了一家卖场的门口，然后冲进商店，希望能够在几分钟后购买一台时尚小巧的数码相机。但是，当我走进非常大、超级大、真的很大的相机世界时，我遭遇了由各种时尚小巧的数码相机组成的让人晕头转向的大阵容，这些相机具有各种不同的特点。即使只陈列着一台数码相机，我也能够想到其中的一些特点。（“这一台大小刚好能够装进我的衬衫口袋，我可以带着它到处走。”）要不是这些相机的区别提醒了我，我可能永远也无法想到其中的某些特点。（“那款奥林巴斯有闪光补偿功能，而尼康的那一款就没有。可是，什么是闪光补偿？”）因为“肩并肩比较”迫使我考虑各款相机之间的所有区别，最后我居然开始考虑一些自己根本就不在意而只是碰巧将两款相机区别开来的特征。[214] 再举一个例子，在购买词典的时候，你比较看重它的哪些特征？在某项研究中，人们有机会为一本品相完好、收录量达 1 万单词的词典出价，人们的平均出价是 24 美元。[215] 而另外一些人则被要求为一本封面磨损，但是收录 2 万单词的词典出价，他们的平均出价是 20 美元。但是，当另一组人在“肩并肩比较”过这两本词典之后再分别为它们出价时，人们给品相完好的小词典出价 19 美元，而给破损的大词典出价 27 美元。很显然，人们很重视词典封面的完好程度，但是在其注意力被“肩并肩比较”而受到吸引之后，他们就会更在意收录单词量的多少。

在买主和卖主眼中，同一件商品的估价差别很大

现在让我们回过头去，探询一下这些关于比较的基本事实对我们想象未来有什么意义。这些基本事实包括：第一，价值是通过事物之间的比较得出的；第二，在某特定例子中，我们能够做的比较有很多种；第三，在进行这种比较时，我们对某样东西的估价要比在进行那种比较时高。这些事实说明，如果我们想要预测某样东西在未来会如何影响我们的感觉，我们就必须考虑将来我们会做哪样

比较，而不是现在正在进行的这种比较。可惜，我们的比较通常都是不假思索的（“天啊，这咖啡太贵了！”或者，“我可不想花两倍的价钱来看演唱会！”）。因此，我们很少会考虑现在我们正在做的比较同将来要做的比较是不同的。[216] 比如，某研究中的研究对象被要求坐在一张桌子前面预测自己几分钟后吃薯条的感觉有多愉悦。[217] 有些研究对象看到桌上摆着一袋薯条和一块儿巧克力，而另外一些研究对象面前的桌子上摆着一袋薯条和一罐沙丁鱼罐头。这些不相干的食物会影响研究对象的判断吗？肯定会！研究对象很自然地将薯条同另外一样食物进行比较，结果表明，把薯条同沙丁鱼罐头相比较的人，比将它同巧克力做比较的人更偏爱吃薯条。但是，他们都错了，因为当研究对象真正去吃薯条的时候，桌子上摆着的沙丁鱼罐头和巧克力对他们享用薯条的感觉并无任何影响。毕竟，当一个人口中塞满脆脆的、咸咸的、油腻的炸薯条的时候，另外一样碰巧放在旁边的食物根本就是不相干的，就好像过去曾经同你做过爱的人跟你现在的性生活没有任何关系一样。研究对象没有意识到的是，他们在想象吃薯条时所做的比较（“当然，薯条也不错，但是巧克力更好吃”）并非在真正咀嚼这些薯条时所做的比较。

大多数人都有类似的体验。我们将小巧雅致的音响同硕大的四四方方的音响进行比较，注意到二者音效上的差异，并买下了笨重的庞然大物。可惜，音响效果的差异是我们再也不会注意到的差异，因为在把这个大家伙搬回家之后，我们就不再将它的声音同上周我们在商店里听到的其他音响的声音进行比较了，我们倒是会拿这个讨厌的方盒子同家里其他时髦、简洁明快的装饰进行了比较，并且认为它完全破坏了装饰风格。在去法国旅行期间，我们遇到了一对从美国来的夫妇，并很快同他们结成旅伴，因为同那些因语言不通而讨厌我们的法国人相比，这对夫妇实在显得太热情和幽默风趣了。我们很高兴能够交到这对新朋友，并以为自己以后也会像今天这样喜爱他们。但是，回国一个月后邀请他们到家里吃饭时，我们很惊讶地发现，同我们通常交往的那些朋友相比，这两位新朋友很乏味，也很冷淡，事实上，我们几乎觉得他们跟其他法国人一样讨厌。我们的错误不在于跟一对乏味的夫妻一同在法国旅行，而在于没有意识到自己现在进行的比较（丽莎和沃尔特比 Le Grand Colbert 酒家的服务员可爱多了），跟将来我们可能进行的比较（丽莎和沃尔特不如汤妮和丹好）是不同的。同样的道理可以解释为什么我们在购买新东西的时候很喜爱它们，但是很快就不再喜欢它们了。在购买新太阳镜的时候，我们很自然地将商店里漂亮时尚的新太阳镜跟我们鼻子上陈旧过时的太阳镜进行比较，所以我们买下了新太阳镜，并把旧太阳镜塞进了抽屉。但是，没戴几天，我们就不再将它同旧的那一副进行比较了。结果如何？比较得来的喜悦很快就烟消云散了。

我们下意识地在不同的时间进行不同的比较，这一事实能够解释一些非常令人困惑的难题。比如，经济学家和心理学家都证明，人们认为丢失 1 美元比得到 1 美元带来的情绪波动更大，这就是为什么我们会拒绝一场有 85% 的概率可以让我们的积蓄翻倍，但是也有 15% 的机会让我们血本无归的投资。[218] 未来大概率的巨大收益不足以抵消小概率的巨大损失，因为我们认为损失比同样规模的收益影响力更大。但是，将一件事看作损失还是收益，通常取决于我们进行什么样的比较。比如，一辆 1993 年产的马自达汽车值多少钱？根据保险公司的说法，它现在的价值大约是 2 000 美元。但是，作为一辆 1993 年产的马自达车的车主，如果你想将这辆可爱的马自达汽车连同那些让人心疼的凹痕和喧闹的轰鸣声用区区 2 000 美元就买走，除非你把我打死，从我僵硬的手中将钥匙夺走。我还可以保证，如果你看到我的车，一定会认为如果付 2 000 美元，我不但应该欣然将车钥匙给你，而且应该搭上一辆自行车、一台割草机，并为你终身订阅《大西洋报》。为什么我们对这辆车的估价有如此大的差别？因为你会把这场交易看作潜在的获取，（“同我现在的感觉相比，买下这辆车之后我能有多快乐呢？”）而我则会将它当作潜在的损失。（“同我现在的感觉相比，如果我失去这辆车，我能有多快乐呢？”）[219] 我希望为自己心目中巨大的损失获得补偿，而你并不想补偿我，因为你期待的是一个不那么大的收获。你还没有意识到，一旦你拥有了我的汽车，你的估价参考系统就会发生改变，你就会做我现在正在进行的比较，这辆车就会物有所值了。而我无法意识到的是，一旦不再拥有这辆车，我的估价参照系统也会发生改变，会做你现在正在进行的比较，而我也会为做成这笔交易感到很高兴，因为我永远也不会花 2 000 美元买一辆跟我刚卖给你的那辆车一样的车。我们之所以会因价格而产生分歧并暗自怀疑对方的智商和教养，是因为我们都没有意识到我们在做买主和卖主时进行的比较，跟我们成为车主之前和成为车主之后进行的比较是不一样的。[220] 简而言之，我们进行的比较对我们的感觉有着深刻的影响，如果我们不能意识到自己今天进行的比较跟将来进行的比较有哪些不同，我们就注定会低估自己将来的感受会跟现在的感受有多大不同。

无法消除的厚今主义

历史学家用“厚今主义”这个词来形容用今天的标准评价历史人物的做法。虽然我们非常鄙视种族主义和性别歧视，但这些不过是在最近才被视为道德沦丧的标志，所以指责托马斯·杰斐逊蓄奴或者弗洛伊德对女性的歧视，就像某人因为在1923年没有系安全带而被逮捕一样。然而，通过今天的视角看待过去的做法已经泛滥成灾了。美国历史学会的主席曾经指出：“目前还没有消除厚今主义的有效方法，它是很难从现代社会中退场的。”[221]好消息是，我们中的大多数人都不是历史人物，所以不用担心寻找这个办法的问题。而坏消息是，我们都是未来人，当人们往前看的时候，厚今主义导致了更加严重的问题。因为对未来的预测是现在做出的，它势必会受到现在的影响。我们现在的感觉（“我饿了”）和现在的想法（“那个大音箱听起来比小的好”），非常严重地影响了我们对自己未来感觉的判断。因为时间是个难以捉摸的概念，我们倾向于将未来想象成稍加调整的现在，所以我们想象中的未来必然会看起来像是稍加调整的现在。当下的现实是如此实在和强大，所以想象只能被牢牢地拴在以它为中心的轨道上，永远无法真正逃离。厚今主义之所以出现，是因为我们无法意识到未来的自己不会以现在的方式看待世界。正如我们将要了解到的，未来人面临的所有问题中最严重的一个，就是我们根本不能从以后我们要成为的那个人的角度出发来看问题。

第五部分

幸福的技术

第八章
偏好与现实的博弈

世上的事情本来没有善恶，都是人为的思想把它们区分开的。

——莎士比亚，《哈姆雷特》

忘掉瑜伽吧！忘掉抽脂术吧！忘掉那些许诺能够改善你的情绪、减小你的腰围、让你的头发重新长出来、延长你的做爱时间并且提高你的记忆力的保健药吧！如果你想要生活得健康幸福，就试试这项新技术吧！现在的你像个傻瓜，心情郁闷，收入过低，而它可以把你变成你一直以来就渴望成为的那种很有成就感并且心情愉快的人。你如果不相信我，就请先听一听下面这些曾尝试过这项新技术的用户的证言吧。

“现在，无论是在体力上、财务上、精神上还是生活中，几乎每一个方面，我都比以前好多了。”（J. W.，来自得克萨斯州）

“这是辉煌的体验。”（M. B.，来自路易斯安那州）

“我从来没有像现在这样欣赏周围的人。”（C. R.，来自加利福尼亚州）

这些心满意足的顾客是谁？他们谈论的这项伟大的技术又是

什么？J. W.（吉姆·赖特），前众议院发言人，因为违反了第 69 条道德规范而被迫辞职。辞职后，他说了上面这番话。M. B.（莫里斯·比卡姆）曾经坐过牢，因为在三 K 党向他射击的时候奋起自卫，被囚禁在路易斯安那重罪监狱长达 37 年，他在被释放时说了上面的话。C. R.（克里斯托弗·里夫），《超人》系列影片中饰演超人的活力四射的明星，他从马上跌落，颈部以下全部瘫痪，必须借助呼吸机才能正常呼吸，他在受伤之后说了上面的话。这些故事的教育意义在于，如果你想要幸福、健康、富有和睿智，就不要吃维生素片，也不要做整形手术，而是要尝试一下在公众面前丢脸、受到不公正的拘役或者四肢瘫痪。

事实就是这样。那么，那些丧失了工作、自由或者行动能力的人真的因为悲剧降临在他们的头上，而在某些方面变得更好了吗？我们能相信这种说法吗？如果你认为这些情况发生的概率微乎其微，那么你并不孤独。至少在一个世纪的时间内，心理学家都认为可怕的事情，比如痛失至爱或者受到暴力侵犯，一定会对经历这些事情的人造成严重的、破坏性的和持久性的影响。[222]这种观念在传统智慧中根深蒂固，所以那些没有因为此类事件而感到痛不欲生的人，有时候会被诊断为患有“悲伤缺失症”。但是近来的研究表明，传统的智慧其实是错误的。悲伤缺失是一种非常正常的现象，一个世纪以来心理学家的看法都是错误的，大多数人并不是娇嫩的花朵，相反，在遭遇创伤的时候，我们有着惊人的恢复能力。失去父亲、母亲或者配偶通常都被认为是悲剧，它的确也会让我们在一段时间内非常伤心，否认这一点无异于故意捣乱。事实上，尽管大部分新近痛失亲人的人都要伤心一段时间，但是没有几个人会因此而长期郁郁寡欢，大部分人体验到的忧郁都没那么严重，持续的时间也比较短。[223]虽然有一半以上的美国人一生中都会经历诸如被强奸、身体受到伤害或者遭受自然灾害的打击，但是只有很少的一部分人会因此而留下后遗症，或者需要专业的心理辅导和帮助。[224]一些研究者指出："在经历过有可能带来心理创伤的事件后，最常见的发展轨迹就是适应和恢复。"[225]事实上，通过对那些从巨大的打击中恢复过来的人进行研究，心理学家发现大部分人都生活得很不错，尤其能够说明问题的是，大多数人会宣称自己的生活因此得到了改善。[226]我知道，这听起来像乡村歌曲的歌名一样可疑，但事实是，大部分人在事情变得很糟糕之后，通常可以应付得很好。

如果适应性如此常见，为什么我们还会对这样的事实感到惊讶？为什么大多数人很难相信在监狱中度过的人生可以是"辉煌的经历"，[227]也无法将瘫痪看作赋予生活"新方向"[228]的"独特机遇"？当听到经历过多年痛苦化疗的运动员说"我并不想改变什么"[229]的时候，当听到一名终身残疾的音乐家说"如果可以再活一次，我希望一切还像现在这样"[230]的时候，或者在听到四肢或者下肢瘫痪的人说他们跟其他所有人一样幸福的时候，大多数人为什么会感到难以置信？[231]我们仅仅通过想象来理解这些事情，因此对于我们而言，那些亲身经历过此类磨难的人所说的话听起来是不可思议的。但是，我们又凭什么跟那些真正经历过这些事的人争论呢？

事实上，这些负面事件的确会影响我们，但是这些影响的强度和持续时间不像我们想象的那样大、那样长。[232]在被要求预测自己在某些情况之下（比如失去工作或者恋人，支持的候选人输掉了重要的选举，支持的球队输掉了重要的比赛，搞砸了一次面试，考试不及格或者在竞赛中失利）的感觉时，人们通常会高估自我感觉的糟糕程度和持续时间。[233] 肢体健全者为了避免残疾所愿意付出的代价，远比残疾者为变得健康所愿意付出的代价大，因为肢体健全的人常常会低估残疾人的幸福度。[234] 一组研究人员指出："比起那些想象自己有着同样身体状况的人，罹患慢性疾病的人或者残疾人对自己生活的评价通常会更高一些。"[235] 的确，在健康人的想象中，患有 83 种疾病的状况"比死亡还糟糕"，但是，真正处于这种境遇中的人却并未选择自杀。[236] 如果负面事件对我们的打击并不像我们想象的那样大，那么为什么我们还会这样想象？如果心脏病和灾难不过是披着灾难外衣的福气，那么为什么它们的伪装如此有说服力？答案是，人类的大脑更愿意利用歧义。如果你觉得这种说法有歧义，那就接着往下读，让我也来利用一下它吧。

找针的游戏

比从干草堆里找一根针更困难的事情，就是从一堆针里找出一根针。当一件东西被同类事物包围时，它自然会同它们融合在一起；而当它被不同的事物包围时，它自然就会凸显出来。请看下面的图 8–1。如果现在你手中拿着能够精确到微秒的秒表，你会发现自己从上面的排列中找到字母"O"（这时它被数字包围着）的速度比从下面的排列中（这时它被字母包围着）找到它的速度要快。这种现象是很能说明问题的，因为从字母当中找到某字母要比从数字当中找出某字母困难一些。然而，要是我要求你找的是数字"0"

而不是字母“O”，你从下面的排列中找到它的速度就比你从上面的排列中找到它的速度更快。[237] 现在，大部分人认为，我们可以通过线性结构很好地解释大部分基本感觉方面的能力。比如视觉，你能够清楚地认识发光性、对比、棒状细胞、视锥细胞、视神经、视网膜以及诸如此类的东西。但是，就算了解了表中那些字母或数字的所有物理特性与人类眼睛的所有解剖学特征，如果不知道这个

1	5	9	3	1	5	4	4	2	9
6	8	4	2	1	6	2	2	3	3
9	2	7	0	9	7	5	5	1	1
5	3	7	2	7	6	2	7	8	9
3	7	5	9	6	8	8	2	9	8
4	8	3	1	2	1	6	8	1	8
4	3	4	2	3	9	1	7	O	9
6	2	4	1	8	6	7	5	2	3
7	6	4	2	9	6	5	4	4	5
9	5	2	3	6	7	8	4	5	3

L	G	V	C	L	G	E	E	P	V
I	T	E	P	L	I	P	P	C	C
V	Q	R	I	V	R	G	G	L	L
G	C	R	P	R	I	P	R	T	V
C	R	G	V	I	T	T	P	V	T
E	T	O	L	P	L	I	T	L	T
E	C	E	P	C	V	L	R	0	V
I	P	E	L	T	I	R	G	P	C
R	I	E	P	V	I	G	E	E	G
V	G	Q	C	I	R	T	E	G	C

图 8–1　表格

“圈”对观察者的意义是什么，你还是无法理解为什么在一种情况下找出这个“圈”的速度比在另外一种情况下要快。

即使是在最基本的心理活动中，意义也是很重要的。尽管这一点对你我这样有理智的人来说是显而易见的，然而正是因为忽视了这个非常明显的事实，心理学家白白忙活了30年的工夫，却没折腾出什么结果。在20世纪下半叶的大部分时间里，实验心理学家一直在忙着给走迷宫的老鼠计时，或者观察鸽子衔钥匙的动作，因为他们相信，理解行为最好的办法就是找到刺激源，观察有机体对该刺激的反应，并发现两者之间的关系。心理学家希望通过精确衡量有机体对特定物理刺激的反应，比如灯光、声音、食物，来建立一门学科。这门学科旨在发现能够观察到的刺激和能够观察到的行为之间的联系。“意义”的概念模糊且没有清晰的界限，所以不能用它来联系刺激和行为。可惜，他们想得太简单了，这个项目从一开始就注定会失败，因为老鼠和鸽子是对呈现在现实世界中的刺激做出反应的，而人类却是对自己头脑中呈现出来的刺激做出反应的。现实世界中的客观刺激创造出了头脑中的主观刺激，而人们正是对这些主观刺激进行反应的。比如，图8–2中两个单词中间的字母是完全一致的物理刺激（我发誓——因为是我亲自剪切并粘贴了它们），然而大部分懂英语的人都会对它们产生不同的反应——看法不同，读法不同，记忆形式也不同。他们认为其中一个代表的是字母H，而另外一个代表的是字母A。其实，更准确的说法是，一个是字母H，而另外一个是字母A。毕竟，印出来的那些弯弯曲曲的线条到底是什么并不取决于其客观构成，关键是我们在主观上如何阐释它们。用一条横线连接两条竖线所形成的符号，在被T和E夹在中间的时候是一种意思，而在被 C 和 T 夹在中间的时候又是另外一种意思。于是，将我们同老鼠和鸽子区别开来的诸多因素之一就是，我们是对这些刺激的意义做出反应，而不是对刺激本身做出反应的。这就是为什么我父亲在叫我“小浑球儿”之后还能够全身而退，而你就不同了。

图 8–2 中间的字母在不同的背景中有不同的意义

是银行还是河岸?

大部分刺激都是有歧义的，也就是说，它们的意义不止一个。有意思的问题是，我们如何消除它们的歧义，也就是说，我们如何在特定条件下从这个刺激的诸多可能的解释中找出最合适的那一个。研究表明，背景、频率和新近度是影响判断的最重要的因素。

先来考虑背景。在英语中“bank”这个词有两种含义，一种含义是“存钱的地方”，另外一种含义是“河岸”。但是，我们从来都不会理解错如“The boat ran into the bank”（小船撞上了河岸）或者“The robber ran into the bank”（劫匪闯进银行）这样的句子，因为“船”和“劫匪”这两个词提供了足够的背景知识，使我们能够清楚判断出“bank”在这两个句子中的不同含义。

再来考虑频率。我们过去同某种刺激接触的经验提供了判断其意义的依据。比如，一位信贷官员就有可能将“Don’t run into the bank”解释成关于如何在工作场所行走的警告，而不是关于如何驾驶船只的可靠建议，因为在一位信贷官员的职业生涯中，他听到的“bank”更多被应用的是其金融含义而不是其海事含义。

最后考虑新近度。如果最近刚刚看过关于保险箱的广告，即使是一名船员也很有可能将“Don’t run into the bank”中的“bank”理解成金融机构而不是河岸，因为这个词的金融含义在他头脑中还很活跃。其实，因为我在这一段中讨论了“bank”这个词，所以我敢打赌，你会由“He put a check in the box”（他将支票放到盒子里 / 他在方框上打了一个钩）这句话想到一个人将一张纸放进容器里的景象，而不是有人在回答调查问卷的景象。

与老鼠和鸽子不同，我们对意义做出反应，而背景、频率和新近度是影响判断的 3 个最重要的因素，它们决定了在遇到有歧义的刺激时我们会选择对哪种意义做出反应。但是，还存在另外一个同样重要而且更有意思的因素。跟老鼠和鸽子一样，我们每个人都有欲望、愿望和需求。我们不但是世界的观察者，还是它的投资人，并且常常更希望某种刺激的意义是这样的而不是那样的。让我们来考察一下图 8–3 中的方块，这个东西（根据发明它的瑞士晶体学家的名字而被命名为“纳克方块”）的歧义是固有的，你只需要盯着它看上几秒钟，就能够亲自证实这一点。一开始，这个盒子看起来是侧立的，你感觉这个盒子是放在自己正前方的，你正在平视它，圆点的位置在盒子的内部，也就是背面和底面相交的地方。如果你看的时间足够长，这个图片就变样了，盒子看起来像是立在地面上的，你感觉自己正在俯视这个盒子，圆点现在位于盒子上端的右内侧角上。因为对这个盒子的两种解释都说得通，于是，大脑就兴高采烈地在这两种解释之间不停地转换，直到最后你头晕眼花站立不稳的那一刻，你还能感觉到一种淡淡的愉悦。但是，如果其中一种解释比另外一种更好呢？也就是说，如果你更希望看到其中的一种解释呢？实验证明，如果测试对象会因为看到盒子在自己前方或者下方而受到奖励，那种会得到奖励的解释“跳出来”的频率就会比另外一种更高，然后，他们的大脑就会“抓住”这种解释而不再左

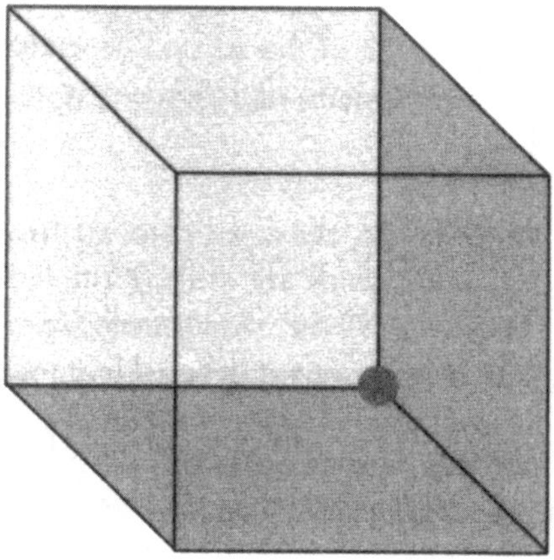

图 8–3　如果你盯着纳克方块看，它的方向就会不断转换

右摇摆。[238] 换言之，当某种刺激有多种解释方式的时候，大脑一般会选择它想要的那种解释。这意味着，你的偏好会跟背景、频率和新近度一样影响你对某种刺激的阐释。

这种现象并不是在解释古怪图形时特有的。比如，你为什么会认为自己是一个有才华的人？（好了，别装了，你知道自己确实是这么想的。）为了回答这个问题，研究人员要求一些研究对象（定义者）写下他们对"才华"的定义，然后根据这个定义来估计自己的才华。[239] 之后，其他研究对象（非定义者）被要求根据第一组人写下来的定义来估计自己的才华。有意思的是，那些定义者对自己才华的评价要比非定义者高。因为定义者有随心所欲定义"才华"这个词的自由，他们可以完全按照自己希望的方式来定义这个词，也就是根据一些他们碰巧擅长的行为来定义这个词。（"我想才华通常指的是非凡的艺术成就，比如我刚完成的这幅画作"，或者"才华指的是一个人天生的能力，比如比其他人都要强壮。现在可以把你放下来了吗？"）定义者能够自行制定才华的标准，而且他们更可能达到自己制定的标准，这并非巧合。我们中的大多数人之所以认为自己有才华、很友好、聪明并且没有偏见，是因为这些词的意义在本质上都跟纳克方块一样，我们出于自利的目的，头脑自然而然地利用了每个词的歧义。

人们对属于自己的东西评价更高

当然，最丰富的、可利用的歧义的来源并非词、句或者图形，而是每个人生活中微妙的、色彩斑斓的、多维的经验大杂烩。如果纳克方块有两个可能的解释，“才华”这个词有 14 种可能的解释，那么“离开家”“生病”或者“在美国邮政局找到一份工作”这些经历则有成百上千种可能的解释。发生在我们身上的事情，比如结婚、生子、找工作、从国会辞职、进监狱、残疾，都比画出来的弯曲线条和彩色方块要复杂得多，这种复杂性创造出大量的歧义，而且这些歧义都在乞求我们快来利用它们。其实，它们根本就无须太努力地乞求。比如，某研究中的研究对象被告知他们将会吃到一个美味但是不健康的奶油圣代冰激凌（吃冰激凌的人），而另外一些人被告知他们将会吃到一盘苦涩但是有益健康的新鲜甘蓝（吃甘蓝的人）。[240] 在真正吃这些食物之前，研究人员要求他们比较一些食物的相似度，其中包括奶油圣代冰激凌、甘蓝和斯帕姆午餐肉（这东西是公认的既不好吃又没营养的食物）。结果，吃冰激凌的人认为斯帕姆午餐肉更像甘蓝，而不是冰激凌。为什么？出于一些奇怪的原因，他们倾向于从口味的角度来考虑食物，所以跟甘蓝和斯帕姆午餐肉不同，冰激凌很可口。而另一方面，吃甘蓝的人认为斯帕姆午餐肉更像冰激凌，而不像甘蓝。为什么？出于一些奇怪的原因，吃甘蓝的人倾向于从健康角度来考察食物，所以，跟甘蓝不同，斯帕姆午餐肉和冰激凌都不健康。那些奇怪的原因其实一点儿也不奇怪，就像纳克方块既在你前方又在你下方一样，冰激凌虽然热量高但香甜可口，而甘蓝虽有益健康却味道苦涩。你我的大脑很容易就能够在两种看待食物的不同角度之间进行转换，因为我们不过是在阅读相关的知识。但是，如果我们准备好了要吃其中一种食物，我们的大脑就会自发地利用食物特征的歧义，并促使我们以令自己愉快的方式进行思考（美味的甜品或者营养丰富的蔬菜），而不是以令自己不愉快的方式进行思考（让人长胖的甜品和苦涩的蔬菜）。一旦潜在的体验变成了实际的体验，一旦我们同这样东西产生了利害关系，大脑就会努力找一个令人愉悦的体验阐释方式。

因为体验的歧义是固有的，所以找到某种体验的“正面观点”通常跟找到纳克方块的“下方视角”一样容易，研究证明，大部分人经常非常熟练地运用这个技能。在把厨具买回家之后，消费者对它们的评价会更高；[241] 在接受工作后，求职者对它的评价会更高；[242] 在获得入学资格之后，中学生对大学的评价会更加积极；[243] 比起走向下注窗口的时候，赌马者会在离开下注窗口的时候对自己下注的马更有信心；[244] 而比起进入投票站的时候，选民会在离开投票站的时候对自己支持的候选人评价更高。[245] 烤面包机、公司、大学、赛马和参议员都没有错，但是一旦这些变成了我们的烤面包机、我们的公司、我们的大学、我们的赛马和我们的参议员，他们立刻就会变得更好。类似的研究表明，在某种东西属于自己之后，人们就倾向于以一种更加积极的态度来看待它。

生理与心理的自我平衡

在伏尔泰的经典小说《老实人》中，潘格罗斯博士是一位“形而上的神学宇宙学家”，他相信自己生活在完美无缺的世界中。

他说：“很显然，事情不可能是其他样子的，因为所有的事物都有被创造出来的理由，而且它们必定是为了最好的那个理由而被创造出来的。比如，鼻子是被创造出来支撑眼镜的，所以我们戴眼镜。正如你所见，腿是用来穿马裤的，所以我们穿马裤。石头是用来建筑城堡的，于是，我的主人就拥有了一座美丽的城堡，因为本省最伟大的男爵就应该拥有最豪华的住所。因此，那些说一切都好的人是在说蠢话，他们应该说一切都是最好的。”[246]

前面我介绍的各种研究似乎都说明了人类是无可救药的潘格罗斯，看待体验的方式比体验本身丰富得多，而且人类常常能够非常有创造力地找到各种解释中最好的一个。可是，若真如此，为什么我们不会瞪着无辜的眼睛四处闲逛，脸上挂着愚蠢的笑容，从心底感谢上帝赐予我们痔疮和婚姻这样的奇迹？原因在于，尽管人类的大脑很容易上当，但它不是一团糨糊。如果世界是这样的，可我们希望它是那样的，那么我们对世界的体验（也就是我们看待、记忆和想象它的方式）混合了严酷无情的事实和令人宽慰的错觉，二者兼有。假如我们按照世界本来的样子去体验它，那么我们每天早上会绝望到不愿意离开床铺；假如我们完全根据我们想要的样子来体验世界，那么我们将会受到蒙蔽，甚至找不到自己的拖鞋。我们也许是在透过玫瑰色的镜片看世界，但是玫瑰色的镜片既不是模糊不清的，又不是清澈透明的。它们不能模糊不清，因为我们还得相对清晰地看到这个世界以便能够参与其中，例如开飞机、种庄稼、给婴儿换尿布，还有其他一些聪明的哺乳动物为了生存而不得不做的事情。但是，它们也不能是清澈透明的，因为我们还需要它们瑰丽的色调来激励我们，这样我们才能设计直升机（“我确信这东西能飞”）、种植庄稼（“今年收成一定会好”）和忍受那些婴儿（“他带给我多少快乐啊”）。我们无法离开现实，也无法离开错觉。它们各有用途，同时又相互制衡，我们对世界的体验就是这两个劲敌谈判并做出妥协的结果。[247]

因此，我们不应该把人类看作无可救药的潘格罗斯，而应该把他们看作拥有一种特殊的心理免疫系统的生物。这种心理免疫系统能够帮助我们的心灵抵御痛苦的攻击，其抵御方式同生理免疫系统帮助我们的身体抵御疾病侵扰的方式差不多。[248]这个比喻非常贴切。比如，生理免疫系统必须平衡两个相互竞争的需求：识别并消灭病毒和细菌之类的外来入侵者的需求，以及识别并尊重身体自身细胞生长发育的需求。生理免疫系统如果不够积极，就无法保护身体免受外来微观猎食者的侵害，从而使我们的身体感染疾病。而如果免疫系统太积极了，它会错误地让身体自我对抗，我们就会患上自身免疫系统疾病。理想的生理免疫系统必须能够平衡这两种竞争性需求，找到一个既可以好好保护我们的身体又不致过度的方法。

同样，在面对拒绝、损失、厄运和失败的时候，我们的心理免疫系统既不能把我们保护得过好（“我是完美的，而大家都在跟我作对”），也不能不提供适当的保护（“我是个失败者，应该去死”）。健康的心理免疫系统应该设法达到一种平衡，既让我们自我感觉良好到可以鼓足勇气来应付各种情况，又不至于让我们的自我感觉良好到觉得自己什么都不用做了（“是的，我表现得不太好，对此我感到很难过，但是我还是有足够的信心再试一次”）。我们需要受到保护，虽然不能毫无防御，但也不能一味防守。所以，我们的头脑会自然而然地找到尽可能乐观的观点，同时，它又坚持这些观点必须合情合理，不能偏离事实太远。出于同样的原因，人们会寻找一切机会对自己做出尽可能积极的评价，也会毫不犹豫地拒绝那些对自己的不切实际的正面评价。[249]例如，如果现在的室友看自己不顺眼，他（大学生）就会申请调换宿舍，而如果室友对自己的评价太高了，他也会要求重新安排宿舍。[250] 没有人喜欢被愚弄的感觉，即使这种愚弄令人愉快。为了保持现实和错觉之间的平衡，我们会从自己的经历中搜寻积极的观点，但是我们只允许自己拥抱那些看起来可信的观点。那么，什么样的观点看起来更合理？

选择的艺术

大部分人都很看重科学家告诉我们的事情，这是因为我们知道，科学家是通过收集和分析事实得出每一个结论的。如果有人问你，为什么你相信吸烟有害健康而慢跑有益健康，或者地球是圆的而银河系是扁平的，或者细胞很小而分子更小，你就会找出支持它们的事实作为论据。可能你需要解释，其实你并没有亲眼见过你所列举的那些事实，但是你确实知道，在过去的某时间，有一些非常认真的、身穿白色实验室工作服的人利用听诊器、望远镜和显微镜积极地观察了这个世界，记录下他们观察到的情况并分析了相关信息，然后告诉其他人该如何看待营养学、宇宙学和生物学。科学家很了不起，因为他们通过观察得出结论，自从经验主义取代教条主义成为希腊医学的价值观体系，西方人就对那些以他们能够看到的东西为基础得出的结论持有崇敬的态度。那么，如果我们的结论建立在观察到的事实的基础之上，而不是建立在我们的愿望、渴望和想象之上，我们就会认为自己的结论非常可信，这没有什么可奇怪的。我们也许更愿意相信大家都爱我们，我们能够长生不老，还有高科技股很快就要大规模反弹，而且，只要轻轻按一下自己脑门上的按钮，一切都将按照自己期待的模式发生，但是，这并不是“相信”这个心理过程的运作方式。在人类进化的过程中，大脑和眼睛建立了一种合作关系，大脑相信眼睛看到的东西，而不相信眼睛看不到的东西。因此，如果我们想要相信什么，它就必须有事实做依据，或者至少不是极其明显地与事实不符。

大脑只接受可信的景象，而且这些景象必须建立在事实的基础上。要是这样的话，我们如何才能以积极的态度看待自己和我们的经历？如果我们的现实生活不过是由破烂不堪的汽车、失望的伴侣和瘪瘪的蛋奶酥构成的，我们又怎么能够相信自己是伟大的司机、称职的爱人和杰出的厨师？答案很简单：我们会“烹调事实”。我们有许多种不同的收集、解释和分析事实的技巧，而不同的技巧常常会导致不同的结论，这就是为什么科学家会对全球变暖的危险、供应经济学中减税刺激产生的政策的益处，以及低碳水化合物食谱的好处持有不同的态度。好的科学家应该利用其认为最合适的方法来处理各种复杂的问题，然后接受由此得出的结论，无论这些结论是什么。但是，糟糕的科学家会利用这样的复杂性，选择特别有可能得出他们所希望的结论的方法来进行研究，这样他们就能够在事实的支持下得出自己想要的结论。数十年的研究表明，在事关自己和自身经历的情况下，在收集和分析相关信息时，大多数人都是特别糟糕的科学家。

比如取样问题，因为科学家不可能观察每一个细菌、每一颗彗星、每一只鸽子或者每一个人，他们只好研究取自这些群体的一小部分样本。严谨的科学和一般常识的最根本原则就是，必须从待研究群体的各个层次中选取样本，这样，研究结果才能够反映整个群体的情况。如果我们只电话访问奥兰治县的共和党人，或者无政府主义组织中的执行官员，这样的民意调查就是毫无意义的。然而，这正是我们经常做的事情——搜寻利己的信息以得到自己希望得到的结论。[251] 比如，假设某项研究的研究对象被告知他们在智商测验中的得分很低，然后要求他们浏览一些关于智商测试的报道，那么这些人阅读质疑智商测验可靠性的文章的时间要比阅读认可智商测验的文章的时间长。[252] 另一项实验中的研究对象被告知他们得到了一位导师的高度评价，然后，他们就开始对赞扬这位导师的能力和聪明才智的信息感兴趣了，而对那些质疑其能力和才干的信息就不那么感兴趣了。[253] 通过控制自己接触的样本信息，这些人间接地控制了自己将会得出的结论。

你自己也很有可能会这样做。如果你曾经购买过汽车，你就能够注意到，一旦你决定购买本田车而不是丰田车，你就会开始认真地看报刊上关于本田车的广告，而对其竞争对手的广告一扫而过。[254] 如果你的朋友注意到了这个现象并询问你这样做的原因，你很可能解释说，比起你已经决定不买的车，你更有兴趣学习一些自己决定要购买的车的信息。但是，“学习”这个词用在这里并不恰当，因为这个词通常指的是平衡地掌握知识，而你通过阅读本田车的广告学到的知识却非常具有倾向性。广告中包含的几乎都是所述产品的优点，因此我们对新知识的渴求就会产生一种有趣的副产品——你将会沉浸在证实你做出了英明选择的那些信息中，而且只掌握这类信息。

我们不但会从杂志中寻找符合自己偏好的信息，而且会从记忆中选择它们。比如，在某项研究中，一些实验对象（成功外向组）

看到一些实例，它们暗示，比起性格内向的人，性格外向的人能够得到更高的薪水和更多的升职机会；而另外一些人（成功内向组）看到的是包含相反暗示的实例。[255] 然后，这些人被要求回忆自己过去经历中的某些特定行为，并根据这些经历来判断自己的性格到底是外向型的还是内向型的。这时，成功外向组的人更倾向于回忆起自己厚着脸皮去向陌生人介绍自己的事情，而成功内向组的人则倾向于回忆自己看到喜欢的人却因为害羞不敢去打招呼的事情。

当然，他人（而不是杂志和记忆）才是最丰富的信息来源，可以证明我们决策之英明、技能之全面，以及我们热情奔放的个性和难以抗拒的魅力。我们更愿意给自己机会来接近能够支持自己想要的结论的信息，这种倾向在选择同伴的时候特别明显。你也许会注意到，除了篮球巨星威尔特·张伯伦，没有人会从随机样本中选择朋友和恋人。恰恰相反，我们会花费大量的时间和金钱来小心翼翼地安排自己的生活，以确保我们的身边都是喜欢我们并与我们相像的人。因此，毫不奇怪，在我们向熟识的人征求建议和意见的时候，他们常常会帮助我们打消疑虑，支持我们心安理得地得出我们想要的结论。他们之所以会这样做，要么是因为他们的想法本来就跟我们的一样，要么是因为他们害怕不这么做会伤害我们。[256] 即使身边的人有时候无法说出我们想听的话，我们也会有办法让他们说出来。

比如，研究表明，人们特别喜欢问一些能够不留痕迹地控制答案的问题。[257] 如果你问“我是不是你遇到的最好的情人”，这个问题的答案中只有一个能让我们由衷地感到高兴。可是，如果你问“你认为我在做爱时哪个环节做得最好”，这个问题就提得相当聪明，因为只可能有一个会让我们感到真正沮丧的答案（或者如果你算上“这让我想起威尔特·张伯伦”这个答案，就有两个）。研究证明，出于直觉，人们更喜爱提出那些能够引出自己想要的答案的问题。在听到这些答案后，他们又会相信这些自己诱导别人说的话，这就是“告诉我你爱我”这句话至今还那么流行的原因吧。[258] 简而言之，我们通过听取自己放到其他人嘴里的那些话来支持自己想要得出的结论，这些人也是经过精心挑选的，挑选的标准就是他能够说出我们想听的话。

情况还可以更糟糕，因为我们甚至有办法让别人在一言不发的情况下就支持我们想要的结论。考虑一下这些情况：要想成为一名出色的司机、情人或者厨师，我们并不需要在蒙上双眼的情况下练习路边停车，不需要嘬嘬嘴就能够让上万个美女心醉神迷，也不需要会做美味的千层酥皮饼，或者让所有法国人都放弃本国的料理而宣布忠于我们的厨房，我们只要比其他大多数人停车停得好、接吻接得好、做饭做得好就行了。那么，我们又怎么知道自己比别人做得好呢？你怎么会提出这么愚蠢的问题？当然是通过向周围看了！但是，为了确保我们看到自己想要看到的东西，我们看的时候通常是有选择的。[259] 比如，某研究中的研究对象接受了貌似真实的社交敏感度测试，然后被告知他们答错了大多数问题，接着再让他们看别人的测试结果，其中既有表现比他们好的，也有表现不如他们的。[260] 结果，他们自动跳过了那些表现比自己好的人的测试结果，却花很长时间认真看那些做得更差的人的测试。得 C 其实并没有那么糟糕，只要我们跟得 D 的人做比较就行了。

在利害攸关的时候，这种寻找比自己表现更坏的人的倾向尤其明显。患上癌症这类致命疾病的人特别愿意将自己跟病情更严重的人进行比较，[261]这就解释了为什么接受某研究的96%的癌症患者都认为自己比一般的癌症患者情况要好。[262]如果我们找不到比我们表现更差的人，也许我们会主动创造一个。某研究中的研究对象既可以选择给出暗示来帮助朋友完成测试，又可以选择给出误导性的暗示。[263]当这项测试被描述成游戏的时候，大部分研究对象都选择帮助朋友，而当它被描述成衡量智力水平的重要测试时，他们都选择误导朋友。很显然，如果我们的朋友不能自觉地考最后一名，好让我们能够品尝得第一的滋味，我们并不会排除陷害他们。当我们蓄意破坏朋友表现的阴谋得逞之后，他们就变成了完美的比较标准。其根本原理就是：大脑和眼睛建立了合同关系，根据合同要求，大脑同意相信眼睛看到的东西，而作为回报，眼睛也同意寻找大脑想要的东西。

双重标准下的选择行为

不管是依靠选择信息还是选择信息提供者，总之，我们烹调所遇到的事情的能力，帮助我们得出了自己所乐见且令人信服的结论。当然，要是你曾经同来自对方阵营中的某人讨论过一场橄榄球比赛、一场政治辩论或者6点档的新闻报道，你肯定早就发现了，即使遇到了与自己偏好的观点相冲突的事实，人们也有忽视它们、忘记它们或者从异于常人的角度来看待它们的绝技。当达特茅斯和普林斯顿的学生观看同一场橄榄球比赛时，两个学校的学生都宣称，事实有力地证明了对方球队应该为比赛场上违背体育精神的行为负责。[264] 当民主党人和共和党人一起观看电视上的总统候选人辩论时，两方的观众都宣称，事实证明本方的候选人获得了胜利。[265] 当亲以色列和亲阿拉伯的观众观看同样的中东新闻报道时，两派支持者都认为事实上这些报道是针对本方的有失公允的报道。[266] 这些事实能够毫无疑问地证明一点：人们倾向于看到自己想看到的东西。

然而在很多时候，不可避免地，那些不友好的事实实在太明显，根本无法对其置之不理。当我们球队的防守截锋被发现使用了铜制护具，或者我们支持的候选人在国家电视台公开承认自己挪用了公款时，我们很难对此视而不见或者置之不理。当严酷的现实就是不肯乖乖合作的时候，我们应该怎样努力坚持自己偏好的结论？虽然“事实”这个词看起来好像意味着无可辩驳、不容置疑的东西，但其实它不过是满足某种证明标准的一些解释和推测。我们如果把标准设定得足够高，就不可能存在任何能够证实的事实，其中包括我们自身的存在这个事实。但是，如果标准设定得足够低，那么所有的事情会一样真实。因为民粹主义和后现代主义都是如此无法令人信服的哲学思想，因此我们一般会将评价的标准设置在二者之间。没有人能够说得清到底这个标准应该被设定在哪个位置，但是我们知道，不管我们把它放到哪里，在评价自己喜欢和不喜欢的东西时，我们都得把它放在同样的位置上。如果老师让自己偏爱的学生进行更简单的考试，而给自己不喜欢的学生出更难的考题，这显然是不公平的；联邦法规的制定者要求外国产品比本国产品通过更严格的安全测试也是不公平的；法官坚持辩方律师应该比控方律师提出更有力的证据同样是不公平的。

然而，在面对同自己想要的结论一致或不一致的事实时，我们中的大多数人正是采取了这样的双重标准。在某研究中，研究对象被要求评估两份关于死刑可遏制犯罪率的科研报告。[267] 其中一份调查报告采用的是“跨州比较方法”（也就是平行比较采用死刑和不采用死刑的州的犯罪率），而另外一份报告采用的是“州内前后比较方法”（也就是比较一个州采用或者废除死刑前后的犯罪率）。在一半人看来，跨州比较证明死刑有效，州内前后比较证明死刑没有效果；而另一半人的看法则恰好相反。研究结果表明，研究对象会倾向于选择任何能够证实自身政治观点的研究方法。如果州内前后比较得出的结论并非其所乐见的，他们很快就会认为州内比较是毫无价值的，因为就业率和收入等因素因时而异，所以某 10 年（比如 20 世纪 80 年代）的犯罪率同另一个 10 年（比如 20 世纪 90 年代）的犯罪率并不具有可比性。但是，当跨州比较得出其不乐见的结论时，他们会立刻认为跨州比较没有意义，因为就业率和收入等因素存在地理差异，所以一个地方（比如亚拉巴马州）的犯罪率同另外一个地方（马萨诸塞州）的犯罪率不具备可比性。[268] 很显然，他们给与其所乐见的结论相冲突的研究方法设定了更高的门槛。掌握了这种技巧，我们就可以随时从积极的角度看待自己和自身的体验，并得出自认为可信的观点。比如，某研究中的研究对象被告知其在社交敏感度测试中得分很高或者很低，紧接着被要求评价两份科学研究报告的价值，一份说测试可靠，而另一份说测试不可靠。[269] 在测试中表现良好的实验对象相信，证明测试可靠的报告比证明测试不可靠的报告使用了更加严谨合理的科学研究方法，但是测试表现很差的实验对象的观点与此恰恰相反。

当事实威胁到了我们偏好的结论的正确性时，我们就会更加仔细地检查它们，并用更加严格的标准来分析它们。我们还会要求知道更多的事实，比如，你需要多少信息才能够确信某人很聪明？仅靠优异的学习成绩能够说服你吗？或者智力测验结果呢？你需不需要了解他的老师和雇主都是怎么评价他的？在某研究中，研究对象被要求评估另外一个人的智力，在愿意承认某人真正聪明之前他们都要求得到一定量的信息。但有趣的是，如果某人是个让人不堪忍受的“麻烦精，那么研究对象会要求得到大量的证据，而在评价幽默、和善和友好的人时，他们需要的信息则少得多。[270] 当我们选择相信一个人很聪明的时候，一封推荐信就足以证明他的才智，可是，如果我们不想相信他很聪明时，我们就会要求满满一文件袋的材料、测试和证词。

在我们想要或者不想相信一些和自身利益攸关的东西时，会发生同样的情况。比如，某研究中的研究对象被邀请接受一次身体检查，以确定其体内是否含有一种危险的致病酶，它会使人很容易患上胰腺功能紊乱症。[271] 研究对象在一张普通的纸上留一滴自己的唾液，而研究人员骗他们说这是一张医学试纸。然后，有些人（阳性受试者）被告知如果试纸在 10~60 秒的时间内变绿，就证明他们缺乏这种酶；而另一些人（阴性受试者）则被告知，如果试纸在 10~60 秒内变绿，就证明他们不缺乏这种酶。尽管这不过是一张普通的纸，永远也不会变绿，但是在确定测试完成之前，阴性受试者比阳性受试者等待的时间要长得多。显而易见，我们并不需要太多证据来证实自己是聪明和健康的，但要相信自己不是这样的，我们就必须要看到大量的证据才行。我们会问某事实是否允许我们得出自己想要的结论，也会问某事实是否迫使我们不得不相信自己不喜欢的结论。[272] 毫不奇怪，不被喜欢的结论必须经历更严格的证明标准的考验，也更不容易过关。[273]

2004 年 7 月，意大利蒙扎市政府采取了一项非比寻常的措施，禁止使用养鱼盆。他们的理由是，“金鱼应该被养在长方形的鱼缸里而不是圆形的鱼盆里，因为被养在鱼盆里的金鱼看到的是一个被扭曲了的世界，并因此受到折磨”。[274] 他们没有提到淡而无味的饵料、轰鸣的水泵或者愚蠢的塑料城堡，认为唯一的问题就是，圆形的鱼缸扭曲了金鱼的视觉体验，而金鱼拥有如实看到世界的基本权利。蒙扎市那些善良的市政委员却没有说人类也应该享有同样的权利，也许是因为他们知道这种把现实扭曲了的视野并不容易消除，或者是因为他们知道，比起真实的视野，这种失真带给我们的折磨要少得多。失真的现实图景之所以存在，是因为现实是有歧义的，也就是说，可以用多种不同的方式来解释它，每种观点都很令人信服，而且有一种解释比其他解释更好。为了确保我们看到的事物都是令人信服的，我们的大脑接受眼睛所见到的一切。它们的共谋使我们可以生活在严酷现实和舒适错觉的平衡点上。可是，这些跟预言我们未来的情绪有什么关系？我们将会看到，虽然我们生活在现实和错觉的交汇处，但是大多数人都不知道自己的这种处境。

第九章
对现实的心理免疫

我靠我的背保卫我的肚子；
靠我的聪明守住我肚子里的玩意儿；
靠我严守秘密保持我的清白；
靠我的面罩保护我的美貌。

——莎士比亚，《特洛伊罗斯与克瑞西达》

阿尔伯特·爱因斯坦也许是20世纪最伟大的天才，但是，可能没有几个人知道，他差点儿把这个头衔输给一匹马。威廉·冯·奥斯滕是一位退休教师，1891年，他宣布他养的一匹名叫“聪明的汉斯”的马能够回答有关时事、数学和其他许多领域的问题，而回答的方式就是用前蹄敲打地面。比如，奥斯滕让聪明的汉斯计算出3加5等于多少，等到主人提问结束，马会敲打8下，然后停下来。有时候，奥斯滕不是口头提问题，而是将问题写在硬纸板上，然后举起来让聪明的汉斯看，结果这匹马理解书面语言的能力似乎丝毫不逊色于它理解口头指令的能力。当然，聪明的汉斯并不能答对每一个问题，但是它的表现比其他任何钉掌的家伙都好多了。它在公共场合的表现让人印象深刻，因此很快就成为柏林的“风云人物”。

1904 年，柏林心理学研究所的主任派他的学生奥斯卡·芬特格斯非常审慎地调查这一现象。芬特格斯注意到，如果奥斯滕站在聪明的汉斯身后而不是面前或者奥斯滕自己也不知道问题的答案，这匹马答错问题的概率就要高得多。在一系列实验之后，聪明的芬特格斯终于证明，聪明的汉斯其实并不会阅读，它能够读懂的其实只是奥斯滕的肢体语言。当奥斯滕微微弓身时，聪明的汉斯就会开始敲击，而当奥斯滕直起身子，或者稍微歪一歪头，或者微微挑眉时，它就会停下来。换言之，奥斯滕在最恰当的时间发出信号让聪明的汉斯开始或停止敲击，这样就造成了马能够回答问题的错觉。

聪明的汉斯并非天才，但是奥斯滕也没有招摇撞骗。事实上，他曾经花了很多年的时间耐心地教自己的马学习数学和世界形势，当他知道原来自己是在自欺欺人时，真的感到相当震惊和沮丧。这种欺骗非常巧妙和有效，却是在无意之间做到的，而且奥斯滕并不是唯一一个这样做的人。我们可以将心理免疫系统完成这项任务的过程称为“战术”或者“策略”，但是，这些词都不可避免地带有计划和故意的色彩。事实上，我们并不能把人们当作操控这一切的阴谋家，认为他们是有意识地试图从自己的经验中得出积极的观点。研究人员指出，事实恰恰相反，人们通常都不知道自己为什么会这样做，[275] 但是如果非要他们给出一个理由，他们就会准备好现成的理由。[276] 比如，在研究对象看着电脑屏幕的时候，屏幕上闪过一个又一个单词，每个单词停留的时间不过几微秒，人们根本无从知道自己曾经看到过这些单词，也无从猜测这些单词到底是什么。如果屏幕上闪过的是“敌意”这个词，研究对象就会以消极的态度看待他人；[277] 如果屏幕上闪过的是“老迈”这个词，研究对象就会走得很慢；[278] 如果屏幕上闪过的是“愚蠢”这个词，他们就会在考试中表现得很糟糕。[279] 事后，当他们被要求解释自己为什么会那样判断、行走以及在考试中有那样的表现时，他们不是说“我不知道”，而是很快调动大脑考虑一些他们知道的事实（“我走得很慢”），并对自己的行为进行合理但错误的解释（“我累了”），旁观者也可能会得出同样的结论。[280]

在烹调事实时，我们同样不知道自己为什么会这么做，而这其实是一件好事，因为刻意得出正面的观点（“破产一定会有什么好处，除非我发现它，否则我就不离开这把椅子”），其实就是种下了自我毁灭的祸根。一些人共同欣赏斯特拉文斯基的《春之祭》（*Rite of Spring*）的美妙：[281] 其中一部分人的任务是听音乐，而另一部分人则被要求一边听一边努力让自己快乐起来。在曲目结束时，比起那些只是听音乐的人，被要求努力快乐起来的人情绪要差得多。为什么？有两个原因：第一，也许我们可以闭上眼睛，坐着不动，什么也不做，[282] 然后有意让自己从体验中得出正面的结论。然而，研究表明，只要我们有一点儿分心，这些刻意的企图就很有可能弄巧成拙，反而让我们感觉更差。[283] 第二，刻意烹调事实的做法实在是太明显了，让我们觉得自己很肤浅。当然，在未婚妻将我们孤零零地抛弃在结婚礼堂时，我们自我安慰没有她自己会生活得更好，如果能够发现支持这个结论的事实，（“其实她根本就不适合我，是吧，妈妈？”）我们的感觉就会更好。但是，发现这些事实的过程必须感觉起来像是一个发现的过程，而不是刻意地粉饰太平（“要是我们这样来提问题，而且只问妈妈不问别人，那么我们几乎一定能够听到自己想要的答案”）。一旦诡计被拆穿，曾经被人抛弃的这个污点就会在自己可怜的素质列表中变得非常显眼。积极的结论要令人信服，就必须建立在我们自以为是地由诚实得来的事实的基础之上。我们通过下意识地烹调事实，然后有意识地消费它们来做到这一点。人们在餐厅用晚餐，而厨师却藏在地下室。这种无意识“烹调”的唯一好处就是它行之有效，但它的代价是，我们因此变成了自己的陌生人。现在，请允许我向你解释这个过程是如何发生的。

关于悔恨的理论

据我所知，还没有人系统地研究过那些曾经被怯场的准配偶遗弃在结婚礼堂的人。但是，我很愿意用一瓶好酒打赌，如果你能够集合足够多的差一点儿就成为新郎或者新娘的人，并问他们是更愿意将这个事件称为“我今生遇到的最坏的事情”，还是将它称为“我今生遇到的最好的事情”，那么他们中更多的人一定会选择后一种描述而不是前一种。我甚至愿意用一整箱这种酒来打赌，如果你找到的样本从未经历过这种事情，而你的问题是，回顾过去，什么事情能够被他们看作“我今生遇到的最好的事情”，没有人会把“被抛弃”算进去。和许多其他事情一样，想象中被抛弃的经历更加痛苦，而回忆中被抛弃的经历则更加浪漫。想象自己以这种方式被晾在那里，我们自然而然会得出对这个经历的所有可能的看法中最可怕的一个，然而，一旦我们真的有过这样的心碎经历，并且在家人、朋友和鲜花商面前丢尽了面子，我们的大脑就开始形成一种没有那么可怕的观点了。正如我们已经看到的，人类的大脑是非常精明的“购物者”。然而，因为我们的大脑是在不知不觉中进行

“购物”的，所以我们根本意识不到它们会这样做。于是，我们漫不经心地认为，在回忆此事的时候，我们对它的看法会同想象它的时候一样可怕。换言之，我们没有意识到自己的看法会改变，因为通常我们并不了解它们改变的过程。

这个事实使我们很难预测一个人未来的情绪。在某项研究中，研究对象得到一个申请工作的机会，这份工作的内容就是品尝各种冰激凌并给它们起好玩儿的名字，这份工作的收入非常可观。[284]在申请过程中，研究对象的面试过程会被录下来。有些研究对象被告知，一位评审将会根据面试录像来决定是否聘用他们，而且此人可以单独做决定（评审员组）；而另外一些研究对象被告知，一个评审团将会观看他们的面试录像，并通过投票来决定是否聘用他们（评审团组）。评审团组的研究对象被告知，只要评审团里有一位成员投票支持他，他就可以得到聘用，因此只有在所有评委一致同意不聘用他的时候，他才得不到这份工作。然后，所有的研究对象都进行了面试，并且都预测了如果自己得不到这份工作会有什么感觉。几分钟后，研究人员走进来，很抱歉地解释说，经过认真考虑，评审员或者评审团认为这个研究对象不太适合这份工作。然后，研究人员要求研究对象报告他们的感受。

研究结果如图 9–1 所示。左边显示，两个组的研究对象预测他们会感到同样强烈的不快乐。毕竟，拒绝算得上是当头一棒，而不管打这一棒的人是一个评审员还是一个评审团，我们都预测这一下会打得我们很疼。然而，右边显示，这一棒由一个评审团来打会比由一个评审员来打要疼一些。为什么？好吧，想象一下自己要申请做泳装模特的工作。想得到这份工作，你就必须穿上非常暴露的服装，在一个穿着廉价外套、眼光挑剔的傻瓜面前走来走去。如果这个傻瓜将你上下打量一番之后，摇摇头说“抱歉，你不是做模特的料”，那么你可能会感觉很糟糕，至少要难受一两分钟。但是，像这样遭受单个人的拒绝，每个人都会时常经历，用不了几分钟，大多数人都能够从打击中恢复过来并继续生活。我们之所以很快就能恢复自如，是因为我们的心理免疫系统可以驾轻就熟地利用这个经验中的模糊性，并缓解它的伤痛——“这家伙根本就没有认真看我出色的转体”，或者“他就是那种只注意身高而不注意体重的怪人”，或者“难道我要听一个穿着廉价外套的人来告诉我什么是时尚吗？”

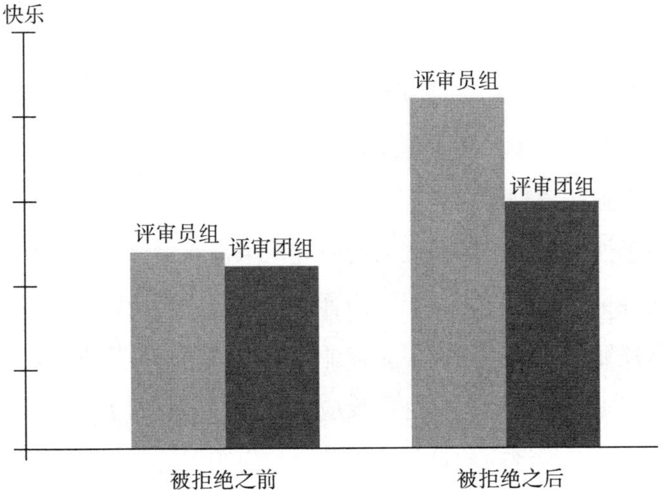

图 9–1　被拒绝前后人们的情绪变化

注：被一位变化无常的评审员拒绝的研究对象，比被意见一致的陪审团拒绝的研究对象要快乐（右），但他们都无法在此之前预见这种情况（左）

然而，现在请你想象一下自己在为一屋子的人展示泳装，其中有男人、女人、老人、年轻人，而他们在上下打量你之后都摇摇头说“不”，你很可能会感到沮丧、屈辱、受伤，同时迷惑不解。你很可能从舞台上快步跑下来，两耳发烧，喉头发紧，双眼湿润。被一大群背景各异的人拒绝是让人感觉非常耻辱的经历，因为这是毫无争议的拒绝，我们的心理免疫系统也很难找到既积极又令人信服的开解方式。将失败归咎于一位观点异于常人的评审员是很容易的，但是，要将失败归咎于意见完全统一的评审团就很困难了。“90个人同时眨眼，并恰好步调一致地错过了我的转体动作”，这样的说法太没有说服力了。同样，研究对象也发现，将自己被拒绝归咎于一位有特殊癖好的评审员很容易，而将其归咎于一群评委就没有那么容易了。因此在被评审团拒绝之后，他们的感觉要更差一些。

现在，如果你舒舒服服地坐在沙发上考虑这项研究结果，所有事情都是一目了然的，但是请允许我指出，只有在有人肯下功夫向你指出这些道理时，它们才是一目了然的。事实上，如果它们真的一目了然，为什么那些聪明的研究对象没有办法在这一切发生之前的几分钟预见这样的结果？为什么这些研究对象没有意识到自己更容易怪罪一位评审员而不是怪罪一个评审团？原因在于，当研究对象被要求预测自己对拒绝的反应时，他们想象到了拒绝的强烈打击，但是没有继续想象自己的大脑会如何缓解这种打击。因为他们根本就不知道大脑可能会尝试缓解这种痛苦，他们也不知道自己可以通过怪罪那些造成自己痛苦的人来缓解痛苦，所以他们也就没有想到如果被怪罪的只是一个人而不是一群人，这种做法会更加成功一些。其他研究也证实了这个发现，比如，人们以为无论一场悲剧是人为造成的还是运气太差才发生的，都会让他们感觉同样糟糕。实际上，如果造成悲剧的是坏运气，而且没有什么人可以怪罪，那么他们通常会感觉更糟糕。[285]

对自身心理免疫系统的忽视，导致我们错误估计了那些我们能够怪罪他人的情况，但它也会让我们错误估计那些我们必须责怪自己的情况。[286] 有谁能够忘记 1942 年的电影《卡萨布兰卡》结尾的那一幕呢？当时，瑞克·布莱恩（亨弗莱·鲍嘉饰）和伊尔莎·伦德（英格丽·褒曼饰）正站在柏油碎石铺就的停机坪上，伊尔莎正在进行艰难的抉择：自己是跟自己爱的这个男人一起留在卡萨布兰卡，还是登上飞机跟丈夫一起离开？瑞克转向伊尔莎，对她说："在内心深处我们都知道，你属于维克多。你是他工作的一部分，也是鼓励他前进的力量。如果飞机起飞而你没有跟他在一起，你会后悔的。也许不是今天，也许不是明天，但是很快你的余生都将在懊悔中度过。" [287]

这个小小的富有传奇色彩的情节是电影史上最令人难忘的情景之一，不是因为演员表演得有多出色或者编剧有多精彩，而是因为大多数人都时不时地会处在同样的境况中。我们面临的最重要的抉择，无论是结婚、生孩子、买房、进入某行业还是出国定居，经常都是通过想象自己在未来是否会遗憾来确定的。（"噢，不！我怎么忘了要生个孩子呢！"）当一件不幸的事情有可能因为我们在过去采取了不同的行动而被避免时，我们会感到非常自责，这种情绪就是悔恨。毫无疑问，这种感觉是令人不快的，所以我们当下的行为常常是以避免以后后悔为指导原则的。[288] 其实，大多数人都有一套关于人们什么时候会感到后悔的完善的理论体系，这些理论会指导我们尽量避免后悔。比如，知道有选择的余地要比不知道更让我们后悔自己当初的选择；[289] 接受坏建议比拒绝好建议更让我们后悔；[290] 如果坏选择是不同寻常的而不是中规中矩的，我们就会更后悔；[291] 以非常微弱的劣势落败，会比劣势明显的情况下的失败更让我们悔恨。[292]

但是有时候，其实这些理论是错误的。请考虑这个场景：你拥有 A 公司的股票，在过去的一年里，你曾经考虑过要用它来换购 B 公司的股票，但是最后你否定了这个想法。现在你发现，你如果当时换购了 B 公司的股票，就能够多赚 1 200 美元。你还拥有 C 公司的股票，去年你将它换成了 D 公司的股票。现在你发现，自己如果留着 C 公司的股票，就可以多赚 1 200 美元。哪个错误会让你更加懊悔呢？研究表明，10 个人中有 9 个人预测愚蠢地换持股票比愚蠢地不换持股票更让人懊悔，因为大部分人认为，比起愚蠢的不作为，自己更会对愚蠢的行动感到后悔。[293] 但是研究还表明，10 个人中有 9 个人搞错了。事实上，从长远来讲，每个年龄段、每个行业的人因为没有做某事而感受到的悔恨，都比因为做了某事而感受到的悔恨强烈。因此，最流行的悔恨包括：没有读大学，没有抓住能够获利的商业机遇，以及没有能够多花一些时间陪伴家人和朋友。[294]

为什么人们对不作为的悔恨要比对行动的悔恨更多？其中一个原因就是，比起行动，在面对不作为的时候，心理免疫系统更难找到积极且令人信服的观点。[295] 如果我的行动导致自己接受了某人的求婚，而这个人后来被发现是一名用斧头杀人的杀人犯，我就可以通过思考自己从这次经历中学到的东西来安慰自己（“收集短柄小斧头不是一个健康的业余爱好”)。但是，如果我的不作为导致我拒绝了某人的求婚，而这个人日后成了一名电影明星，我就没有办法用自己从这个经历中学到的教训来进行自我安慰了，因为……好吧，我根本就没有经验。其中的讽刺意义太清楚了：因为我们没有意识到自己的心理免疫系统能够使过度勇敢合理化，却很难使过度怯懦合理化，所以，我们会在本来应该继续跌跌撞撞前行的时候左顾右盼。看过电影《卡萨布兰卡》的观众都记得，瑞克关于悔恨的警告促使伊尔莎登上飞机跟丈夫一起离开。她如果留在卡萨布兰卡和瑞克在一起，可能也会感觉很好，也许不是马上，但是很快就能感到，并且她在余生中都活得心安理得。

小伤害比大伤害更不容易平复

文明社会的人们付出了很大的代价才了解到，少数邪恶分子常常会比军队入侵造成更多伤亡和更大破坏。如果某敌人派出数百架战机携带数百枚导弹大举进攻美国，他们很可能无一命中目标，因为这样大规模的进攻会启动美国的防御体系，据估计，这个体系能够有效地粉碎这样的威胁。但如果敌人派出 7 位穿着宽松的休闲裤、戴着棒球帽的人，这些人就有可能到达目的地，引爆炸弹、释放毒气或者驾驶劫持的飞机撞上高层建筑。恐怖主义之所以会造成悲剧，是因为它基于这样一个理念——最好的进攻不会触发最好的防御。比起大规模进攻，小规模袭击更不容易触动警铃。虽然有可能设计出能够防御哪怕是最微小的威胁的防御体系（比如，在国境线上拉电网、颁布旅游禁令、实施电子监控、进行随机搜查），可是这种体系的成本太高了，我们不只要消耗大量资源去运行它，而且会制造许多假警报。这类体系一定会使人们草木皆兵，惶惶不可终日。一个防御体系要起到作用，首先要能够对威胁做出反应，但是为实用起见，它必须仅对那些超过了某关键临界值的威胁做出反应，这意味着那些没有达到临界值的威胁反而具有同其本身的渺小不成正比的破坏潜力。与巨大的威胁不同，小威胁能够从雷达监控的鼻子底下溜进来。

心理免疫系统是一个防御系统，因此它也遵循同样的规则。当体验足以让我们感觉不快乐的时候，心理防御系统就会烹调事实并推卸责任，以提供给我们一个更积极的观点。但是，它并不会在每一次我们感受到最微小的伤感、嫉妒、愤怒或者沮丧时这样做。婚姻失败和失业是对我们幸福生活的“大规模进攻”，所以它们能够触发心理防御体系，但是这样的防御体系不会因为铅笔被折断、脚趾被踩或者电梯很慢而被触发。折断了的铅笔也许很令人讨厌，但它并不会对我们的心理健康造成巨大的威胁，也不会触发我们的防御体系。而这一事实导致的矛盾结果就是，有些时候想在经历了坏事之后取得心理上的平衡，比在经历了特别坏的事情之后取得心理平衡还要难。

比如，某项研究中的实验对象是一些学生，他们被邀请参加一个课外俱乐部，而入会仪式是要求他们接受 3 次电击。[296] 有些实验对象体验的是真正可怕的经历，因为他们接受的电击非常强烈（严酷开端组），而另外一些人则只是体验了不太愉快的经历，因为他们接受的电击强度相对比较弱（温和开端组）。尽管你也许会认为人们不喜欢任何一件同身体疼痛有关的事情，但是严酷开端组的成员事实上更加喜欢这个俱乐部，因为这些人遭受了巨大的痛苦，强烈的痛苦触发了他们的心理防御体系，这个体系立刻投入工作，帮助他们形成对自己体验的积极合理的看法。虽然得出这样一个观点并不容易，但它还是有可能的。比如，身体受罪是坏事（“噢，天哪！这真是很难受！”），但是，如果通过这样的痛苦换来的东西非常有价值（“但是我加入了一个由非常特殊的人组成的精英群体”），它就不完全是坏事了。其实，研究表明，当人们受到电击的时候，如果他们相信自己是在为一些很有价值的事情接受这种酷刑，他们就不会感到那么痛苦了。[297] 强烈的电击足以触发实验对象的心理防御体系，温和的电击则不能。因此，严酷开端组更珍视俱乐部的价值。[298] 你如果曾经设法原谅了配偶的巨大过失，却发现自己无法不为车库门上的凹痕或者楼梯上的脏袜子感到愤怒，你就能了解这种矛盾的体验了。

强烈的痛苦触发了能够消除它的心理活动，而温和的痛苦则不会，这个同我们的直觉相冲突的事实使我们很难预测自己未来的情绪。比如，你是在最好的朋友侮辱你的时候感觉更差，还是在她侮辱你表兄弟的时候感觉更差呢？虽然你很喜爱你的表兄弟，但你当然更喜欢你自己，因此你很可能认为如果绰号是给你起的，你会感觉更糟。你是对的，一开始的时候确实如此。但是，因为强烈的痛苦会触发心理免疫系统，而温和的痛苦则不会，所以随着时间的推移，你更有可能以积极的态度来看待指向自己的侮辱（“费利西娅叫我笨蛋……天，她有时候真的能让我捧腹大笑。”），却不容易这样看待针对你表兄弟的侮辱（“费利西娅叫德韦恩表弟笨蛋……当然，她说得没错，可是她这样说实在不太好”）。结论就是，如果你是被侮辱的对象，那么最后你反而会比自己是旁观者的时候感觉更好。

这种可能性在某项研究中得到了证实：两位研究对象接受了个性测试，其中一个接受了一位心理学家的反馈。[299]心理学家的反馈专业、细致，同时还是毫不留情的负面评价。比如，评价中包含这样的话，“你不具备能够让你脱颖而出的素质”，还有“人们之所以会喜欢你，首先是因为你不具备威胁到他们的能力”。两位研究对象都读了这些反馈，然后报告了他们对写这些评价的心理学家的看法。具有讽刺意味的是，负面反馈的接受者反而比那个旁观者更喜欢这个心理学家。因为旁观者只是感到愠怒（“天啊，这样做对那位研究对象来说太残酷了”），但是他们并没有被狠狠打击，所以他们的心理免疫系统就没有采取任何措施来缓解这种一般负面的情绪。但是反馈对象受到了沉重的打击（“呀！我是个经过专家鉴定的失败者！”），因此他们的大脑很快就接受了对该经历的积极看法（“但现在回过头来想一想，这个测试有可能只是浮光掠影地考察了我复杂个性中的某小细节，我很怀疑它到底有没有意义”）。下面就是最重要的发现：当另外一组研究对象被要求预测自己对心理学家的看法时，他们都说，作为受害者的他们会比作为旁观者的他们更讨厌那个心理学家。很明显，人们并没有意识到自己的心理免疫系统更有可能被激烈的痛苦而不是温和的痛苦触发，因此他们错误地预测了自己对不同程度的伤害的反应。

自由不见得是一种幸福

剧烈的痛苦是触发我们的心理免疫系统，并以我们无法预料的方式来影响我们的体验的因素之一，除此之外还有其他因素，比如，为什么即使我们的兄弟姐妹对我们的朋友做了一些让我们无法容忍的事情，我们还会原谅他们？为什么总统上任后做了一些在选举时会让我们决定不选他的事情，我们却不会为此感到困扰？为什么我们对雇员一贯的懒散和迟到视而不见，却会因为一位求职者面试迟到了 2 分钟而拒绝聘用他？可能的答案是：血浓于水，领导者就是为了让人们团结在他周围，第一印象最重要。但是，还有一种可能是，比起跟我们毫不相干的东西，我们更倾向于在跟自己密不可分的事物身上寻找积极的方面。[300] 朋友们来来去去，更换候选人就像换双袜子一样容易，但兄弟姐妹和总统是我们的，不管他们是好是坏，一旦他们出生或者赢得选举，我们就几乎无法对既定事实施加任何影响了。如果我们正在经历的并不是我们想要经历的，我们的第一反应就是摆脱它再换一个，所以我们会退还不尽如人意的租赁汽车，退掉差劲儿的旅馆房间，并拒绝跟那些在公共场合挖鼻孔的人做朋友。只有在无法改变自己的体验时，我们才会改变我们对这种体验的态度。因此，我们会爱上行驶在路上的那辆摇摇晃晃的汽车，全家已经住了很多年的简陋木屋和爱挖鼻孔的谢尔登叔叔。我们只有在不得不如此做的时候才能找到粉饰太平的借口。所以，如果基因测试表明自己没有致命的基因缺陷，我们就更加高兴，而在基因测试表明自己确实有致命的基因缺陷时，我们也会更加快乐。但如果测试没有结果，我们就会很郁闷。[301] 我们只有在命运无可逃避、无可避免、无可挽回的时候，才会去做尽可能积极的解释。

无可逃避、无可避免、无可挽回的情形会触发我们的心理免疫系统，然而人们并不总是能够意识到这个过程的发生。比如，某项研究以一群选修黑白摄影课的大学生为研究对象，[302] 每个学生都拍摄了 12 张对于自己而言最有意义的人物照片和风景照片，然后接受一对一的授课。在此过程中，老师会花 1~2 小时来教这些学生如何冲洗他们最出色的两幅作品。当照片冲洗完毕并晾干之后，老师会说，你可以留下其中一张照片，另外一张则会作为习作被保留在学生档案文件中。有些学生（无可逃避组）被告知一旦他们做出选择，拿走其中一张照片，就不能再改变主意了。另外一些学生（可逃避组）则被告知，在做出选择并拿走照片之后，他们还有几天时间可以考虑，如果他们改变了主意，老师很乐意让他们调换照片。学生们做出了选择，并带走了一张照片。几天后，这些学生填写了一份问卷调查，在诸多问题当中，有一个问题问他们到底有多喜欢自己带走的那张照片。结果表明，可逃避组的学生不如无可逃避组的学生那样喜欢自己挑的那张照片。有趣的是，当另外一组学生被要求预测在有机会和没有机会更换照片的情况下，他们有多喜欢自己带走的那张照片时，他们都认为是否可以更换照片丝毫不会影响他们对照片的喜爱程度。很显然，无可逃避的选择会触发心理免疫系统，使我们能够以积极的态度来看待这些情况，但我们无法预测这种情况的发生。

正因为预测不到无可逃避的选择能够激发我们的心理免疫系统（并由此提升我们的幸福度和满意度），所以我们会犯下一些令人痛苦的错误。比如，当另外一组选修摄影课的学生被问及他们是否愿意拥有可以再次选择照片的机会时，大部分人都表示愿意拥有这个机会，也就是说，大部分学生都愿意参加最后会让他们对自己拍出的作品不满意的摄影课。为什么会有人宁愿要更少的满足感而不是更多？当然，没有人有这种偏好。比起更少的自由，大部分人都想要更多的自由。事实上，当做决定或者在做出决定之后再改主意的自由受到威胁的时候，我们会感受到重新争取它的强烈冲动。[303] 正因为如此，零售商才会打出“限量供应”或者“你必须在今天午夜之前订购”这样会威胁到你购买其产品的自由的幌子。[304] 我们对自由的盲目崇拜，让我们频繁光顾允许我们退换商品但是价格昂贵的大型百货商场，而不是商品无法退换的拍卖市场，也让我们愿意付额外的钱来租赁汽车而不是用很合算的价格买下它，诸如此类的事情屡见不鲜。

大多数人都愿意今天多付一些钱来交换明天改变主意的自由，有些时候，这样做的确是合情合理的。用几天的时间来试驾一辆红色的敞篷跑车，可以让我们了解拥有这样一辆车的感觉。因此有时候，稍微多花一点儿钱来签订一份包括较短的退货期的合同是值得的。但是，正如有选择权是有好处的，这样做也是有代价的。红色敞篷跑车的空间自然会很狭小，坚定的车主总是能够找到积极的角度来看待这个事实（“哇！这感觉起来就像是战斗机！”），而购买合同中包含可退货条款的买主则有可能不这么想（“这车太小了，也许还是退了好。”）。坚定的车主关注的是车的优点，而忽视了它的缺点，因此他可以烹调事实以获得充分的满足感，但是那些还有逃避可能性的买主，心理免疫系统还没有被触发，因此他会用更加挑剔的眼光来评价自己的车，在决定是否要留下它的时候会特别注意它不完美的地方。自由的好处和代价似乎都一目了然，然而很可惜的是，它们并非同样清晰：我们很容易就能够预测自由带来的好处，却好像根本看不到它破坏幸福感的潜力。[305]

无知是一种幸福

要是你曾经在吃过墨西哥辣味牛肉之后恶心得把胆汁都吐出来了，并在此后许多年里再也吃不下这种东西，你就会深刻理解果蝇的心情。当然，果蝇并不会吃墨西哥辣椒，也不会呕吐，但是它们也会将最好的和最坏的体验同在此之前的以及伴随其左右的环境联系起来，并在未来远离这样的环境。让果蝇闻网球鞋的臭味，再对它进行轻微的电击，那么在它短暂的余生当中，它都会避开有网球鞋味道的地方。将愉悦和痛苦与周边环境结合起来的能力是至关重要的，因此大自然将这种能力赋予了它治下的每一种生物，从黑色果蝇属昆虫到伊万·巴甫洛夫，无一例外。

虽然这种能力对我们这样的生物很重要，但仅有它还远远不够，因为利用这种能力能做的事情实在太有限了。如果某有机体除了将某特定体验同特定环境联系起来外，别的什么都不会，它就只能学到非常有限的教训，也就是说，只知道在将来要逃避这种特定的环境。经过精心计算的电击可以教会一只果蝇避开网球鞋，却无法教会它避开雪地靴、芭蕾鞋、莫罗·伯拉尼克女鞋，或者一位手持小型电击枪的科学家。为了最大限度地增加我们的幸福并减少我们的痛苦，我们必须能够将体验同导致这种体验的环境联系起来，还要能够解释这些环境如何造成了这种后果，以及为何能够带来这种体验。如果我们在费里斯转轮上转过几圈之后感到很恶心，我们的解释就会包括自身不太好的平衡机能，然后我们会在以后避开费里斯转轮，就像果蝇避开网球鞋一样。但是，和果蝇不同的是，我们还会远离一些同我们的恶心体验无关的东西（比如蹦极和航船），却不会避开一些同我们的恶心体验有关的东西（比如手风琴演奏的音乐和小丑）。与简单的联系不同，解释既能让我们识别环境中造成我们体验的方面（旋转），还有同体验无关的方面（音乐）。这样，我们从自己的呕吐体验中学会的东西就比一只果蝇能够学到的要多得多。

解释可以让我们充分地利用自己的体验，但它也会改变体验的本质。正如我们已经看到的，如果体验令人不愉快，我们就会很快采取行动寻求让我们感觉好一些的解释（“我之所以没有得到这份工作，是因为面试官对在费里斯转轮上呕吐的人有偏见”）。事实上，研究表明，仅仅解释一件让人不快的事情就能够削弱它的冲击力。比如，用笔简单地描述一场灾难——痛失爱侣或者身体受伤——就能够以令人惊讶的效果改善受害者的心情和身体状态（比如，看医生的次数减少，形成更强的抵御毒菌的抗体）。[306] 而且，从描写自己的体验中收获最多的人，就是那些解释了这些苦难的人。[307]

然而，虽然解释能够缓解令人不快的事件的冲击力，但它也会减少愉快事件带来的愉悦感。比如，一些志愿参加某项研究的大学生误以为自己在网络聊天室里同另外一所大学的学生聊天，[308] 而事实上他们是在跟一些虚拟的大学生——复杂的电脑程序交谈。在虚拟的学生向真实的学生提供了个人信息之后（“嗨！我是伊娃，我喜欢做实验志愿者”），研究人员假装要求虚拟的学生确定自己最喜欢聊天室中的哪个人，并写下一段话来解释为什么，再把它发给那个人。就在几分钟之内，美妙的事情发生了：真学生收到了聊天室中每一个虚拟学生发送的邮件，每封邮件都写着他们最喜欢这个真学生！比如，有一封邮件是这样写的："在看到你的回复之后，我感觉我们两人之间存在强烈的共鸣。我们不在同一所学校读书，真是太遗憾了！"另外一封邮件这样说："在所有人中，你脱颖而出，成为我最喜爱的人。我对你描述自己的兴趣和价值观的部分尤其感兴趣。"还有一封邮件这样说道："我希望能够直接同你谈话，因为……我想要问问你是不是喜欢滑水（我喜欢滑水），我还想问你是否喜欢意大利风味的食品（这是我的最爱）。"

现在才是问题的关键：一些真学生（有信息组）收到的邮件可以让他知道每条消息都是谁发送的，而其他真学生（无信息组）收到的邮件里的发信人信息都被删掉了。换言之，每个真学生收到的信息完全一样，表明他赢得了这个聊天室里所有虚拟学生的心，但是只有有信息组的那些学生知道每一条信息到底是谁发送的。因此，有信息组的学生能够为自己有这样的好运气做出合理的解释（"伊娃赞赏我的价值观是因为我们都参与了'人类生存空间'这个组织，卡塔琳娜会提到意大利风味的食品也是顺理成章的。"），然而无信息组的学生则无法做出解释（"有人赞赏我的价值观……我想知道这个人是谁。为什么会有人提到意大利风味的食品呢？"）。研究人员在真学生们收到这些邮件后马上测量了他们的幸福度，15分钟后又测了一次。尽管两个小组的成员最初都对自己被选为虚拟学生的最好朋友感到欣喜若狂，但是只有无信息组的学生们在15分钟后还保持着这样的狂喜。你如果曾经有过秘密崇拜者，就能够理解无信息组的学生为什么15分钟后还能待在九霄云外，而有信息组的学生很快就坠落云端了。

无法解释的事情具有两个特质，这两个特质使其情绪影响力得以扩大和延伸。首先，它们给我们一种稀奇和非比寻常的印象。[309]如果我告诉你，我和我的哥哥还有妹妹是同一天出生的，你很可能会认为这是罕见且不寻常的情况。然而，一旦我向你解释了我们其实是三胞胎，你就不觉得这有多罕见和不寻常了。事实上，我提供的任何一种解释（“我说的同一天是指我们都是星期四出生的”。或者“我们都是剖宫产出生的，所以为了获得最大的纳税优惠，我们的父母选择了我们的出生时间”）都能够减少这种巧合造成的惊讶，并使这件事看起来可能性更大。解释帮助我们理解事情如何发生以及为何发生，也使我们马上就了解到将来它可能如何再次发生以及为什么会再次发生。其实，无论何时我们说某事情不可能发生，我们通常只是想表达，即使它发生了，我们也不知道该如何解释，比如读心术、超自然的力量，还有限制教区牧师权力的法律。无法解释的事情显得更加罕见，而罕见的事情通常比常见的事情会造成更大的影响。我们会对日食惊叹不已，却只对日落印象深刻，虽然前者是比后者更加壮观的视觉盛宴。

无法解释的事情之所以会有非比寻常的冲击力，还有一个原因是，我们通常会不断地思考它们。人们自发地想要解释事件，[310]研究表明，人们如果没有完成自己打算做的事情，就特别容易考虑此事，并记住自己未完成的事情。[311]一旦我们解释了某事件，我们就可以像收拾刚洗干净的衣服一样把它们叠起来，收藏到记忆抽屉的一角，并接着解释下一件事情。但是，如果此事无法解释，它就变成难解之谜或者难题。我们都知道，难解之谜和难题的共同特点是，它们不肯待在记忆的后台。电影制片人和小说家经常利用这一点，给自己的作品加上一个谜一样的结局来赚钱。研究表明，在无法解释到底主角最后怎么样了的时候，人们其实更愿意谈论这部电影。如果我们喜欢这部电影，这个小小的谜就会让我们兴奋的时间更久。[312]

解释缓解了事件的冲击力，它使这些事情看起来更合理，并帮助我们停止继续思考它们。更奇怪的是，有时候并不需要真正的解释，就能够起到同样的效果，只需要它看起来像解释过就行了。比如，在某项研究中，研究人员在图书馆中接触了一些大学生，交给他们两种贴着 1 美元硬币的卡片中的一种，然后离开。你应该会认为这是一种非常奇怪的举动吧？因此我们会想要解释它。如图 9–2 所示，两张卡片上的文案表明这个研究人员是“微笑协会”的成员，这个机构主要推广“随机的善举”。第二张卡片上还有两个问题：“我们是谁”和“我们为什么这样做”。然后，研究人员要求这些学生回答一些调查问题，其中一个是：“目前你的感觉是正面的还是负面的，程度如何？”结果表明，收到写有伪解释语句卡片的学生以那些收到无解释卡片的学生快乐。很显然，即使是伪解释也能够让我们开心地消化一件事，然后接着处理另外一件事。

不确定性能够保持和延长我们的幸福感，因此人们应该珍视它。然而，事实恰恰相反。我们问另外一组同学，看到哪一张卡片会让他们更高兴，结果 75% 的人都选择添加毫无意义的解释的那一张。同样，在网络聊天室实验中，当学生们被问及是否想知道那些热情洋溢的邮件到底出自何人之手的时候，100% 的学生都表示想知道。在两个案例中，这些学生都放弃选择不确定性而选择确定性，放弃模糊而选择清晰，尽管事实上在这两种情况下，清晰和确定性都被证明会降低幸福感。诗人约翰·济慈指出，虽然伟大的作家“能够在不确定性、迷雾、怀疑中泰然自若，不去强求事实和真理”，但是我们中的其他人则“无法满足于一知半解”。[313] 我们无法克制的、解释一切的渴望使自己能够同果蝇区别开来，但它也会减少我们幸福的嗡嗡声。

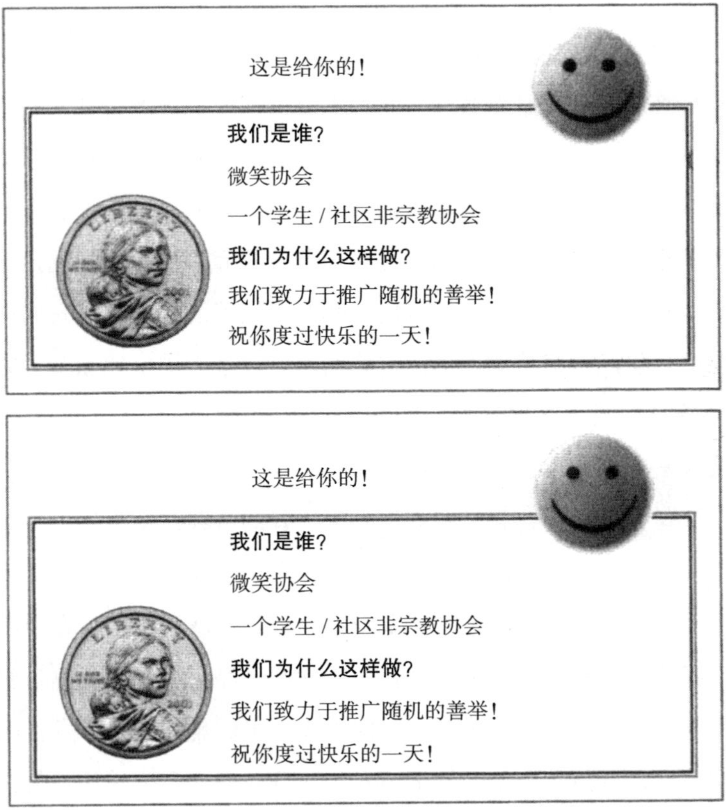

图 9–2

预测是不可靠的

眼睛和大脑狼狈为奸，而且跟所有狼狈为奸的人一样，它们在大门紧闭的房间里进行秘密谈判，而我们却对此一无所知。因为我们不知道自己正在以积极的态度看待现在的体验，也就无从知道自己将来还会这么做。我们的无知不但让我们过高地估计了自己在面临厄运时负面情绪的强度和持续的时间，而且使我们采取了一些行动来破坏眼睛和大脑的共谋。我们更有可能以积极的态度来看待行动而不是不作为，看待痛苦的经历而不是恼人的经历，看待逃避不了的恼人经历而不是能够躲开的恼人经历。然而，我们很少放弃不作为而选择行动，放弃烦恼而选择痛苦，放弃自由而选择承担。我们采取积极态度的方式五花八门：我们可以关注好信息，我们可以与能够提供此类信息的人为伍，我们还可以毫不挑剔地照单全收所有好消息。因为这些偏好，我们更容易用原谅自己、安慰自己的方式来解释令人不快乐的经历。而我们为这种“无法克制的解释冲动”所付出的代价，就是我们得到了很好的解释，却破坏了一些非常幸福的体验。我们的想象之旅已经探索了很多领域，从唯实主义到厚今主义再到合理化过程，所以在到达最后一站之前，在地图上标注我们现在的位置是很有必要的。我们已经了解到了预测自己对未来事件的反应是非常困难的，因为我们很难想象它将来发生时的确切情况，也很难想象一旦事情发生，自己的真实感受又是怎么样的。从头到尾，我一直将想象同知觉和记忆进行类比，并且试图说服你明白，预测力和“事后之明”同样不可靠。不可靠的视力能够用眼镜来矫正，不可靠的事后之明能够用历史文献来修正，而不可靠的预测如何被纠正呢？不存在能够让我们看未来的眼光更加敏锐的眼镜，我们也没有任何文献记载可循。我们能够修正预测的缺陷吗？正如我们将要了解到的，我们能做到。但是我们一般都选择不去做。

第六部分

幸福其实很简单

第十章
我们一犯再犯的错误

经验啊，你证实了传闻的虚伪。

——莎士比亚，《辛白林》

过去的十多年间，大量关于排便的书问世了。当我两岁大的小孙女爬到我的大腿上时，她通常都会拿着一叠厚厚的图画书，其中就有几本相当详细地描绘了排便的奥秘和在室内“唱歌”的奥秘。有一些书为这些稚嫩的未来解剖专家提供了关于排便的解剖学知识，另外一些书上则画着快乐的孩子，有的蹲着，有的站着，有的正在擦屁股。尽管各有特色，但这些书都传达了同样的信息：成年人不会把便便拉到裤子里，但是如果孩子这样做了，大人们也不会太在意。我孙女似乎发现这些信息既让人安心又鼓舞人心。她认识到，有些排便方式是正确的，而另外一些则是错误的。尽管我们现在还没有要求她采用正确的排便方式，但我们确实希望她能够认识到自己身边的大多数人都已经掌握了正确的排便方式，而且经过一定的练习和一些指导，她也能够做到。

其实，练习和指导并不仅对掌握这项特殊技能有效，而且我们正是依靠练习和指导才了解了每一样我们知道的东西。一手知识和二手知识是知识仅有的两种形式，不管我们需要掌握的目标是什么，排便、烹调、投资还是滑雪，我们总是通过直接体验或者听取其他有第一手经验的人的讲解来学习它们。婴儿在纸尿裤中排便，因为他们还是“菜鸟”，还没有充分吸取“老兵们”通过实践得到的教训。对便盆的正确使用方法，婴儿们既缺乏一手信息又没有二手信息，所以我们知道他们肯定会弄得臭气熏天、一团糟。但是，我们也期待几年之后，练习和指导能够发挥它们的纠正效果，他们的无知能够被知识和教育征服，排便失误会彻底消失。那么，为什么这种分析不能被拓展应用到所有错误身上？我们都拥有对事物的直接经验，有些让我们高兴而有些则令我们不快，我们都有朋友，比如临床医学家、出租车司机、谈话节目主持人，他们喋喋不休地告诫我们什么能够让我们幸福，而什么会让我们不幸福。可是，尽管有了这些练习和指导，我们对幸福的追求还是经常会跌落谷底。即使上一次它们的出现并没有让我们感到幸福，但我们还是期待下一辆车、下一栋房子或者下一次晋升能够让我们感到幸福。为什么我们没有办法像学会不尿裤子那样学会避免类似的错误？既然练习和指导能够教会我们保持裤子干燥，为什么它们教不会我们预测自己未来的情绪？

为什么我总排在最慢的队伍中？

变老有很多好处，但是没有人知道它到底有哪些好处。我们总是在错误的时间睡着和醒来，能吃的食物远不如不能吃的食物多，要吃药才能确保自己记住应该吃些什么药。其实，变老的唯一好处就是，那些还拥有自己头发的年轻人有时候不得不谦卑地羡慕我们宝贵的经验财富。他们认为我们的经验是一笔财富，因为这些经验会让自己避免犯他人已经犯过的错误。有时候，经验的确有这样的功效，确实有一些错误是我们不会再犯的。说到这里，我立刻想到了一边喝薄荷烈酒一边给猫洗澡的经历，至于原因，我现在不想提。而另一方面，我们这些经验丰富的人也会犯同样的错误。我们会选择同前夫或者前妻有古怪相似之处的再婚对象；我们会参加每年一次的家庭聚会，并且每年都发誓再也不会来了；我们还会小心谨慎地计划自己每个月的支出，这样就可以避免再次在所有以“2”开头的日子里囊中羞涩。这种行为似乎很难解释，我们不是应该从自己的经历中学习一些什么吗？当然，想象有其局限性，如果我们之前从来没有体验过，那么我们可能不可避免地错误估计未来事件带给自己的感觉。但是，一旦我们有过跟一位在公司待的时间比在家里待的时间长的忙碌的白领共同生活的经历，一旦我们在家庭聚会上亲身领教了兄弟姐妹之间的谩骂和肢体冲突，一旦我们体会到了捉襟见肘的窘迫，还同青椒白饭有了相当长时间的亲密接触，我们为什么就不能从理性的角度来想象这些事情，并采取相应的措施避免它们将来再次发生？

我们应该如此，也的确这样做了，但是我们并不像自己期待的那样经常做，效果也没有想象中那么好。我们试图重复那些记忆中令自己感到快乐和自豪的体验，也尝试避免重复那些记忆中令我们感到尴尬和后悔的体验。[314] 问题是，我们不能总是记得很准确。记忆一种体验，感觉起来就像打开抽屉找一篇在完成当天就被归档的故事，但是，正如我们在前面几章中介绍过的，这种感觉不过是大脑最神秘莫测的错觉之一。记忆不会尽职尽责地记录，也不会保留过去体验的完整记录。记忆是一位高级编辑，会剪切和存储体验的关键信息，然后在每次我们需要的时候，利用这些信息来重构情节。这种剪切和存储的方法通常都运行良好，因为编辑通常有敏锐的感觉，知道到底哪些因素最关键而哪些因素是可以被删除的。所以我们能够记得在亲吻新娘的时候新郎脸上的表情，却记不住当时女花童把哪个手指放在了自己的鼻子上。虽然编辑的技艺如此精湛，但是记忆还是有几个怪癖的，这些怪癖导致它错误地反映了过去，也会让我们错误地想象未来。

比如，你可能会用 4 个字母的单词，也可能不用，但是我敢保证你从来没有数过它们的数量。所以，现在猜一猜吧：英语中以 K 开头的单词（K1 位）多还是以 K 作为第三个字母的单词（K3 位）多？你如果跟大多数人一样，就会猜 K1 位比 K3 位的单词多。[315] 你会飞快地检索自己的记忆来回答这个问题（“有 Kite、Kilt、Kale……”），因为你发现自己更容易想到 K1 位的单词而不是 K3 位的单词，所以你认为前者的数量一定比后者多。在正常情况下，这是很合理的推论。毕竟，你能够回想起更多 4 条腿的大象（四腿象），而不是 6 条腿的大象（六腿象），因为你见过的四腿象比六腿象多，而且本来四腿象就比六腿象要多。这个世界中四腿象和六腿象的数量对比决定了你遇到它们的频率，你遇到它们的频率又决定了你回忆起它们的难易程度。

可惜，在思考大象问题时很好用的推理方法被用到单词身上却根本不管用。的确，回想起 K1 位的单词比 K3 位的单词要容易，但这并不是因为前者常见，后者罕见。回想起以 K 开头的单词之所以容易，是因为不管是哪个单词，根据第一个字母来回忆远比根据第三个字母来回忆要容易一些。和《韦氏词典》一样，我们头脑中的单词基本上是按照字母顺序来编排的，所以我们除非根据首字母，否则很难在自己的头脑中查到任何一个单词。事实上，英语中 K3 位的单词比 K1 位的单词要多，但是因为 K1 位的单词更容易被想起，所以人们会习惯性地答错这个问题。这个难题总能够让人们上当，是因为我们自然而然地认为更容易想到的东西就是更常见的东西（可惜这是错误的）。

适用于大象问题和单词问题的原则也适用于我们的体验。[316] 我们中的大多数人更容易想到骑自行车的体验，而不容易想到骑牦牛的体验，所以我们可以正确地得出结论——我们过去骑车的次数比骑牦牛的次数多。这本来是无可挑剔的逻辑，除了这样一个事实——我们经历某种体验的频率并不是唯一决定我们记忆该体验容易程度的因素。其实，小概率事件和非比寻常的体验常常是最难忘的，这就是为什么大部分美国人都准确地记得 2001 年 9 月 11 日早上自己在干什么，却不记得自己在 9 月 10 日早上做了什么。[317] 事实上，小概率的体验很容易被记住，这也导致我们得出一些特殊的结论。比如，成年之后，我常常都会有这样一种非常明显的感觉，那就是每次在超市购物的时候，我都会认为自己所在的队伍是一个前进速度最慢的队伍，而且无论什么时候当我对此忍无可忍而换到另外一个队伍时，刚才的那个队伍就会开始比新换的这个队伍前进得更快。[318] 如果这是因为我真的造过孽，带着坏运气，或者被其他任何超自然的坏东西附体了，所以所有我在过的队伍都会慢下来，那么一定会有一些人感到自己拥有超自然的积极力量，能够让所有他们所在的队伍加快步伐。每个人都可能在各种情况下排在移动最缓慢的队伍中，不是吗？可是，我认识的人里还没有谁认为自己拥有加入队伍并加快其移动速度的能力。恰恰相反，几乎我认识的每一个人都认为自己会不可避免地被吸引到最慢的一个队伍中，而且他们如果偶尔试图同命运抗争，就只能减缓自己加入的那个队伍的速度而加快自己放弃的那个队伍的速度。我们为何会这样认为？

这是因为，站在移动速度正常的队伍中，甚至是站在移动速度较快的队伍中，都是让人头脑麻木的普通体验，我们根本就不会注意到或者记住这种体验。相反，我们只会百无聊赖地站在那里，看看小报，想想克拉克威化棒，或者想着到底是哪个笨蛋决定要用不同数量的A来标记电池容量的大小，而不是用我们可以记住的大、中、小来标记。在这样做的时候，我们很少会转向同一队伍中的其他人，对他们说："你注意到了吗？这个队伍行进的速度太正常了，我是说太普通了，我感觉自己不得不注意到这种情况，以便今后用这个故事来说服别人。"不，我们记住的排队体验都是这样的：那个在我们更换队伍前站在我们后面的戴红帽子的家伙现在已经走出商店去取车了，而我们还没有移动到收银台呢。问题出在前面那位呆头呆脑的老太婆一个劲儿地冲着收银员挥动手中的购物券，同他争论有效期的问题。这种情况其实发生得并不那么频繁，但是因为它如此令人难忘，以至我们认为它经常发生。

最不可能发生的事情通常最可能被牢牢记住，这对我们预测未来体验的能力而言是一个巨大的威胁。[319] 比如在某项研究中，研究人员要求站在月台上等待的研究对象想象，如果今天错过了列车他们会有什么感觉。[320] 在进行预测之前，有些研究对象（任意记忆组）被要求回忆并描述"一次你错过列车的经历"，而另外一些（最糟糕记忆组）则被要求回忆并描述“最糟糕的一次错过列车的经历”。结果显示，任意记忆组的人回忆的经历无论在哪个方面都和最糟糕记忆组的人回忆的经历一样糟糕。换言之，在研究对象回忆错过列车的经历时，他们最先想到的是那个带来最多不便且最让人懊恼的经历（“我听到车来了，所以我跑步前进希望能够赶得上，但是我被台阶绊了一下并撞倒了前面那个卖雨伞的人，结果我面试迟到了半小时，当我赶到面试地点的时候，他们已经决定录用别人了”）。大部分错过列车的经历都是普通的和难被记住的，我们一般只会记住最特别的经历。

那么，这些同预测我们未来的情绪有什么关系？K1 位的单词更容易被想起是因为头脑词典编排词汇的方式，而不是因为它们更常见；移动缓慢的队伍很快就能跳入我们的脑海，是因为在被困其中的时候我们会对它特别关注，而不是因为这种情况很平常。但是，因为我们没有意识到这些经历更容易被想起的真正原因，而是错误地认为它们经常发生，所以我们以为的频率比它们实际发生的频率要高得多。同样，错过列车这种令人讨厌的经历之所以更容易被我们想起，不是因为它常常发生，而是因为它非比寻常。但是，因为我们没有意识到这些可怕的事件很快会出现的真正原因，这导致我们误认为它们比实际频率发生得更频繁。其实，在预测当天错过列车时的感觉时，研究对象都错误地认为自己的经历会比实际情况更加麻烦和令人沮丧。

这种回忆不寻常事件的倾向是我们不断重复自己错误的原因之一。在回想去年全家度假的经历时，我们没有从那两周在爱达荷州的旅行中抽取公正合理且具有代表性的样本。恰恰相反，最自然和快捷的回忆就是第一个周六带孩子们去骑马的经历。那时候，我们骑在长着淡褐色马蹄的白马上。在阳光的照射下，远处蜿蜒绵亘的河流就像一条闪闪发光的丝带，那里空气清新，树林寂静无声。孩子们突然间停止了争论，安静地骑在马背上，被这番美景惊呆了，有人轻声赞叹一声“哇”，每个人都在微笑，这一刻就像晶莹的水晶，永远都会被当作这次旅行的高潮保留在大家的记忆中。这也解释了它为什么立刻就跳入了我们的脑海。但是，如果我们依靠这个记忆片段来计划我们的下一次旅行，而完全忽视了这次旅行的其他方面都很让人失望，我们就有可能在第二年发现自己又住在了同样拥挤不堪的宿营地，吃着同样变质了的三明治，还被同样无礼的蚂蚁叮咬，并且纳闷为什么自己从上一次旅行中得到的教训如此之少。这是因为我们更愿意记住最好的和最坏的事件而不是概率最大的事件，所以令年轻人羡慕的丰富经验并不总能带给我们好处。

结局决定一切

最近我和妻子发生了一场争执，她坚持说我喜欢《辛德勒的名单》这部电影。现在，我再来明确一下这个说法：她不是说我将会喜欢这部电影，或者我应该喜欢这部电影，而是她坚持说我确实喜欢这部电影，唯一的依据就是我们曾在 1993 年一起欣赏过这部电影。这对我而言是非常不公平的，也许我没有多少权利，但是假如我还能有什么权利的话，那就是我有权利坚持关于我到底喜欢什么，我自己的看法才是正确的。而且，我会一再地对任何一个愿意听 10 年这番话的人说“我不喜欢《辛德勒的名单》这部电影”。但是，我妻子认为我错了。作为一名科学家，我感到自己有义务来检验这条同我吃爆米花的行为有关的假设。所以，我们租来了《辛德勒的名单》的光盘，一起又看了一遍，我们的实验结果准确无误地证明了到底谁是正确的：我们都对。她是正确的，因为在影片播放的前 200 分钟内，我确实被牢牢吸引在了屏幕前；而我也是对的，因为在放映即将结束时，影片故事出现了令人讨厌的情节。导演史蒂文·斯皮尔伯格没有让影片在故事的结尾处结束，而是添加了一个最后场景，让影片所塑造的角色的原型来到台前歌颂影片中的英雄。我感觉这个情节极端突兀，非常令人厌恶，简直就是画蛇添足、狗尾续貂。所以，我对妻子说："噢！别再恶心我了吧！"很显然，1993 年的时候，我是用更高的声音在电影院里说了这番话的。影片的前 98% 都很精彩，而最后的 2% 非常愚蠢，我因为（对于我来说）影片的结尾很糟糕而记得自己不喜欢这部影片。记忆唯一古怪的地方就是，我们曾经坚持看完了许多精彩部分远远不到 98% 的影片，却记得自己很喜欢其中的某些影片。这些电影同《辛德勒的名单》不同的地方在于，它们愚蠢的部分要么出现在开头，要么出现在中间，或者除了结尾之外的其他任何地方。那么，我为什么会喜欢一部有出色结尾的一般影片而不喜欢一部近乎完美但是结尾很差的影片？毕竟，比起那些一般影片，我从近乎完美的影片中得到的强烈且令人满意的感受，持续的时间不是更长吗？

但是很显然，这并不是真正起作用的因素。我们已经知道，记忆不会将一部长篇电影完整地储存在我们的头脑中，而是会存储一些特别的、提纲挈领式的信息，而且记忆的特殊性之一就是它特别重视最后的情景。[321] 无论是听一系列声音、读一系列字母、看一系列图形、闻一系列气味，还是见一系列人，我们都表现出一种非常明显的倾向——对该系列最后出现的情况的记忆要比对开始和中间部分的记忆清晰得多。[322] 因此，在回顾整个系列的时候，我们头脑中的印象受到了最后情况的强烈影响。[323] 在回顾过去幸福或者痛苦的经历时，这种倾向尤其强烈。比如，一些实验对象曾经被要求把手浸泡在冰冷刺骨的水中（这是一个痛苦但不会造成伤害的常见的实验），同时人们用电子评价仪来随时追踪他们报告的不舒适程度。[324] 每个实验对象都参加了时间长短不一的两场考验。在时间较短的考验中，他们将手放在温度为 14 摄氏度的冷水中浸泡了 60 秒。在时间较长的考验中，他们将手放在水中浸泡了 90 秒，前 60 秒的水温是 14 摄氏度，而在最后 30 秒水温悄悄地升到了不那么冷的 16 摄氏度。也就是说，前一个考验是由 60 秒冰冷的体验组成的，而后一个考验则是由同样冰冷的 60 秒体验和不那么冷的 30 秒体验组成的。哪场考验更痛苦呢？

这个问题的答案取决于我们对痛苦的理解。很显然，在长时间的考验中，实验对象痛苦的时间更长，而且，实验对象实时的不舒适程度报告也显示出，他们在两场考验的前 60 秒钟感受到了同样的不适。他们如果继续将手泡在水里（就像他们在长时间的考验中做的那样），就会比将手拿出来（就像他们在短时间的考验中做的那样）经受更多不适。然而（很抱歉），当事后他们被要求回忆自己的体验并评价哪一场考验更痛苦时，他们一般都会说是短时间的考验。尽管长时间的考验要求他们多忍受 50% 时间的冰水浸泡，可是最后一段时间水温相对升高一点儿，因此在他们的记忆中，这反而成了两项实验中比较不痛苦的一段经历。记忆对结局的迷信解释了为什么女性记忆中生孩子的过程通常都不如实际感受到得那么痛苦，[325] 而那些感情破裂的夫妻常常会记得他们从来就没有真正幸福过。[326] 正如莎士比亚所写的："就像垂暮的斜阳、曲终的余奏和最后一口啜下的美酒留给人们最温馨的回忆一样，一个人的结局也总是比他生前的一切格外引人注目。"[327]

我们经常根据一个体验的结局来判断其愉悦程度，这样的事实使我们经常做出一些稀奇古怪的决定。比如，当进行冰水实验的研究人员问实验对象他们更愿意重复哪场考验时，69% 的人选择重复长时间的考验，也就是说，包含了额外的 30 秒痛苦考验的那一场。因为他们记得时间长的那一场不像时间短的那么痛苦，所以他们选择前者。你很容易就可以发现这种选择是完全不理智的，毕竟某体验的"愉悦感总和"是综合考虑其质量和延续时间后得出的结果，而这些实验对象很显然没有考虑时间因素。[328] 但是，要想证明这种选择有道理也很容易。我们骑电子狂牛或者同英俊的电影明星合影，不是因为这些体验本身是愉快的，而是因为我们可以在以后许多年里拥有一段美好的回忆（"我在电子狂牛身上待了足足 1 分钟"）。如果我们能够花上几个小时来幸福地回忆一次不过几秒钟的体验，如果记忆一般会特别青睐结局，那么，我们为什么不能多忍受几十秒钟的痛苦来换取一个幸福的回忆？[329]

这两种观点都是有道理的，无论持有哪种观点，你都是一个理性的人。问题是，你几乎一定会同时持有这两种观点。比如，我们可以来看看这项研究：一些实验对象了解了一位女士（虚线女士）的情况，60 岁前，她一直生活得非常好，而 60 岁后，她的生活急转直下，[330] 在 65 岁的时候，她死于一场交通事故。她的生活到底有多美好呢（图 10–1 的虚线描述了她的生活）？在以 9 分为满分的评价标准下，实验对象给虚线女士打的分数是 5.7 分。第二组实验对象了解的是另一位女士（实线女士）的生活，她一直到 60 岁死于车祸之前都过着非常美好的生活。她的生活又有多美好呢（图 10–1 的实线描述了她的生活）？在同样 9 分制的评价标准下，实验对象给她打的分数是 6.5 分。那么，看起来实验对象更喜欢美好的生活（实线女士的生活），而不是美好的生活再加上几年不好的生活（虚线女士的生活）。稍加思索，你就会发现这正是冰水实验中实验对象的想法。虚线女士一生的“幸福总量”大于实线女士一生的“幸福总量”，而实线女士的结局比虚线女士要好，因此，实验对象很显然更加重视结局的生活质量而不是生活中包含的“幸福总量”。不过，不要太快下结论。当第三组实验对象被要求比较这两种生活时（如图 10–1 下图所示），他们却没有表现出这样的偏好。当他们

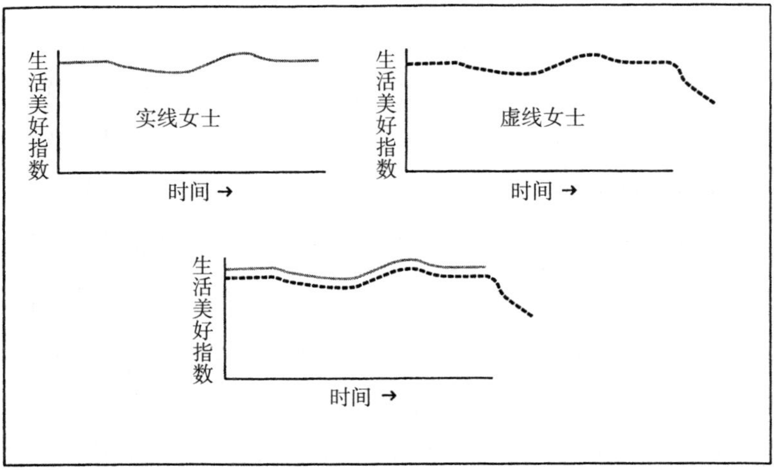

图 10–1　单独来看，曲线的指数比较重要，但综合来看，曲线的长度比较重要

被要求同时评价这两种生活时，“幸福总量”因素就被凸显出来了。因此，他们也不再那么确定自己是不是更喜欢生命转瞬即逝、英年早逝，只留下一具幸福的遗骸了。很明显，在认真考虑这一点之前，我们更重视某种经历的结局而不是其中蕴含的“幸福总量”。

记忆总会低估或高估我们的幸福度

如果在 1988 年 11 月 8 日晚，你是已经到了投票年龄的美国公民，那么你很可能会待在家里收看迈克尔·杜卡基斯和乔治·布什（老布什）之间总统竞选的结果。当你回想那次选举时，你可能会想到臭名昭著的威利·霍顿广告，或者“美国公民自由联盟”随身携带名片的成员，或者劳埃德·本特森对丹·奎尔说的那句著名的话：“参议员，你并非杰克·肯尼迪。”你肯定会记得，在计票工作结束后，美国人民最后决定拒绝接受一位来自马萨诸塞州的自由主义者入主白宫。尽管杜卡基斯输掉了选举，但他还是赢得了一些思想更自由的州的支持。因为我们在讨论回忆，我希望你现在就调用一下自己的记忆。闭上眼睛，努力回忆，当新闻中宣布杜卡基斯赢得了加利福尼亚州的选举时，你是什么感觉。你是失望还是高兴？你是欢呼雀跃还是频频摇头？你是流下了欣喜的泪水还是悲伤的泪水？你是否说过“上帝保佑西海岸”或者“你能指望同性恋和疯子做什么呢？”如果你居住在自由派获胜且阳光明媚的加利福尼亚州，那么你也许会记得自己很高兴听到了加利福尼亚州的名字，而如果你支持的是保守派，那么你也许会记得自己并没有那么快乐。如果这正是你记得的事情，那么我亲爱的朋友，我今天要站在你面前对你说，你的记忆出问题了。因为在 1988 年，加利福尼亚州支持的是老布什。

为什么要这样一个拙劣的把戏会如此简单？因为记忆是一个再创造的过程，它会选择触手可及的信息来构建头脑中的景象，然后在我们回忆的时候，这些景象就会蹑手蹑脚地进入我们的记忆。其中一条信息就是，加利福尼亚州是一个有自由传统的州，它曾经为我们贡献了超体验派冥想、格兰诺拉燕麦饼干棒、迷幻摇滚、“月光”州长杰里 · 布朗和电影《黛比上达拉斯》。因此，我们有理由相信杜卡基斯会像比尔 · 克林顿、阿尔 · 戈尔和约翰 · 克里一样轻而易举地得到这个州的支持。但是，在加利福尼亚州选民选择支持比尔 · 克林顿、阿尔 · 戈尔和约翰 · 克里之前，他们也最大限度地支持过杰拉德 · 福特、罗纳德 · 里根和理查德 · 尼克松。除非你是政治学家、美国有线电视新闻迷或者土生土长的加利福尼亚州居民，否则你很可能无法记住这样一个微不足道的政治事实。相反，你会进行逻辑推理，也就是说，因为加利福尼亚州是个信奉自由主义的地方，而且杜卡基斯是自由派候选人，所以美国加利福尼亚州选民一定会投票支持他的。就像人类学家同时依赖事实（“在墨西哥城附近找到的一个有 13 000 年历史的头盖骨是狭长形的”）和理论（“狭长的头盖骨说明这些人来自欧洲”）对过去的事件进行猜测（“高加索人比后来取代他们的蒙古人早 2 000 年来到新世界”），我们的大脑也是利用事实（“杜卡基斯是自由派人士”）和理论（“加利福尼亚州支持自由派”）对过去的事件进行猜测的（“加利福尼亚州投票支持了杜卡基斯”）。可惜，因为我们的理论是错误的，所以我们的结论必定也是错误的。

我们的大脑利用事实和理论对过去的事情进行猜测，也利用事实和理论来猜测过去的感觉。[331] 因为感觉不能像总统选举和古文明那样留下各种事实依据，所以我们的头脑必须更多地依赖理论来构建关于感受的记忆。如果这些理论是错误的，我们最后就会错误地记忆自己的情绪。比如，考虑一下，你对性别理论的理解，是怎样影响你对过去感觉的回忆的。大多数人认为男人不如女人情绪化（“她哭了，而他没有”），男人和女人对同样的事情会有不同的情绪反应（“他很气愤，而她很难过”），还有女人特别容易在月经期间出现负面情绪（“今天她比较易怒，你知道我是什么意思”）。而事实证明，并没有多少事实能够证明这样的观念。但这并非问题的关键，关键在于，这些观念和理论会影响我们对过去情感的记忆。请考虑以下几点：

在某项研究中，实验对象被要求回忆一个月以前自己的感受，结果表明，男女实验对象的情绪反应强度是一样的。[332] 另外一组实验对象也被要求回忆自己一个月前的感受，但在此之前，他们被要求先考虑一下性别问题，结果女性实验对象就出现了比男性更强烈的情绪反应。

在某项研究中，男性和女性实验对象共同组建一支队伍同另外一支队伍竞争。[333] 有些人实时汇报了自己在进行比赛过程中的情绪，而另一些人则在一周后回忆了自己当时的感受。男性和女性实时汇报的情绪并无差别。但一周以后，女性会回忆起更加女性化的情绪（比如同情和罪恶感），而男性则会回忆起更加男性化的情绪（比如愤怒和骄傲）。

> 在某项研究中，女性实验对象在4~6周时间内坚持每天记日记，并每天对自己的感受进行评价。[334] 她们的评价显示，女性的情绪并没有跟随其月经周期发生波动。然而，当事后要求她们重读某天的日记并回忆自己当时的感受时，她们会说在月经期间感受到了更加负面的情绪。

看起来，关于不同性别的人通常有什么感受，我们有自己的一套理论，这些理论会影响我们对自己感受的记忆。性别只是众多能够影响记忆的因素之一，比如，亚洲文化不像欧洲文化那样强调个人幸福的重要性，因此亚洲裔美国人通常认为自己不如同等情况下的欧洲裔美国人幸福。[335] 在某项研究中，研究对象在一周的时间里，无论走到哪里都随身携带一台手提电脑，这台电脑会不定期地发出“噼噼”声，他们被要求记录下自己当时的感受。研究表明，亚洲裔美国人其实比欧洲裔美国人更幸福。但是，当研究对象在一周之后被要求回忆自己在那一周的感觉时，亚洲裔美国人报告自己没有那么快乐而且也不再感到快乐了。另外一个实验使用了类似的方法，拉美裔美国人和欧洲裔美国人在某周的实验过程中报告了同样的快乐程度，但是一周后拉美裔美国人却记得自己比那些欧洲裔美国人更快乐。[336] 并不是所有理论都同性别和文化背景这样人们无法逃避的特质有关，比如，哪些学生会在考试中得到更高的分数呢？是那些重视分数的学生，还是那些不重视分数的学生？作为大学教授，我可以告诉你，我自己的理论是关心自己分数的学生一般会更加努力，所以得分往往比那些懒洋洋的同学要高。很显然，学生们也相信同样的理论，因为研究表明当学生们考试成绩比较好的时候，记忆中考试前的紧张程度会比真实情况更加严重，而当他们考试成绩不好的时候，记忆中考试前的紧张程度则没有实际情况那么严重。[337]

我们记忆中的感觉其实是我们认为自己当时一定会有的感觉。这个错误回忆带来的问题是，它使我们无法发现自己展望未来时所犯的错误。以 2000 年的美国总统选举为例。2000 年 11 月 7 日，选民们参加投票决定到底是小布什还是阿尔 · 戈尔会当选第 43 任美国总统，但是人们很快发现，双方的得票数实在太接近了，必须等待几周之后才能知道结果。第二天，也就是 11 月 8 日，研究人员要求选民预测如果自己支持的候选人赢得或者输掉选举，他们会有什么感觉。12 月 13 日，阿尔 · 戈尔输给了小布什，第二天，研究人员测量了这些选民的实际心情。4 个月后，在 2001 年 4 月，研究人员再次联系了这些选民，要求他们回忆自己在 12 月 14 日的感觉。如图 10–2 所示，研究证明了 3 件事。

第一，在投票结束后的第一天，支持戈尔的人预计如果小布什最终胜出，自己就会备受打击，而支持小布什的人预计自己会欣喜若狂。第二，当小布什最终赢得选举后，支持戈尔的选民没有自己想象的那么沮丧，而支持小布什的选民也没有自己想象的那么喜悦（在前面几章中你应该已经领教过了这样的倾向）。第三，也是最重要的一点，在选举结果尘埃落定几个月后，两个阵营的选民们所记得的感觉都和预期的情况一致，而不是和实际情况一致。显然，虽然两方都不能准确描述他们的真实感受，展望和回忆却是惊人的一致。[338] 导致我们预测某事会让我们快乐（“如果小布什获胜，我就会欣喜若狂”）的那个理论，也会导致我们记得自己曾经为这件事高兴过（“小布什获胜的时候，我简直欣喜若狂”）。因此，它们抹杀了彼此的不准确性，使得我们难以发现自己的预测其实是错误的。我们常常会过高估计自己在生日那天的快乐程度，[339]也会过低估计自己在周一早上的快乐程度，[340]而且我们会一再地

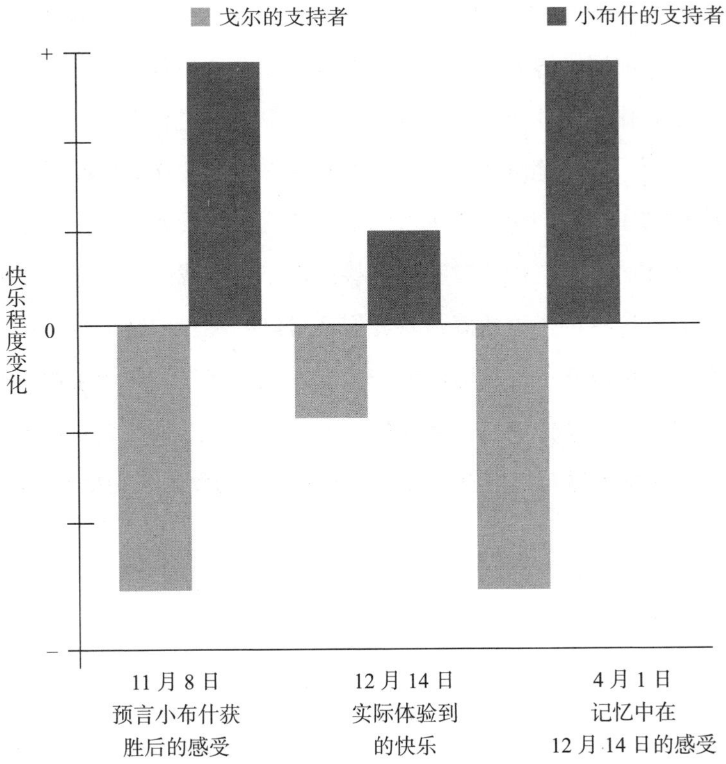

图 10–2

注：在 2000 年美国总统选举中，各党派的支持者都预计最高法院的决定会强烈影响自己在选举结果被公布后第一天的感受（左）。而几个月后，他们也记得情况的确如此（右）。事实上，这个决定对他们的情绪影响比他们预计和回忆的都要小得多（中）

做出同样错误的预测，尽管它总是与事实有出入。我们丰富的经验常常无法转化为财富，无法正确回忆自己的感受是其中一个重要原因。

当人们被问到，如果房子着火了，而他们只能从火场中拿出一件东西，他们会拿什么时，通常的回答是“我的相册”（当然，这让家养宠物狗非常委屈）。我们非常珍视自己的回忆，我们就是我们的回忆。然而研究表明，回忆并不像我们珍藏的照片，而更像一系列印象派画作，这些画作的作者常常可以对主题进行自由发挥。主题越是模糊，他的笔触就越自由，没有什么主题会比对情绪的回忆更加模糊的了。我们对情感细节的记忆很明显地受到了如下因素的影响：事件的不寻常性，时间上的接近性，还有我们对当时自己感受的看法。这些都严重地威胁到我们从自己的经验中吸取教训的能力。看来，练习并不是总能带来完美的表现。但是，你如果回头想想所有那些关于排便的书，就能想起来，练习不过是我们学习的方式之一。如果练习对我们没有帮助，那么指导的效果又会如何？

第十一章
幸福的真谛

咱们这位涅斯托老将军见多识广，自然智慧超人。

——莎士比亚，《特洛伊罗斯与克瑞西达》

在阿尔弗雷德·希区柯克1956年重拍的《擒凶记》中，乔·麦肯纳（多丽丝·戴饰）演唱了一首歌曲。这首歌结尾的歌词大概是这样的：

> 当我还是一个小学生的时候，我问老师："将来我会做什么？我会画画吗？还是会唱歌？"
>
> 她睿智的回答是："亲爱的，顺其自然吧，未来不可预测，顺其自然吧。"[341]

现在，我不是要对歌词说三道四，而且我对多丽丝·戴的回忆都是非常美好的，然而事实上，这并不是多么明智的回答。当一个孩子征求老师的意见，问她自己将来应该做什么的时候，老师应该能够提供比这样一段毫无意义的歌词更好的答案。未来的确很难预测，但无论如何，我们都无可避免地要向未来进发，尽管未来的样子很难看清，我们还是要决定自己到底应该追求什么样的未来，以及避开什么样的未来。可是，假如我们在试图想象未来的时候总会犯错误，我们又该如何决定未来做什么呢？

就连孩子都知道应该如何回答这个问题：我们应该问老师。作为社会动物和语言动物的一个好处就是，我们能够利用其他人的经验而不需要亲力亲为就能解决问题。数百万年间，人类通过将发现世界的任务分配给不同的人，再相互交流自己的发现来克服自己的无知。因此，匹兹堡的一个普通报童对宇宙的了解甚至比伽利略、亚里士多德、达·芬奇以及其他任何一个人都要多。我们利用了大量这样的资源。如果要你写下你知道的所有事情，然后回过头在所有别人告诉你的知识旁边打上一个勾，你就一定会因此患上重复性运动障碍，因为你知道的几乎每一件事都是二手的。尤里·加加林是不是第一个登上月球的人？“croissant”（羊角面包）是法语单词吗？中国人口是不是比北达科他州的人口多？及时缝 1 针能省下 9 针吗？我们尽管都没有亲眼见过“东方号”发射，没有亲自经历过语言的演变，没有掰着手指头数过北京和俾斯麦市的人口数，也没有对针脚进行过随机“双盲”抽检，但是大部分人都知道这些问题的答案，因为有人与我们分享了这些信息。交流是一种“间接的观察”，[342] 通过它，我们不需要离开舒适的苏丹式躺椅就能够了解世界。生存在地球表面上的 60 多亿相互联系的人口，一起构成了一个长着 120 多亿只眼睛的海中怪兽，每一双眼睛看到的东西都有可能在几个月、几天或者几分钟内被整头怪兽知道。

我们能够相互交流经验的事实，为解决本书想要解决的核心问题提供了一个简单的方案。是的，我们想象未来情绪的能力是有瑕疵的，但是没有关系，因为我们不一定非要想象同律师结婚、搬到得克萨斯州或者吃蜗牛的感觉如何，已经有很多人干过这些事情了，而且他们会很乐意告诉我们相关情况。老师、邻居、同事、父母、朋友、爱人、孩子、亲戚、教练、出租车司机、调酒师、发式师、牙医、广告商，这些人中的每一个人都能够告诉我们生活在这样而不是那样的未来会是什么样子。无论在什么时候，我们都可以确定的是，这些人当中至少有一个人经历过我们正在考虑的这件事。因为我们是擅长表现和阐述的哺乳动物，所以人类能够接触到我们能够想象到的几乎任何一种与体验相关的信息，还能够了解许多我们连想都想不到的信息。职业顾问告诉我们关于最理想职业的信息，评论家告诉我们最好的酒店的情况，旅行社告诉我们最棒的度假计划，朋友们告诉我们哪家旅行社是最好的。我们中的每个人都被一大群“亲爱的艾比”这样的生活咨询顾问包围着，这些人会讲述自己的经验，并通过种种方式告诉我们到底什么样的未来才是值得期待的。

既然有多得让人应接不暇的顾问、楷模、宗师、导师、长舌妇和好管闲事的亲戚，我们就会想当然地认为人们在做最重要的决定时都能表现得很不错。这些决定包括：住在哪里，到哪里工作，和谁结婚等。然而，一个普通的美国人一生至少要搬家六次，[343] 换十几次工作，[344] 结一次婚。[345] 这说明，大部分人都做出过不止一次错误的决定。如果人类本身就是活的信息图书馆，存储着关于任何一件事情会带给人的感受的信息，那么为什么人们仍会犯下那么多错误？只有两种可能。第一种可能是，我们傻乎乎地从别人那里接受了错误的建议。第二种可能是，别人提供的许多建议是正确的，而我们却愚蠢地拒绝了。那么，到底是哪一种？在别人提供建议的时候，我们到底是听得太多了，还是听得不够多呢？接下来我们将会了解到，这个问题的答案是“都是”。

关于幸福的传统智慧

哲学家伯特兰·罗素曾经宣称：“信念是我们所做的最精神化的事情。”[346]也许是这样的，但它同时也是我们所做的最社会化的事情。正如我们为了创造出同我们长着相似脸庞的人而遗传自己的基因一样，我们为了创造出和我们有着同样想法的人而传播自己的信念。几乎在任何一个人告诉其他人任何事情的时候，他们都在试图改变对方头脑的运行方式——试图通过改变对方看待世界的方式来让他们的观点与我们的更接近。几乎每一种断言，从最神圣的（“上帝为你制订好了计划”）到最世俗的（“在红绿灯处向左转，往前走 2 英里，你就能够看到邓金咖啡面包店在你的右手边”），都试图将听众关于这个世界的信念变得和说话者的观点一致。有时候这些企图会得逞，而有些时候它们会失败。那么，是什么决定了一种信念能否从一个人的头脑传递到下一个人的头脑中呢？

有些基因比另外一些能更成功地遗传下来的原因，也能够被用来解释为什么一些观点比另外一些观点能更成功地传播开来。[347]进化生物学老师教导我们，随着时间的推移，任何一种能够改善自身的“传播渠道”的基因都能够出现在越来越多的人身上。比如，假设有一个基因专门负责能让性高潮感觉非常美妙的一系列神经系统的进化，对于拥有这个基因的人来讲，性高潮让人感觉……如此兴奋。对于缺乏这种基因的人而言，性高潮感觉起来更像是擤鼻涕——时间很短、声音很大，伴随着没有多少享乐主义价值的肌肉痉挛。现在，如果我们将50个拥有这种基因的健康且有生育能力的人和50个没有这种基因但是健康且有生育能力的人，一起放到一个适合人类生存的星球上，那么100万年后当我们再回来时，我们会发现这个星球上的人口数达到了几万甚至几百万，而且几乎所有人都拥有这种基因。为什么？让性高潮感觉美好的基因更容易代代相传，仅仅是因为享受性高潮的人更愿意做那些能够遗传他们基因的事情。这种逻辑是循环的，也是不可避免的：只有在基因让我们做那些能够遗传的事情时，基因才能够遗传下去。而且，即使是不优质的基因，比如会让我们得癌症或者心脏病的基因，只要它们的遗传能力够强，也能够成为超级基因。比如，假设让性高潮感觉美妙的基因同时会让我们患上关节炎和龋齿，这个基因可能还会出现在越来越多的人身上，因为那些患有关节炎而且满口蛀牙却热爱性高潮的人，比那些四肢健康、牙齿整齐却不爱性高潮的人更有可能孕育下一代。

同样的道理也可以用来解释观点的传播。如果某观点具有能够推动其自身传播的特性，那么这个观点会被越来越多的人接受。事实证明，有几个可以提高观点传播成功率的特性，其中最明显的就是准确性。当有人告诉我们在市中心哪里能够找到停车位，或者在海拔高的地方如何烘焙蛋糕，我们会接受这些观点并将它们传播开来，因为这样做能够帮助我们做到我们想要做的事情，比如停车和烘焙。正如一位哲人所说的："除非这种机制基本上传播的都是正确的观点，否则交流的机制是无法在进化过程中争得一席之地的。"[348]正确的观点给予我们力量，所以不难理解它们可以如此容易地从一个人的头脑中传播到下一个人的头脑中。

理解为什么错误的观点也能够如此顺利地传播就要更困难一点儿，但是它们的确在顺利地传播着。错误的观点就像不优质的基因，也可以而且的确成了超级复制单元。一个思维实验能够说明这是如何发生的。想象这样一场比赛：有两支队伍参加比赛，每支队伍中有 1 000 名参赛者，每个人都通过电话同队友联系。这场比赛的目标是让全队的人尽可能地分享更多的正确信息。当参赛者收到自己认为正确的信息时，他们就会打电话给一名队友并传播它。而当他们得到自认为不正确的信息时，他们就不传播它。比赛结束时，裁判会吹终场哨，然后给每一条全队都知道的正确信息计 1 分，对全队都知道的错误信息扣 1 分。现在，想象在一个阳光灿烂的日子，比赛在完美队（其成员总是传播正确的信息）和不完美队（其成员有时候会传播不正确的信息）之间展开。你认为完美队应该会胜出，是吗？

不一定。事实上，在某些特殊情况下，不完美队会大获全胜。比如，假设一位不完美队的队员传播了错误的信息："整日整夜地煲电话粥能够让你感觉非常快乐。"而该队另外一位队员居然如此容易上当，相信了这句话并将它传播开来了。这样的信息是不正确的，所以最后会使不完美队丢掉 1 分。但是，它也有一个补偿作用，就是能够让不完美队有更多的人花更多的时间来打电话，这样就会增加该队传播信息的总数，这条错误信息的坏处就会被其益处抵消。也就是说，这样的信息会让队员们增加本队传播准确信息的数量。我们能从这场比赛中得到的教训是，如果错误的信息能够以这样或者那样的方式促进自身的"传播"，那么它们就会在信息传播的比赛中被广泛传播。在这个案例中，传播的方式不是性行为而是交流。因此，任何信息，即使是错误的信息，只要能够增进交流，就有机会被一再传播。恰巧能够提高社会稳定性的错误信息一般会被广泛传播，因为传播这种信息的人更有可能生活在稳定的社会中，这又为这些错误信息的传播提供了渠道。

我们的一些关于幸福的传统智慧看起来就非常像具有超级复制能力的错误信息，比如金钱。在试图出售东西的时候，你会努力卖出一个尽可能高的价格，而买东西的人则希望能够以尽可能低的价格购买它。交易双方都认为，自己如果最后能拥有更多而不是更少的钱，就会生活得更幸福。这个观点正是我们经济生活的基石。然而，能够证明其正确性的科学事实却不如你以为的那样多。经济学家和心理学家花了几十年的时间研究了财富和幸福之间的关系，他们都得出了这样的结论：当财富可以将人们从可悲的穷人变为中产阶层的一员时，它是可以增加人们的幸福感的。但在这以后，它让人更幸福的作用就不那么明显了。[349] 年收入 5 万美元的美国人也许比年收入 1 万美元的美国人幸福，但是，年收入 500 万美元的美国人却不见得比年收入 10 万美元的美国人有多得多的幸福。贫困国家的人不如一般富裕国家的人幸福，但是一般富裕国家的人并不比极富裕国家的人的幸福感低多少。经济学家解释说，财富具有“边际效用递减”的属性，这是一种很好听的说法。更通俗的说法是，如果感到饥饿、寒冷、身体不适、疲惫不堪且惊慌不安，你的确会很痛苦。但是，一旦用金钱把自己从这些麻烦中拯救出来，你额外赚的钱就不过是越来越没用的一堆废纸了。[350]

所以，如果我们赚的钱超过了我们能够享用的限度，我们就应该停止工作并尽情享乐，不是吗？不对。富裕国家的人们通常长时间地努力工作，赚的钱远比他们能够享用的多。[351] 而这样的事实并没有给我们造成太大的困扰。毕竟，我们可以利用迷宫尽头的奶酪来吸引一只老鼠穿越迷宫，但是只要这个小家伙吃饱了，就算你用顶级的斯蒂尔顿奶酪来诱惑它，它也不为所动。当我们吃烤薄饼吃饱了的时候，更多的烤薄饼不会带来更多的满足感，我们会停止获取和消费它们。但是看起来，这样的规律却不适用于金钱。现代经济学之父亚当·斯密在 1776 年写道："每个人对食物的渴望都受到人类胃部狭小空间的限制，但是人们对建筑、衣着、豪华马车还有家具的便利性和装饰作用的渴望，则是不受限制和没有特定范围的。" [352]

既然在拥有足够的食物和金钱之后，它们都不再能够取悦我们了，为什么我们停止往嘴里塞东西，却还是会不断向自己的口袋里装钱？亚当·斯密告诉我们一个答案。他首先承认了一个大多数人都会怀疑的事实，那就是财富并不一定是个人幸福的源泉。

> 从构成人类生活幸福的各种因素来看，穷人在任何一方面也不比那些看起来高高在上的富人差。在身体轻松和心情平静这方面，所有社会阶层的人几乎都是处在同一水平线上的，在路边晒太阳的乞丐同样拥有国家通过战争争取来的安定。[353]

这听起来很不错，但如果这是真的，我们大家就都麻烦大了。如果富裕的国王并不比贫穷的乞丐更幸福，那么为什么贫穷的乞丐会停止在路边晒太阳而去努力工作，并希望自己能够成为国王？如果没有人想要致富，我们就会遇到严重的经济问题，因为繁荣的经济要求人们不断地获取和消费更多的商品和服务。市场经济要求我们都有永不餍足的物质需求，而如果每个人都对自己拥有的物质感到满足，经济就只能停滞不前了。但是，这虽然是一个严重的经济问题，却不是严重的个人问题。美联储主席也许会在每天清晨醒来都希望满足经济发展的需求，但大多数人还是会在清晨醒来的时候渴望做自己想要做的事。也就是说，充满活力的经济体系的基本需求同幸福的个人的基本需求未必是一致的。那么，人们到底出于什么动机才会每天辛勤工作，去做那些能够满足经济需求却未必能够满足自己需求的事情呢？和许多思想家一样，亚当·斯密相信人们想要的只有一种东西，那就是幸福，因此只有当人们误以为创造财富能够让他们感到幸福时，经济才能够繁荣和发展，[354]而且只有当人们坚持这种错误的观点时，他们才能够进行足以维持社会经济体系运转的生产、分配和消费活动。

> 财富和伟大的幸福……在人们的想象中成了一件伟大、美丽和高尚的事情，为了达到这个目的，我们准备好了要付出艰辛的努力……正是这场骗局推动和延续了工业社会的持续运转。正是它最早激励人们开垦土地，建造房屋，建立城市和国家，发明和改进所有的科学和艺术，也是它使人们的生活变得高尚和美丽，完全改变了地球的模样，将茂密的自然森林变成了和蔼可亲的肥沃平原，将本没有路的海洋变成了新的物质来源和地球上不同国家之间沟通交流的通途。[355]

简而言之，创造财富不一定会让个体幸福，但它的确能够满足经济发展的需要，经济的发展确保了社会的稳定，社会的稳定又为关于幸福和财富的虚幻观念提供了传播的体系。当个体努力工作时，经济才会繁荣。然而，个体只会为了自己的幸福努力，所以必须让他们错误地认为生产和消费是通往个人幸福的必经之路。尽管像“虚幻”这样的词仿佛暗示了有一小撮儿穿着深色讨债服的人策划了一场阴谋，但是观念传播游戏让我们明白，错误信息的传播并不需要刻意欺骗无知的大众。这种传播行为的顶层没有阴谋集团，没有明星议院，也没有精明的策划大师借助种种谎言和手段来愚弄、欺骗我们相信金钱能够买到幸福。相反，这种特殊的错误观念是个超级复制单元，相信它可以让我们参与更多能够传播它的活动。[356]

观念传播游戏解释了为什么我们会相信一些关于幸福的、根本就不正确的观念。金钱能够带来幸福是其中一个例子，孩子会带来幸福是另外一个大多数人都很感兴趣的错误观念。每一种人类文明都告诉其成员，生儿育女会让他们幸福。当人们想到自己的后代时，不管是想象未来的后代还是想到目前的孩子，他们都会想到在摇篮车中微笑的咿呀学语的婴儿，摇摇摆摆穿过草坪的可爱的幼童，在学校游行队伍中演奏小号和风琴的英俊少年和美丽少年，将要拥有浪漫的婚礼、满意的工作的成功大学生，还有完美无瑕的孙子孙女——只要一块儿糖果，就能够换来他们的爱。准爸爸和准妈妈们知道，尿布在等着自己去换，家务活在等着自己去做，儿科牙齿矫正医生会用你毕生的积蓄去鲁巴岛旅游，但是总的来讲，他们认为做父母是一件很幸福的事，因此他们才会一头跳进做父母的生活中。当人们回顾自己做父母的经历时，他们会记得自己的感觉同那些想象自己做父母的人的感觉是一样的。没有几个人能够对这种幸福的思考免疫。我有一个 29 岁的儿子，我一直都坚信他是我生命中最大的幸福来源，只是最近它才刚刚被我两岁大的小孙女取代了。小孙女和儿子一样招人疼爱，但是她还没有开始要求我走在她身后并假装和她没有任何关系。当人们被要求说出自己的幸福之源时，他们都会和我一样，认为自己的幸福之源是孩子。

但是，如果我们测量有孩子的人的实际幸福度，一个完全不同的现实就浮出水面了。如图 11–1 所示，在婚姻的初期，夫妻通常都很幸福，共同生活的时间越长，他们就对自己的生活越不满意。只有在孩子们都离开家之后，他们才能和新婚的时候差不多幸福。[357] 无论我们在流行刊物上读到了什么，“空巢综合征”的唯一症状就是微笑越来越多。[358] 有趣的是，女性（她们通常是照顾孩子的主力）的生活满意度的变化比男性的生活满意度的变化更符合这个规律。[359] 有人对女性的日常行为与心情进行了细致研究，他们发现，女性在照顾孩子的时候远不如在吃东西、锻炼身体、购物、小憩或者看电视的时候快乐。[360] 其实，照顾孩子只比做家务快乐一点点。

这一切都不会让我们惊讶。每个家长都知道，养育孩子意味着大量的工作，而且是大量非常辛苦的工作，尽管做父母有许多令人欣慰的时刻，而在大部分时间里，为人父母就是几十年如一日地做着许多枯燥的事情，无私地为那些甚至吝啬于为我们所做的一切表示感激的人默默奉献。既然为人父母是如此艰苦的工作，为什么我们还对它抱有如此美好的看法？其中一个重要的原因是，我们曾经同这个社会的股东——我们的母亲、叔父还有私人教练们，在电话上交谈了一整天，他们传达给了我们一些他们认为正确的观念，然

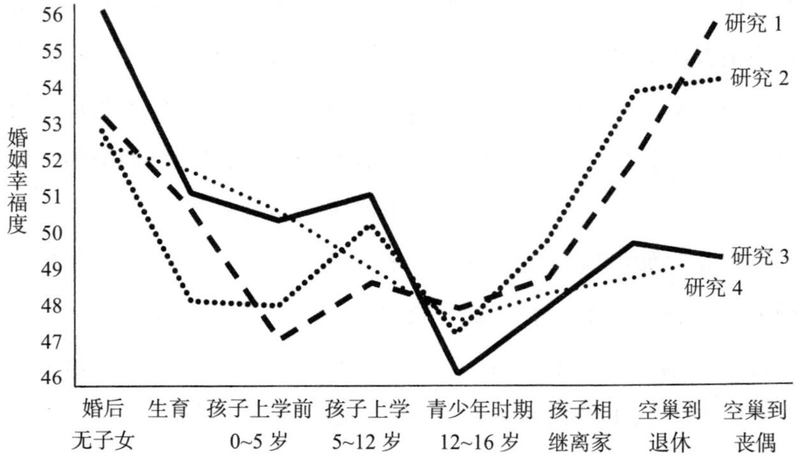

图 11–1　4 个独立的研究

注：表明，在第一个孩子出生后，婚姻幸福度会明显降低，只有在最后一个孩子也长大成人离家之后，才会提高

而，其正确性并不是这些观念能够传播的原因。"孩子们会带来幸福"是一个超级复制单元。我们自己就是这个观念传播体系中的一分子，如果没有不断补充进来的新成员帮助传播这个观念，这个体系就无法延续下去。因此，相信孩子是幸福之源的观念就成了我们传统智慧的一部分，而与之相反的观念会使任何一个相信它的社会土崩瓦解。确实，那些相信孩子是痛苦和绝望之源而不生孩子的人会在 50 年左右的时间里彻底毁掉这个观点的传播体系。"震颤派"是兴起于 19 世纪的一个以农业生产为主的理想化的社会群体，其教徒的数量曾一度达到 6 000 人。他们不反对生孩子，但是他们反对性行为。多年以来，他们对禁欲主义重要性的严格观念致使他们的体系不断萎缩，现在只有几个老迈的震颤派教徒还活着，而他们这

种注定要灭亡的观念也只能在这几个人之间传播了。

观念传播游戏的规则决定了我们必须相信孩子和金钱能够带来幸福，无论这种观念正确与否，它都不意味着我们现在应该抛弃工作、放弃家庭。恰恰相反，这意味着在我们相信养育子女和提高收入能够让自己更幸福的同时，我们其实是为了一些超出自己理解范围的原因在做这些事情，我们是社会体系中的一个节点，因为这个体系自身的规则而起起伏伏，所以我们继续辛勤劳作，继续孕育子女，也会在我们天真地期待的那些幸福没有如期而至时感到失望。

预测未来的正确方法

我的朋友们告诉我，我经常会指出问题却不提供解决问题的方法，但是他们从来没有告诉我，我应该怎样改正这个错误。在前文中，我已经描述了想象力无法帮助我们准确地预测自己未来的情绪。我也说过，在想象未来的时候，我们会填补、遗漏并且很少考虑自己在真正到达那里的时候想法会有多么不同。我还宣称，不管是个人经验还是文化知识都不能弥补想象力的这些不足。我已经如此充分地向你阐释了人类头脑的弱点、偏见、错误和失误，现在你可能会怀疑怎么可能会有解决方法。如果真是这样的话，你也许就会很振奋地发现，通过一个非常简单的办法，每个人都能够非常准确地预测自己将来的感觉。但是，你很快又会沮丧地发现，一般而言没有人想要运用这个方法。

首先，为什么我们要依赖自己的想象力？我们无法做自己真正想做的事情，只能穿越时空，拜访未来的自己，并看着那时的自己到底有多快乐，我们不是真的去那里，只是发挥想象力。但是，虽然我们无法进行时间旅行，我们却能够在空间中旅行，因此很可能在另外一个三维空间中有一个人经历过我们想象的未来事件。当然，我们不是第一个想到要搬到辛辛那提、想当汽车旅馆经理、想再吃一个蛋黄派、想搞婚外恋的人，在大多数情况下，已经尝试过这些事的人都很乐意告诉我们他们的体验（“那些冰水其实并不太冷”或者“我喜欢照顾我女儿”），记忆的失误也许会让他们的证词不那么可靠。但是同样无可否认的事实是，当人们描述自己目前的感受时（“我现在感觉如何？我很想立刻把胳膊从这刺骨的水中抽出来，再把我家那个叛逆孩子的脑袋塞进去”），他们提供的那些关于自己主观状态的信息通常被认为是衡量幸福度的黄金标准。如果你（像我一样）相信人们通常能够说出当自己被询问时的感受，那么预言自己未来的情绪的一个可靠途径就是找一个正在经历我们想象的那种体验的人，问问他们现在的感觉。也许我们应该尝试不通过回忆自己过去的经历来虚拟将来的体验，而是仅仅要求其他人内省自己现在的心理状态。也许我们应该彻底放弃回忆和想象，而让其他人做我们体验未来的替身。

这个主意听起来太简单了，而我怀疑你会反对这样的方法：是的，其他人现在可能恰好正在体验我打算体验的事情，但是我不能用其他人的体验来取代我自己的体验，因为他们毕竟不是我。每个人都像他的指纹一样独特，因此了解和自己所面临的情况相同的其他人有什么感觉不会对我本人有太大帮助。除非这个其他人是我的克隆版，而且和我拥有一模一样的经历，否则他们的感觉和我的感觉必定是不同的。我们是一个能够行走和说话的特殊群体，因此与其将自己的预测建立在一些偏好、品位和情绪倾向和自己差别巨大的人的体验之上，还不如将它建立在自己有点儿变幻莫测的想象力之上。如果这正是你的反对理由，那么这个理由不错，因为我不得不分两个步骤才能够推翻这个理由。首先，请允许我向你证明，随机抽取的个体体验是比你自己的想象力更加可靠的预测基础。然后我会告诉你，为什么你和我认为这种情况如此令人难以置信。

依据他人的经验做出的预测要准确得多

想象力具有三个缺点，如果你不知道这一点，就请你从头读一读本书吧。如果你已经知道这一点了，那你也应该知道，想象力的第一个缺点是，它喜欢在不通知我们的情况下填补或者遗漏信息（我们在第三部分探讨了这个问题）。没有谁能够想象未来事件的每一个特征和后果，因此我们肯定能够考虑到一些细节，同时无法想到另外一些细节。问题在于，我们没有想到的那些特征和后果通常是非常重要的。或许你能够回忆起这个研究：大学的橄榄球队马上要与劲敌进行比赛了，大学生们被要求想象自己在比赛之后几天内的心情。[361] 该研究的结果说明，学生们过高估计了比赛情感冲击力的持续时间，因为在他们试图想象自己未来的体验时，他们想到了自己的球队获胜（“计时器指向零，我们会冲进球场，而每个人都在欢呼……”），却没有想象到之后自己要做什么（“然后我就要回家继续复习准备期末考试了”）。因为学生们的注意力都被吸引到了球赛上，所以他们没有想象到比赛之后发生的事情将会如何影响自己的情绪。那么若不这样做，我们该怎么做？

他们应该彻底放弃想象。请思考下面的研究：先将人们放到同样的困境中，然后再迫使他们放弃自己的想象。在该研究中，一组研究对象（报告者）先得到了一份诱人的奖励——本地冰激凌屋提供的礼券，然后他们完成了一项冗长且乏味的工作——数出并记录电脑屏幕上出现的各种几何形状。[362]之后，这些研究对象会汇报他们的感受。而另外一组研究对象被告知他们会收到一份奖励，同时要做同样无聊的工作。这些人中的一部分人（虚拟现实组）会被告知将得到什么奖励，然后利用想象力来预测自己将来的感觉；而另外一部分人（替身组）则不知道奖励是什么，只是看到了随机抽取的体验报告。不知道奖励到底是什么，他们就无法利用想象力来预测自己未来的情绪。相反，他们必须依赖之前的人的报告来预测。在所有人都做出预测之后，他们得到了奖励，做了那项冗长又乏味的工作，然后报告了自己的实际感受。如图 11–2 最左边的条形所示，虚拟现实组不如自己想象中那样快乐。为什么？因为他们没有想到，一旦开始冗长、乏味的工作，得到礼券的快乐会消退得那么快。这正是那些大学橄榄球迷所犯的错误。现在让我们来看一下替身组的人的表现。正如你所见到的，他们对自己未来快乐程度的预测基本准确。这些人不知道自己会得到哪种奖励，但是他们知道有人曾经收到过同样的奖励，这些人在完成了那些无聊的工作之后，并没有对此感到欣喜若狂。所以他们耸耸肩，推断自己在完成了那样无聊的工作之后也不会狂喜，他们猜对了！

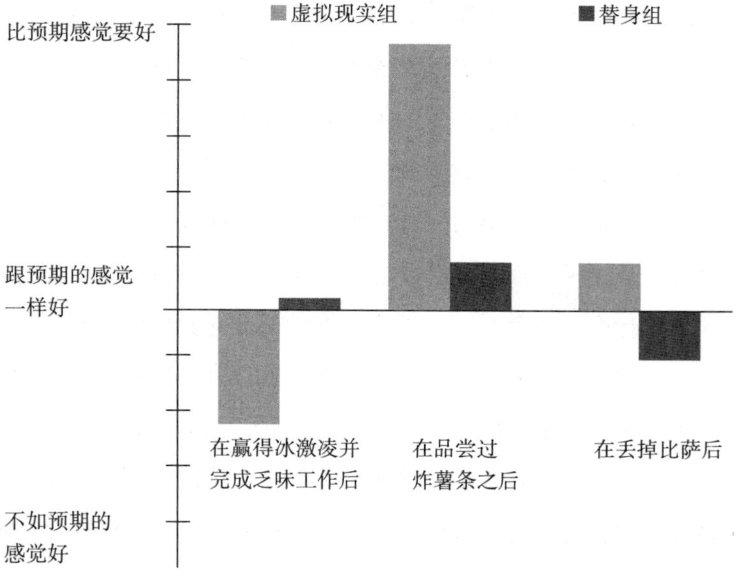

图 11–2　我们应该放弃的想象

注：比起靠想象力来预测自己未来感受，通过了解处于同样环境下的其他人的感觉，研究对象对自己未来的感觉做出的预测要准确得多

想象力的第二个缺点是，它会将现在投射到未来（我们在第四部分探讨了这个问题）。想象力在描绘未来图景的时候，很多细节肯定是缺失的，而想象力解决这个问题的办法就是从现在借来细节填补这些空缺。任何一个在饥饿时购物的人，在刚吸完一根香烟之后发誓要戒烟的人，或者在上岸休假的时候向人求婚的海员都知道，现在的感觉将会导致我们错误地想象自己未来的感受。事实证明，使用替身能够有效克服这个缺点。在某项研究中，一些人（报告者）吃了几份薯条，然后报告了它们给自己带来了多少快乐。[363] 然后，另外一组人上场了，在此之前他们被塞了满满

一肚子的薄脆饼干、花生酱奶油饼干、玉米脆片、面包棒以及梅尔巴面包片。正如你所料的，这些东西让他们吃得饱饱的，再也不想吃任何小零食了。这些吃饱了的人被要求预测自己第二天吃某种食物时的感受：其中一些（虚拟现实组）被告知明天要吃的食物是炸薯条，他们还被要求凭借自己的想象力来预测明天自己吃炸薯条的时候会有什么感觉；而另外一些吃饱的实验对象（替身组）则不知道明天要吃什么，只是看到了随机抽取的研究对象的体验报告。因为替身组不知道明天要吃什么，所以他们就没有办法利用想象力来预测明天这份食物能够给自己带来多少享受，而必须参考前一组研究对象的报告。他们在完成预测之后离开了，第二天回来吃了一点儿炸薯条，然后报告它们到底带给自己多少享受。正如图 11–2 中间的条形所示的，薯条带给虚拟现实组的人的享受远比他们想象中要多。为什么？因为他们的肚子里现在塞满了脆饼和饼干。替身组的人虽然在进行预测的时候跟虚拟现实组的人一样饱，但他们是依据肚子里没有塞满东西的报告者的报告来进行预测的，所以他们预测的结果更加准确一些。需要特别注意的是，即使是在根本不知道自己将会吃到什么的情况下，借助报告做出预测的人还是很准确地预测出了自己将来的感觉。

想象力的第三个缺点是，它不知道一旦事情确实发生了，我们对事情的看法也会发生变化。特别是坏事情会显得好了很多（我们在第五部分探讨了这个问题）。比如，在我们想象丢掉工作的时候，我们想到的是非常痛苦的经历（“老板会走进我的办公室，关上身后的门……”），却没有想到自己的心理免疫系统能够从积极面来阐释它的意义（“我能够渐渐发现，这其实是一个机遇，我因此下决心放弃零售行业，转而追求真正适合自己的雕像艺术”）。我们可以通过使用替身来克服这个缺点吗？为了找到答案，研究人员安排了一些人经历了一些不愉快的事情。一群实验对象（报告者）被告知，实验人员会抛一枚硬币，如果正面朝上，他们就可以得到一张本地比萨饼屋的礼券；而如果硬币被抛出后，结果是反面朝上，报告者就什么也得不到了。[364] 然后，报告者会报告自己的感觉。另一组实验对象了解了这个抛硬币游戏的规则，并被要求预测一旦硬币反面朝上而他们没有得到礼券会有什么感觉。他们中的一些人（虚拟现实组）被告知这张礼券的实际现金价值，而另外一些人（替身组）则看到了随机抽取的报告者的报告。在做出预测之后，实验人员抛出了硬币，结果是反面。然后，实验对象报告了自己的感受。正如图 11–2 最右边的条形所示，虚拟现实组在输掉抛硬币游戏之后的感觉比他们预测的要好。为什么？因为他们没有意识到自己的心理免疫系统让这种损失合理化的速度和效果有多么惊人（“比萨饼太容易让人发胖了，而且我根本就不喜欢那家店”）。而替身组的研究对象除了一份随机抽取出来的报告者的报告，别无他凭，而且这份报告认为自己在丢掉奖励后并不会太难受，所以他们能够做出更准确的预测。

追求个性让我们固执己见

这三项研究说明，当人们被剥夺了想象所必需的信息而不得不让其他人做替身的时候，他们对自己未来感受的预测会准确得出奇，也就是说，预测自己未来感受的最好办法就是看看今天其他人对此事都有什么感觉。[365] 既然这个简单的技巧有如此惊人的效果，人们就应该会争着用它吧？事实上，人们并没有。研究人员找来另外一组研究对象，向他们介绍了上述三种情况——赢得奖励、吃神秘的食物或者没有得到礼券。然后，问他们更愿意根据什么来预测自己未来的感受：第一，关于奖励、食品和礼券的信息；第二，随机抽取的其他人在赢得奖励、享用食物后或者失去礼券之后的感觉。事实上，每一个人都选择了前者。如果你没有看过这些研究结果，你很可能就会做出同样的选择。如果你能够准确地预测自己在某餐馆用餐之后的感觉，我就会为你支付餐费，那么你是想要看餐馆的菜单还是听一位随机抽取的用餐者的意见呢？如果你和大多数人一样，那么你一定更愿意看到菜单，而如果你和大多数人一样，你最后肯定就要自己付餐费。为什么？

因为如果你和大多数人一样，你就会像他们一样不知道自己其实跟大多数人是一样的，做错了选择。科学提供了关于普通人的许多信息，这些事实中最可靠的一条就是，普通人不认为自己是普通的。大部分学生都认为自己比一般的学生更聪明，[366] 大部分商人都认为自己比一般商人更有能力，[367] 大部分橄榄球员都认为自己比一般队友拥有更好的“橄榄球感”。[368] 90% 的摩托车骑手认为自己的驾驶技术能够确保自己骑摩托车时比一般人更安全。[369] 94% 的大学教授认为自己比一般教师更优秀。[370] 具有讽刺意味的是，这种认为自己比一般人强的偏见却让我们认为自己比一般人都更没有偏见。[371] 某课题组得出的结论是：“看来大多数人都相信自己比一般人更强壮、更聪明、更有条理、更讲道德、更有逻辑性、更风趣、更公正，也更健康，更不用说更具有魅力了。”[372]

这种认为自己比一般人强的倾向不是我们无拘无束的自恋情结的表现，而是表明了一个更加常见的倾向——我们总认为自己是与众不同的，经常比别人好，但我们也有觉得自己比别人差的时候。如果你问一个人觉得自己有多么慷慨大方，他就会宣称自己比一般人做了更多慷慨的事情，但是如果你问他是不是自私自利，他就会说自己比一般人做了更多自私自利的事情。[373] 当被问及自己做某件简单事情的能力时，人们会认为自己比别人强，但是如果被问及的是做某件困难事情（比如变魔术或者下国际象棋）的能力时，人们就会认为自己不如别人。[374] 我们并不总认为自己比别人强，但是我们总认为自己是特别的。即使我们所做的事情和其他人所做的事情完全一样，我们也会认为自己做这件事的原因是独一无二的。比如，我们习惯将他人的选择归因于选择者的特征（“菲尔上这门课，是因为他天生就适合学文学”），但是我们会将自己的选择归因于选择本身的特征（“但是我选这门课，是因为它比经济学简单”）。[375] 我们认识到自己的选择会受到社会规范的影响（“虽然我根本没有听懂，但是我感觉举手提问题实在太尴尬了，就没有举手”），却意识不到其他人的行为也会受到同样因素的影响（“其他人都没有举手，因为他们都不像我这样困惑”）。[376] 我们知道自己的选择有时候会反映出自己讨厌什么（“我之所以投票选克里，是因为我无法忍受小布什”），但是我们认为其他人的选择反映出他们的喜好（“如果丽贝卡也投票选克里的话，她就一定是喜欢克里”）。[377] 类似的差异还能列举出一长串，但是由此得出的结论却很短：“我”会把自己想成一个与众不同的人。[378]

是什么让我们认为自己如此独特呢？至少有三个原因。第一，即使我们不独特，我们认识自己的方式也是独特的。我们是世界上唯一能够以内省的方式认识自己的动物。我们体验自己的想法和感觉，却必须猜测其他人是否也在体验着属于他们自己的那些想法和感觉。我们都相信在那些眼睛背后的头脑中，我们的朋友和邻居都有跟我们相似的主观体验，但是这样的信念毕竟只是一种想法，而不是我们自己的主观体验，它既不可触摸又不具备自证能力，所以我们总感觉它不如自己的主观体验真实。实际做爱和阅读对做爱的描述是不一样的，正是同样的差异区分了我们对自己精神生活的认识和对其他人精神生活的认识。因为我们认识自己的方式同认识其他人的方式不同，所以我们在不同的认知过程中收集到的信息的种类和数量也是不同的。在清醒着的每一刻，我们都监控着自己头脑中的意识流和感觉流，而我们却只有在其他人在我们身边的时候才能通过监控其言语和行为来了解他们。因此，我们认为自己如此独特的一个原因就是，我们是在用独特的方式了解自己。

第二，认为自己是独特的让我们感觉良好。我们中的大多数人都愿意很好地融入我们的同辈当中，但是我们又不愿意融合得太好。[379]我们珍视自己独一无二的身份，而研究也表明，当人们被迫感觉自己和别人非常像的时候，他们的心情会突然变坏，也会尝试用各种方式让自己显得疏离和独特。[380]如果你曾经在参加聚会的时候发现有人穿着跟你完全一样的衣服，或者系着完全一样的领带，你就会明白跟一个不受欢迎的孪生兄弟分享一个房间是一件多么让人不安的事情，因为这个人的出现暂时消除了你强烈的独特感。我们珍视自己的独特性，所以我们会高估自己的独特性，这没什么好奇怪的。

第三，我们很容易高估每个人的独特性。也就是说，我们认为人们相互之间的差异比实际的差异更大。让我们面对现实吧，所有人都在某些方面相似而在另一些方面有所不同。以寻求人类行为共性为己任的心理学家、生物学家、经济学家和社会学家当然会关心这些相似之处，而其他人则更关心不同之处。社会生活要求我们选择某些特定的个体作为我们的性伙伴、商业伙伴、保龄球友等。这个任务要求我们要更加关注那些将人们区别开来的个性，而不是人们的共性。因此，个人简介更有可能提到自己对芭蕾的挚爱，而不是自己对氧气的挚爱。对氧气的狂热解释了许多人类行为，比如，为什么人类生活在陆地上，为什么生活在高原会让人感到不适，人为什么有呼吸功能、讨厌窒息、喜爱树木等。它能够解释的东西肯定比对芭蕾的爱好要多。但是，它无法将一个人同另外一个人区分开来，因此对于那些对商业、谈话或者性行为进行一般性选择的一般人而言，对氧气的依赖是同自己的目的完全不相干的信息。个体的相似性数不胜数，但是我们并不太重视它们，因为它们无法帮助我们完成生存在地球上必须做的事情，即分清杰克和吉尔，吉尔和詹妮弗。因此，这些个体相似性就变成了毫不显眼的背景，而在这个大背景下，为数不多的一些相对不太重要的个体差异反而被凸显出来了。

因为我们花了如此多的时间寻找、处理、思考和记忆这些不同之处，所以我们很容易过高估计它们的数量和出现频率，结果我们就会认为，人们相互之间的差异比实际的要大。如果你曾经花一整天的时间分拣葡萄，将它们按照不同的形状、颜色和品种来分类，你就会成为那种让人讨厌的葡萄差异论者。如果你喋喋不休地细数葡萄口味的差异和色泽变化的细枝末节，你就会认为葡萄的差异是没有止境的，而忘记了几乎所有真正重要的关于葡萄的信息都是从“它是葡萄”这样一个简单的事实中推导出来的。事关情感之时，我们对他人差异性和自身特殊性的信念表现得尤其强烈。[381] 因为我们能够感觉到自己的感情，却必须通过看他人的脸色、听他人的声音推测他人的感情，所以我们经常有一种感觉，觉得其他人的情感不像自己的那样强烈，我们也会在没有考虑到其他人感受的时候要求别人照顾我们的感受。[382] 这种情绪独特性的倾向很早就开始了。当幼儿园的孩子被问到在相同的情况下自己和别的孩子会有什么感觉时，他们已经开始认为自己的感觉是与众不同的了（“比利会感到难过而我不会”），还会提出特别的理由（“我会告诉自己硕鼠将生活在天堂里，但是比利就只会在那里哭”）。[383] 当成年人做出同类预测时，他们得出的也是同样性质的结论。[384]

我们对个体差异性和独特性情有独衷，是我们拒绝他人做自己替身的最重要的原因。毕竟，只有在我们认为替身的反应同自己的反应大同小异时，替身才有用处。既然我们相信人们的情绪反应比实际上的差别更大，我们眼中替身的作用自然也比他们实际的作用要小。当然，真正具有讽刺意味的是，用替身是一个成本低而且有效预言自己未来感受的方式，但是，因为我们没有意识到彼此之间有许多相似之处，所以尽管想象力有缺陷而且容易引起错误，我们还是拒绝了采纳替身的观点而选择依赖自己的想象力。

幸福就在你的鼻子底下

虽然“hogwash”（泔水）这个单词会让人联想到水，但它其实指的是猪食。猪食是猪吃的东西，也是猪需要和喜爱的东西。农夫们给猪喂猪食，是因为没有猪食猪就会脾气暴躁。猪食还有一个意思，指的是在人群中间传播的谬论。正如农夫们给猪吃猪食是为了让猪快乐，我们的朋友、父母和老师告诉我们这些谬论也是为了让我们幸福。但是，虽然猪食总能够让猪快乐起来，这些谬论却并不总能够让人幸福。我们已经了解了，一个想法只有在能够维持其赖以生存的社会体系时，才能够开花结果。个人并不总认为自己有维系社会体系的责任，因此这些想法必须看起来像是能够给个人带来幸福的灵药，人们才能相信它们。我们也许会认为，在这个世界上生活过一段时间后，我们的经验能够揭穿这些想法的虚伪性，但是事实并不总是如此。要从经验中学到东西，首先我们必须得准确地记忆它们，可是因为种种原因，记忆并非忠实的朋友。练习和指导能够帮助我们摆脱纸尿片而穿上裤子，但是它们并不足以让我们摆脱现在走向未来。这个难题最具讽刺意味的地方是，做出正确预测所必需的信息就在我们鼻子底下，但是我们好像根本嗅不到它的芳香。在人们向我们诉说他们对幸福的观点时，我们不一定总会重视他们的意见，但是观察他们在不同情况下的幸福度却是很有意义的。可惜，我们认为自己是特别的个体，认为自己的精神世界与众不同，因此我们常常会抵制那些本来能够从他人经验中学到的智慧。

后 记

幸福没有计算公式

棋逢对手，胜利才更光荣。此刻，我心里有了大获全胜的预感。

——莎士比亚，《亨利六世》下篇

我们中的大多数人一生中至少要做出三个最重要的决定：住在哪里、做什么以及和谁一起做这些事。我们选择自己居住的城市和社区，我们选择自己的工作和业余爱好，我们选择自己的配偶和朋友。在现代社会，对于一个成年人来说，做这样的决定是再自然不过的事情，因此我们常常忘记自己是人类当中最早拥有这种选择权的一群人。在大部分有文字记载的历史中，人们一生都居住在自己出生的地方，做自己父母做的事，和与自己一样的人交往。米勒家的人磨面，史密斯家的人打铁，小史密斯和小米勒要同被指定的对象结婚。社会结构（比如宗教和世袭阶级）以及物理结构（比如山脉和海洋）是最大的独裁者，决定人们应该做什么，在哪里以及同什么人一起生活，这样一来大部分人就没有多少对自己生活的决定权和选择权了。但是，农业、工业还有技术的革命性发展改变了一切，其结果之一就是人类解放运动的兴起。自由创造出了许许多多令人眼花缭乱的选择、多种多样的备选方案、各种选择和决定的机会，这些都是我们的祖先闻所未闻的。第一次，我们的幸福被自己紧紧地握在了手中。

我们该如何做出决定？1738 年，一位叫作丹尼尔·伯努利的博学多识的荷兰人宣称他找到了答案。他提议，决策的高明与否是可以计算出来的，计算的方法就是将此决定带给我们想要的东西的概率同我们想要的东西的效用相乘。这里的“效用”指的是好处或者愉悦感之类的东西。[385] 伯努利这条定理的前一部分是很容易操作的，因为在大多数情况下我们比较容易估算出自己想要某种东西的概率。如果接受 IBM（国际商用机器公司）的工作，你成为该公司总经理的机会有多大？如果搬到圣彼得堡去住，你在海边度周末的机会有多大？如果娶了埃洛伊丝，你不得不卖掉摩托车的概率有多大？计算这样的概率是直截了当的，因此保险公司可以以精算的方式预计你的房子发生火灾、你的汽车被盗或者你本人英年早逝的概率，并依靠这些计算结果赢利。稍微做一些调查，再有一支笔和一块儿橡皮，我们也能够估计出，至少是粗略地估计出某选择帮助我们得到心中想要的东西的概率。

问题是，我们很难估计出在得到想要的东西之后自己的感觉。伯努利高明的地方不在于他的计算，而在于他的哲学理念，也就是说他认识到，我们得到的物品（财富）和我们在得到它时的主观感受（效用）是两码事。财富也许可以通过数美元来确定，但是效用却不能通过计算这些美元能够买到的好处来计量。[386] 财富本身没有意义，用途才有意义。我并不关心金钱、晋升或者海滩度假本身，而是关心这些不同形式的财富能够（或者不能够）带来的愉悦感程度。明智的选择是那些最大化我们幸福感的选择，而不是最大化美元收入的选择。要想做出明智的选择，我们就必须正确地估计这些美元能够带给我们多少幸福。伯努利知道预计某选择能够带来多少财富是很容易的，但是，预计这个选择能够满足多少需求却困难得多，因此他设计了一个简单的转化公式，希望能够用它来帮助每个人把对前者的估计转化为对后者的估计。他提出，我们赚取的每一元钱带给我们的快乐会依次减少，所以只要一个人算清楚了自己现在已经有了多少钱，就能够计算出他能够从一元钱中得到多少幸福。

> 衡量一件物品的价值一定不能建立在其价格基础上，而应该建立在它能够满足的需求上。物品的价格仅仅取决于这件物品本身，因此对于每个人来讲价格都是一样的，然而，用途的大小却决于做出估计的这个人的特殊需求。因此，毋庸置疑，获得 1 000 达克特（ducat，过去曾在欧洲许多国家通用的金币）对乞丐比对国王更有意义，尽管两个人得到的财富数量是一样的。[387]

伯努利正确地认识到，人们对相对性比对绝对性更加敏感，他的公式也试图兼顾这样的心理学事实。但是，他还知道将财富转化为效用并不像他所假设的那样简单，他的公式还忽视了其他一些心理因素。

> 尽管同样数量的财富在穷人手中比在富人手中有更大的效用，但是我们也能够想到，如果某富裕的囚犯已经拥有了 2 000 达克特，可是还需要更多的钱来换取自由，那么他会比那些不如他有钱的人更珍视自己得到的 2 000 达克特。尽管我们可以想出许多这样的例子，但它们代表的只不过是诸多罕见的特例之一。[388]

这是个好的尝试。伯努利认为第 100 次给的钱（或者第 100 个吻，或者第 100 个甜面包圈，或者草地上的第 100 次跳跃）通常不如第一次给的钱让我们快乐，这是对的。但是，他也犯了一个错误，他错误地认为这是唯一区别财富和效用的方法，也是人们在预言财富与效用关系时唯一需要搞清楚的东西。事实证明，伯努利忽略的那些所谓的“诸多罕见的特例”其实并不是特别罕见。除了一个人银行存款的数目之外，还有很多东西能够决定他从下一元钱中可以得到的满足。比如，人们常常会在获得一件东西之后更加珍视它，常常在一件东西就在眼前的时候更珍视它，常常为了较小的损失而受到更大的伤害，常常想象失去的痛苦比获得的快乐感觉更加强烈，不一而足。本书中所探讨的形形色色的情况正是这些并不罕见的例外，而在这些例外的映衬下，伯努利的定理只不过是一个美丽而百无一用的抽象概念。是的，我们应该通过将概率和效用相乘来进行选择，但是要是不能事先估计出效用的大小，我们又怎么可能做到这一点呢？同样的客观环境导致了五花八门的主观感受，因此即使事先知道了我们将要面临的客观环境，我们也很难预测自己的主观感受。一个令人伤感的事实是，将财富转化为效用，或者通过了解我们将要得到的东西来推测我们将会有的感受，并不像将米换算成码[①]或者将德语翻译成日语那么简单。联系数字与数字、单词与单词的那些简单、严格的关系并不能联系客观事件和主观感受。

既然如此，选择者该何去何从？因为没有预测效用的公式，我们一般会做一件只有我们这个物种才会做的事情：想象。我们的大脑具有一个特殊的结构，这个结构让我们能够在头脑中将自己置于未来的环境中，并询问自己对它的感受。我们不是利用数学公式来计算效用的，而

---

① 1 码 =0.914 千米。——编者注

是轻松地穿上未来的鞋看看它是不是合脚。我们能够在事情发生之前预见并提前体验它，在想象力的帮助下，我们无须重复过去就能够从过去的错误中吸取教训，无须亲身体验就可以评价某种行为。假如自然曾经赋予我们更伟大的礼物，我们只能说，还没有人能够说出这东西是什么。然而，尽管它如此令人印象深刻，我们这种虚拟将来的自己和环境的能力却并不是完美无缺的。在想象未来环境的时候，我们会填充一些虚拟的细节，还会遗漏一些该出现的细节。在想象将来的感觉时，我们无法忽视当下的感觉，也无法认识到自己对以后要发生的事情的想法。丹尼尔·伯努利梦想一个这样的世界：在那里，我们能够用一个简单的公式来准确又有前瞻性地预见自己的未来。但是，前瞻性是非常不堪一击的天赋，经常会让我们偏离方向，无法看到拥有某物、到达某地或者完成某事之后的情形。世上根本不存在计算幸福的数学公式。然而，尽管我们伟大的大脑无法让我们步伐坚定地走向未来，但它至少能够让我们明白自己为什么会走得如此蹒跚。

参考文献

序言

[1] The notes in this book contain references to the scientific research that supports the claims I make in the text. Occasionally they contain some extra information that may be of interest but that is not essential to the argument. If you don't care about sources, aren't interested in nonessentials, and are annoyed by books that make you flip back and forth all the time, then be assured that the only important note in the book is this one.

第一章　通往幸福未来的思考之旅

[2] W. A. Roberts, "Are Animals Stuck in Time?" *Psychological Bulletin* 128: 473 - 89 (2002).

[3] D. Dennett, *Kinds of Minds*. (New York: Basic Books, 1996).

[4] M. M. Haith, "The Development of Future Thinking as Essential for the Emergence of Skill in Planning," in *The Developmental Psychology of Planning: Why, How, and When Do We Plan?*, ed. S. L. Friedman and E. K. Scholnick (Mahwah, N.J.: Lawrence Erlbaum, 1997), 25 - 42.

[5] E. Bates, J. Elman, and P. Li, "Language In, On, and About Time," in *The Development of Future Oriented Processes*, ed. M. M. Haith et al. (Chicago: University of Chicago Press, 1994).

[6] B. M. Hood et al., "Gravity Biases in a Nonhuman Primate?" *Developmental Science* 2: 35 - 41 (1999). See also D. A. Washburn and D. M. Rumbaugh, "Comparative Assessment of Psychomotor Performance: Target Prediction by Humans and Macaques *(Macaca mulatta)*," *Journal of Experimental Psychology: General* 121: 305 - 12 (1992).

[7] L. M. Oakes and L. B. Cohen, "Infant Perception of a Causal Event," *Cognitive Development* 5: 193 - 207 (1990). See also N. Wentworth and M. M. Haith, "Event-Specific Expectations of 2- and 3-Month-Old Infants," *Developmental Psychology* 28: 842 - 50 (1992).

[8] C. M. Atance and D. K. O'Neill, "Planning in 3-Year-Olds: A Reflection of the Future Self?" in *The Self in Time: Developmental Perspectives*, ed. C. Moore and K. Lemmon (Mahwah, N.J.: Lawrence Erlbaum, 2001); and J. B. Benson, "The Development of Planning: It's About Time," in Friedman and Scholnick, *Developmental Psychology of Planning*.

[9] Although children begin to talk about the future at about two years, they don't seem to have a full

understanding of it until about age four. See D. J. Povinelli and B. B. Simon, "Young Children's Understanding of Briefly Versus Extremely Delayed Images of the Self: Emergence of the Autobiographical Stance," *Developmental Psychology* 34: 188 - 94 (1998); and K. Nelson, "Finding One's Self in Time," in *The Self Across Psychology: Self-Recognition, Self-Awareness, and the Self Concept,* ed. J. G. Snodgrass and R. L. Thompson (New York: New York Academy of Sciences, 1997), 103 - 16.

[10] C. A. Banyas, "Evolution and Phylogenetic History of the Frontal Lobes," in *The Human Frontal Lobes,* ed. B. L. Miller and J. L. Cummings (New York: Guilford Press, 1999), 83 - 106.

[11] Phineas apparently took the rod with him wherever he went for the rest of his life and would probably be pleased that both it and his skull ended up on permanent display at Harvard's Warren Anthropological Museum.

[12] Modern authors cite the Gage case as evidence for the *importance* of the frontal lobe, but this is not the way people thought about the incident when it happened. See M. B. Macmillan, "A Wonderful Journey Through Skull and Brains: The Travels of Mr. Gage's Tamping Iron," *Brain and Cognition* 5: 67 - 107 (1986).

[13] M. B. Macmillan, "Phineas Gage's Contribution to Brain Surgery," *Journal of the History of the Neurosciences* 5: 56 - 77 (1996).

[14] S. M. Weingarten, "Psychosurgery," in Miller and Cummings, *Human Frontal Lobes,* 446 - 60.

[15] D. R. Weinberger et al., "Neural Mechanisms of Future-Oriented Processes," in Haith et al., *Development of Future Oriented Processes,* 221 - 42.

[16] J. M. Fuster, *The Prefrontal Cortex: Anatomy, Physiology, and Neuropsychology of the Frontal Lobe* (New York: Lippincott-Raven, 1997), 160 - 61.

[17] A. K. MacLeod and M. L. Cropley, "Anxiety, Depression, and the Anticipation of Future Positive and Negative Experiences," *Journal of Abnormal Psychology* 105: 286 - 89 (1996).

[18] M. A. Wheeler, D. T. Stuss, and E. Tulving, "Toward a General Theory of Episodic Memory: The Frontal Lobes and Autonoetic Consciousness," *Psychological Bulletin* 121: 331 - 54 (1997).

[19] F. T. Melges, "Identity and Temporal Perspective," in *Cognitive Models of Psychological Time,* ed. R. A. Block (Hillsdale, N.J.: Lawrence Erlbaum, 1990), 255 - 66.

[20] P. Faglioni, "The Frontal Lobes," in *The Handbook of Clinical and Experimental Neuropsychology,* ed. G. Denes and L. Pizzamiglio (East Sussex, U.K.: Psychology Press, 1999), 525 - 69.

[21] J. M. Fuster, "Cognitive Functions of the Frontal Lobes," in Miller and Cummings, *Human Frontal Lobes,* 187 - 95.

[22] E. Tulving, "Memory and Consciousness," *Canadian Psychology* 26: 1 - 12 (1985). The same case is described extensively under the pseudonym "K.C." in E. Tulving et al., "Priming of Semantic Autobiographical Knowledge: A Case Study of Retrograde Amnesia," *Brain and*

Cognition 8: 3 - 20 (1988).

[23] Tulving, "Memory and Consciousness."

[24] R. Dass, *Be Here Now* (New York: Crown, 1971).

[25] L. A. Jason et al., "Time Orientation: Past, Present, and Future Perceptions," *Psychological Reports* 64: 1199 - 1205 (1989).

[26] E. Klinger and W. M. Cox, "Dimensions of Thought Flow in Everyday Life," *Imagination, Cognition, and Personality* 72: 105 - 28 (1987 - 88); and E. Klinger, "On Living Tomorrow Today: The Quality of Inner Life as a Function of Goal Expectations," in *Psychology of Future Orientation*, ed. Z. Zaleski (Lublin, Poland: Towarzystwo Naukowe KUL, 1994), 97 - 106.

[27] J. L. Singer, *Daydreaming and Fantasy* (Oxford: Oxford University Press, 1981); E. Klinger, *Daydreaming: Using Waking Fantasy and Imagery for Self-Knowledge and Creativity* (Los Angeles: Tarcher, 1990); G. Oettingen, *Psychologie des Zukunftdenkens* [On the Psychology of Future Thought] (Göttingen, Germany: Hogrefe, 1997).

[28] G. F. Loewenstein and D. Prelec, "Preferences for Sequences of Outcomes," *Psychological Review* 100: 91 - 108 (1993). See also G. Loewenstein, "Anticipation and the Valuation of Delayed Consumption," *Economy Journal* 97: 666 - 84 (1987); and J. Elster and G. F. Loewenstein, "Utility from Memory and Anticipation," in *Choice Over Time*, ed. G. F. Loewenstein and J. Elster (New York: Russell Sage Foundation, 1992), 213 - 34.

[29] G. Oettingen and D. Mayer, "The Motivating Function of Thinking About the Future: Expectations Versus Fantasies," *Journal of Personality and Social Psychology* 83: 1198 - 1212 (2002).

[30] A. Tversky and D. Kahneman, "Availability: A Heuristic for Judgment Frequency and Probability," *Cognitive Psychology* 5: 207 - 32 (1973).

[31] N. Weinstein, "Unrealistic Optimism About Future Life Events," *Journal of Personality and Social Psychology* 39: 806 - 20 (1980).

[32] P. Brickman, D. Coates, and R. J. Janoff-Bulman, "Lottery Winners and Accident Victims: Is Happiness Relative?," *Journal of Personality and Social Psychology* 36: 917 - 27 (1978).

[33] E. C. Chang, K. Asakawa, and L. J. Sanna, "Cultural Variations in Optimistic and Pessimistic Bias: Do Easterners Really Expect the Worst and Westerners Really Expect the Best When Predicting Future Life Events?" *Journal of Personality and Social Psychology* 81: 476 - 91 (2001).

[34] J. M. Burger and M. L. Palmer, "Changes in and Generalization of Unrealistic Optimism Following Experiences with Stressful Events: Reactions to the 1989 California Earthquake," *Personality and Social Psychology Bulletin* 18: 39 - 43 (1992).

[35] H. E. Stiegelis et al., "Cognitive Adaptation: A Comparison of Cancer Patients and Healthy References," *British Journal of Health Psychology* 8: 303 - 18 (2003).

[36] A. Arntz, M. Van Eck, and P. J. de Jong, "Unpredictable Sudden Increases in Intensity of Pain

and Acquired Fear," *Journal of Psychophysiology* 6: 54 - 64 (1992).

[37] Speaking of electric shock, this is probably a good time to mention that psychological experiments such as these are always performed according to the strict ethical guidelines of the American Psychological Association and must be approved by university committees before they are implemented. Those who participate do so voluntarily, are always fully informed of any risks the study may pose to their health or happiness, and are given the opportunity to withdraw at any time without fear of penalty. If people are given any false information in the course of an experiment, they are told the truth when the experiment is over. In short, we' re really very nice people.

[38] M. Miceli and C. Castelfranchi, "The Mind and the Future: The (Negative) Power of Expectations," *Theory and Psychology* 12: 335 - 66 (2002).

[39] J. N. Norem, "Pessimism: Accentuating the Positive Possibilities," in *Virtue, Vice, and Personality: The Complexity of Behavior*, ed. E. C. Chang and L. J. Sanna (Washington, D.C.: American Psychological Association, 2003), 91 - 104; J. K. Norem and N. Cantor, "Defensive Pessimism: Harnessing Anxiety as Motivation," *Journal of Personality and Social Psychology* 51: 1208 - 17 (1986).

[40] A. Bandura, "Self-Efficacy: Toward a Unifying Theory of Behavioral Change," *Psychological Review* 84: 191 - 215 (1977); and A. Bandura, "Self-Efficacy: Mechanism in Human Agency," *American Psychologist* 37: 122 - 47 (1982).

[41] M. E. P. Seligman, *Helplessness: On Depression, Development, and Death* (San Francisco: Freeman, 1975).

[42] E. Langer and J. Rodin, "The Effect of Choice and Enhanced Personal Responsibility for the Aged: A Field Experiment in an Institutional Setting," *Journal of Personality and Social Psychology* 34: 191 - 98 (1976); and J. Rodin and E. J. Langer, "Long-Term Effects of a Control-Relevant Intervention with the Institutional Aged," *Journal of Personality and Social Psychology* 35: 897 - 902 (1977).

[43] R. Schulz and B. H. Hanusa, "Long-Term Effects of Control and Predictability-Enhancing Interventions: Findings and Ethical Issues," *Journal of Personality and Social Psychology* 36: 1202 - 12 (1978).

[44] E. J. Langer, "The Illusion of Control," *Journal of Personality and Social Psychology* 32: 311 - 28 (1975).

[45] Ibid.

[46] D. S. Dunn and T. D. Wilson, "When the Stakes Are High: A Limit to the Illusion of Control Effect," *Social Cognition* 8: 305 - 23 (1991).

[47] L. H. Strickland, R. J. Lewicki, and A. M. Katz, "Temporal Orientation and Perceived Control as Determinants of Risk Taking," *Journal of Experimental Social Psychology* 2: 143 - 51 (1966).

[48] Dunn and Wilson, "When the Stakes Are High."

[49] S. Gollin et al., "The Illusion of Control Among Depressed Patients," *Journal of Abnormal Psychology* 88: 454 - 57 (1979).

[50] L. B. Alloy and L. Y. Abramson, "Judgment of Contingency in Depressed and Nondepressed Students: Sadder but Wiser?" *Journal of Experimental Psychology: General* 108: 441 - 85 (1979). For a contrary view, see D. Dunning and A. L. Story, "Depression, Realism and the Overconfidence Effect: Are the Sadder Wiser When Predicting Future Actions and Events?" *Journal of Personality and Social Psychology* 61: 521 - 32 (1991); and R. M. Msetfi et al., "Depressive Realism and Outcome Density Bias in Contingency Judgments: The Effect of the Context and Intertrial Interval," *Journal of Experimental Psychology: General* 134: 10 - 22 (2005).

[51] S. E. Taylor and J. D. Brown, "Illusion and Well-Being: A Social-Psychological Perspective on Mental Health," *Psychological Bulletin* 103: 193 - 210 (1988).

第二章　幸福的相对论

[52] N. L. Segal, *Entwined Lives: Twins and What They Tell Us About Human Behavior* (New York: Dutton, 1999).

[53] N. Angier, "Joined for Life, and Living Life to the Full," *New York Times,* 23 December 1997, F1.

[54] A. D. Dreger, "The Limits of Individuality: Ritual and Sacrifice in the Lives and Medical Treatment of Conjoined Twins," *Studies in History and Philosophy of Biological and Biomedical Sciences* 29: 1 - 29 (1998).

[55] Ibid. Since this paper was published, at least one pair of adult conjoined twins sought separation and died during surgery. "A Lost Surgical Gamble," *New York Times,* 9 July 2003, 20.

[56] J. R. Searle, *Mind, Language, and Society: Philosophy in the Real World* (New York: Basic Books, 1998).

[57] Subjective states can be defined only in terms of their objective antecedents or other subjective states, but the same is true for physical objects. If we were not allowed to define a physical object (Marshmallow Fluf) in terms of the subjective states it brought about ("It's soft, gooey, and sweet") or in terms of any other physical object ("It's made from corn syrup, sugar syrup, vanilla flavoring, and egg whites"), we could not define it. All definitions are achieved by comparing the thing we wish to define with things that inhabit the same ontological category (e.g., physical things to physical things) or by mapping them onto things in a different ontological category (e.g., physical things to subjective states). No one has yet discovered a third way.

[58] R. D. Lane et al., "Neuroanatomical Correlates of Pleasant and Unpleasant Emotion," *Neuropsychologia* 35: 1437 - 44 (1997).

[59] C. Osgood, G. J. Suci, and P. H. Tannenbaum, *The Measurement of Meaning* (Urbana: University of

Illinois Press, 1957). The typical finding is that words differ on three dimensions: evaluation (good or bad); activity (active or passive); and potency (strong or weak). So psychologists talk about a word's E–ness, A–ness, and P–ness. Say these terms aloud and then tell me that scientists have no sense of humor.

[60] T. Nagel, "What Is It Like to Be a Bat?" *Philosophical Review* 83: 435 - 50 (1974).

[61] See A. Pope, *Essay on Man, Epistle 4* (1744), in *The Complete Poetical Work s of Alexander Pope,* ed. H. W. Boynton (New York: Houghton Mifflin, 1903).

[62] S. Freud, *Civilization and Its Discontents,* vol. 1 of *The Standard Edition of the Complete Psychological Work s of Sigmund Freud* (1930; London: Hogarth Press and Institute of Psychoanalysis, 1953), 75 - 76.

[63] B. Pascal, "Pensees," in *Pensees,* ed. W. F. Trotter (1660; New York: Dutton, 1908).

[64] R. Nozick, *The Examined Life* (New York: Simon & Schuster, 1989), 102.

[65] J. S. Mill, "Utilitarianism" (1863), in *On Liberty, the Subjection of Women and Utilitarianism*, in *The Basic Writings of John Stuart Mill,* ed. D. E. Miller (New York: Modern Library, 2002).

[66] R. Nozick, *Anarchy, State, and Utopia* (New York: Basic Books, 1974).

[67] Nozick, *The Examined Life,* p. 111. Nozick's "happiness machine" problem is popular among academics, who generally fail to consider three things. First, who *says* that no one would want to be hooked up? The world is full of people who want happiness and don't care one bit about whether it is "well deserved." Second, those who claim that they would not agree to be hooked up may already be hooked up. After all, the deal is that you forget your previous decision. Third, no one can *really* answer this question because it requires them to imagine a future state in which they do not know the very thing they are currently contemplating. See E. B. Royzman, K. W. Cassidy, and J. Baron, " 'I Know, You Know' : Epistemic Egocentrism in Children and Adults," *Review of General Psychology* 7: 38 - 65 (2003).

[68] D. M. MacMahon, "From the Happiness of Virtue to the Virtue of Happiness: 400 BC - AD 1780," *Daedalus: Journal of the American Academy of Arts and Sciences* 133: 5 - 17 (2004).

[69] Ibid.

[70] For some discussions of the distinction between moral and emotional happiness, all of which take a position contrary to mine, see D. W. Hudson, *Happiness and the Limits of Satisfaction* (London: Rowman & Littlefield, 1996); M. Kingwell, *Better Living: In Pursuit of Happiness from Plato to Prozac* (Toronto: Viking, 1998); and E. Telfer, *Happiness* (New York: St. Martin's Press, 1980).

[71] N. Block, "Begging the Question Against Phenomenal Consciousness," *Behavioral and Brain Sciences* 15: 205 - 6 (1992).

[72] J. W. Schooler and T. Y. Engstler–Schooler, "Verbal Overshadowing of Visual Memories: Some Things Are Better Left Unsaid," *Cognitive Psychology* 22: 36 - 71 (1990.)

[73] G. W. McConkie and D. Zola, "Is Visual Information Integrated in Successive Fixations in

Reading?," *Perception and Psychophysics* 25: 221 - 24 (1979).

[74] D. J. Simons and D. T. Levin, "Change Blindness," *Trends in Cognitive Sciences* 1: 261 - 67 (1997).

[75] M. R. Beck, B. L. Angelone, and D. T. Levin, "Knowledge About the Probability of Change Affects Change Detection Performance," *Journal of Experimental Psychology: Human Perception and Performance* 30: 778 - 91 (2004).

[76] D. J. Simons and D. T. Levin, "Failure to Detect Changes to People in a Real-World Interaction," *Psychonomic Bulletin and Review* 5: 644 - 49 (1998).

[77] R. A. Rensink, J. K. O'Regan, and J. J. Clark, "To See or Not to See: The Need for Attention to Perceive Changes in Scenes," *Psychological Science* 8: 368 - 73 (1997).

[78] "Hats Off to the Amazing Hondo," www.hondomagic.com/html/a_little_magic.htm.

[79] B. Fischoff, "Perceived Informativeness of Facts," *Journal of Experimental Psychology: Human Perception and Performance* 3: 349 - 58 (1977).

[80] A. Parducci, *Happiness, Pleasure, and Judgment: The Contextual Theory and Its Applications* (Mahwah, N.J.: Lawrence Erlbaum, 1995).

[81] E. Shackleton, *South* (1959; New York: Carroll & Graf, 1998), 192.

第三章 测测你的幸福感

[82] J. LeDoux, *The Emotional Brain: The Mysterious Underpinnings of Emotional Life* (New York: Simon & Schuster, 1996).

[83] R. B. Zajonc, "Feeling and Thinking: Preferences Need No Inferences," *American Psychologist* 35: 151 - 75 (1980); R. B. Zajonc, "On the Primacy of Affect," *American Psychologist* 39: 117 - 23 (1984); and "Emotions," in *The Handbook of Social Psychology,* ed. D. T. Gilbert, S. T. Fiske, and G. Lindzey, 4th ed., vol. 1 (New York: McGraw-Hill, 1998), 591 - 632.

[84] S. Schachter and J. Singer, "Cognitive, Social and Physiological Determinants of Emotional State," *Psychological Review* 69: 379 - 99 (1962).

[85] D. G. Dutton and A. P. Aron, "Some Evidence for Heightened Sexual Attraction Under Conditions of High Anxiety," *Journal of Personality and Social Psychology* 30: 510 - 17 (1974).

[86] It is also interesting to note that the mere act of identifying an emotion can sometimes eliminate it. See A. R. Hariri, S. Y. Bookheimer, and J. C. Mazziotta, "Modulating Emotional Response: Effects of a Neocortical Network on the Limbic System," *NeuroReport* 11: 43 - 48 (2000); and M. D. Lieberman et al., "Two Captains, One Ship: A Social Cognitive Neuroscience Approach to Disrupting Automatic Affective Processes" (unpublished manuscript, UCLA, 2003).

[87] G. Greene, *The End of the Affair* (New York: Viking Press, 1951), 29.

[88] R. A. Dienstbier and P. C. Munter, "Cheating as a Function of the Labeling of Natural Arousal,"

Journal of Personality and Social Psychology 17: 208 - 13 (1971).

[89] M. P. Zanna and J. Cooper, "Dissonance and the Pill: An Attribution Approach to Studying the Arousal Properties of Dissonance," *Journal of Personality and Social Psychology* 29: 703 - 9 (1974).

[90] D. C. Dennett, *Brainstorms: Philosophical Essays on Mind and Psychology* (Cambridge, Mass.: Bradford/ MIT Press, 1981), 218.

[91] J. W. Schooler, "Re-representing Consciousness: Dissociations Between Consciousness and Meta-Consciousness," *Trends in Cognitive Science* 6: 339 - 44 (2002).

[92] L. Weiskrantz, *Blindsight* (Oxford: Oxford University Press, 1986).

[93] A. Cowey and P. Stoerig, "The Neurobiology of Blindsight," *Trends in Neuroscience* 14: 140 - 45 (1991).

[94] E. J. Vanman, M. E. Dawson, and P. A. Brennan, "Affective Reactions in the Blink of an Eye: Individual Differences in Subjective Experience and Physiological Responses to Emotional Stimuli," *Personality and Social Psychology Bulletin* 24: 994 - 1005 (1998).

[95] R. D. Lane et al., "Is Alexithymia the Emotional Equivalent of Blindsight?" *Biological Psychiatry* 42: 834 - 44 (1997).

[96] The nineteenth-century economist Francis Edgeworth referred to this device as a *hedonimeter*. See F. Y. Edgeworth, *Mathematical Psychics: An Essay on the Application of Mathematics to the Moral Sciences* (London: Kegan Paul, 1881).

[97] N. Schwarz and F. Strack, "Reports of Subjective Well-Being: Judgmental Processes and Their Methodological Implications," in *Well-Being: The Foundations of Hedonic Psychology,* ed. D. Kahneman, E. Diener, and N. Schwarz (New York: Russell Sage Foundation, 1999), 61 - 84; D. Kahneman, "Objective Happiness," in *Well-Being,* 3 - 25.

[98] R. J. Larsen and B. L. Fredrickson, "Measurement Issues in Emotion Research," in *Well-Being,* 40 - 60.

[99] M. Minsky, *The Society of Mind* (New York: Simon & Schuster, 1985); W. G. Lycan, "Homuncular Functionalism Meets PDP," in *Philosophy and Connectionist Theory,* ed. W. Ramsey, S. P. Stich, and D. E. Rumelhart (Mahwah, N.J.: Lawrence Erlbaum, 1991), 259 - 86.

[100] O. Jowett, *Plato: Protagoras,* facsimile ed. (New York: Prentice Hall, 1956).

第四章　想象出来的幸福

[101] R. O. Boyer and H. M. Morais, *Labor's Untold Story* (New York: Cameron, 1955); P. Avrich, *The Haymarket Tragedy* (Princeton, N.J.: Princeton University Press, 1984).

[102] E. Brayer, *George Eastman: A Biography* (Baltimore: Johns Hopkins University Press, 1996).

[103] R. Karniol and M. Ross, "The Motivational Impact of Temporal Focus: Thinking About the Future

and the Past," *Annual Review of Psychology* 47: 593 - 620 (1996); and B. A. Mellers, "Choice and the Relative Pleasure of Consequences," *Psychological Bulletin* 126: 910 - 24 (2000).

[104] D. L. Schacter, *Searching for Memory: The Brain, the Mind and the Past* (New York: Basic Books, 1996).

[105] E. F. Loftus, D. G. Miller, and H. J. Burns, "Semantic Integration of Verbal Information into Visual Memory," *Journal of Experimental Psychology: Human Learning and Memory* 4: 19 - 31 (1978).

[106] E. F. Loftus, "When a Lie Becomes Memory's Truth: Memory Distortion After Exposure to Misinformation," *Current Directions in Psychological Sciences* 1: 121 - 23 (1992). For an opposing view, see M. S. Zaragoza, M. McCloskey, and M. Jamis, "Misleading Postevent Information and Recall of the Original Event: Further Evidence Against the Memory Impairment Hypothesis," *Journal of Experimental Psychology: Learning, Memory, and Cognition* 13: 36 - 44 (1987).

[107] M. K. Johnson and S. J. Sherman, "Constructing and Reconstructing the Past and the Future in the Present," in *Handbook of Motivation and Cognition: Foundations of Social Behavior,* ed. E. T. Higgins and R. M. Sorrentino, vol. 2 (New York: Guilford Press, 1990), 482 - 526; and M. K. Johnson and C. L. Raye, "Reality Monitoring," *Psychological Review* 88: 67 - 85 (1981).

[108] J. Deese, "On the Predicted Occurrence of Particular Verbal Intrusions in Immediate Recall," *Journal of Experimental Psychology* 58: 17 - 22 (1959).

[109] H. L. Roediger and K. B. McDermott, "Creating False Memories: Remembering Words Not Presented in Lists," *Journal of Experimental Psychology: Learning, Memory, and Cognition* 21: 803 - 14 (1995).

[110] K. B. McDermott and H. L. Roediger, "Attempting to Avoid Illusory Memories: Robust False Recognition of Associates Persists Under Conditions of Explicit Warnings and Immediate Testing," *Journal of Memory and Language* 39: 508 - 20 (1998).

[111] R. Warren, "Perceptual Restoration of Missing Speech Sounds," *Science* 167: 392 - 93 (1970).

[112] A. G. Samuel, "A Further Examination of Attentional Effects in the Phonemic Restoration Illusion," *Quarterly Journal of Experimental Psychology* 43A: 679 - 99 (1991).

[113] R. Warren, "Perceptual Restoration of Obliterated Sounds," *Psychological Bulletin* 96: 371 - 83 (1984).

[114] L. F. Baum, *The Wonderful Wizard of Oz* (New York: G. M. Hill, 1900), 113 - 19.

[115] J. Locke, Book IV, *An Essay Concerning Human Understanding*, vol. 2 (1690; New York: Dover, 1959).

[116] I. Kant, *Critique of Pure Reason,* trans. N. K. Smith (1781; New York: St. Martin's Press, 1965), 93.

[117] W. Durant, *The Story of Philosophy* (New York: Simon & Schuster, 1926).

[118] A. Gopnik and J. W. Astington, "Children's Understanding of Representational Change and Its Relation to the Understanding of False Beliefs and the Appearance–Reality Distinction," *Child Development* 59: 26 - 37 (1988); and H. Wimmer and J. Perner, "Beliefs About Beliefs: Representation and Constraining Function of Wrong Beliefs in Young Children's Understanding

of Deception," *Cognition* 13: 103 - 28 (1983).

[119] J. Piaget, *The Child's Conception of the World* (London: Routledge & Kegan Paul, 1929), 166.

[120] B. Keysar et al., "Taking Perspective in Conversation: The Role of Mutual Knowledge in Comprehension," *Psychological Science* 11: 32 - 38 (2000).

[121] D. T. Gilbert, "How Mental Systems Believe," *American Psychologist* 46: 107 - 19 (1991).

[122] Interestingly, the ability to do this increases with age but begins to deteriorate in old age. See C. Ligneau-Hervé and E. Mullet, "Perspective-Taking Judgments Among Young Adults, Middle-Aged, and Elderly People," *Journal of Experimental Psychology: Applied* 11: 53 - 60 (2005).

[123] Piaget, *Child's Conception,* 124.

[124] G. A. Miller, "Trends and Debates in Cognitive Psychology," *Cognition* 10: 215 - 25 (1981).

[125] D. T. Gilbert and T. D. Wilson, "Miswanting: Some Problems in the Forecasting of Future Affective States," in *Feeling and Thinking: The Role of Affect in Social Cognition,* ed. J. Forgas (Cambridge: Cambridge University Press, 2000), 178 - 97.

[126] D. Dunning et al., "The Overconfidence Effect in Social Prediction," *Journal of Personality and Social Psychology* 58: 568 - 81 (1990); and R. Vallone et al., "Overconfident Predictions of Future Actions and Outcomes by Self and Others," *Journal of Personality and Social Psychology* 58: 582 - 92 (1990).

[127] D. W. Griffin, D. Dunning, and L. Ross, "The Role of Construal Processes in Overconfident Predictions About the Self and Others," *Journal of Personality and Social Psychology* 59: 1128 - 39 (1990).

[128] Kant, *Critique,* 93.

第五章　幸福的细节

[129] A. C. Doyle, "Silver Blaze," in *The Complete Sherlock Holmes* (1892; New York: Gramercy, 2002), 149.

[130] Ibid.

[131] R. S. Sainsbury and H. M. Jenkins, "Feature-Positive Effect in Discrimination Learning," *Proceedings of the Annual Convention of the American Psychological Association* 2: 17 - 18 (1967).

[132] J. P. Newman, W. T. Wolff, and E. Hearst, "The Feature-Positive Effect in Adult Human Subjects," *Journal of Experimental Psychology: Human Learning and Memory* 6: 630 - 50 (1980).

[133] H. M. Jenkins and W. C. Ward, "Judgment of Contingency Between Responses and Outcomes," *Psychological Monographs* 79 (1965); P. C. Wason, "Reasoning About a Rule," *Quarterly Journal of Experimental Psychology* 20: 273 - 81 (1968); and D. L. Hamilton and R. K. Gifford, "Illusory Correlation in Interpersonal Perception: A Cognitive Basis of Stereotypic

Judgements," *Journal of Experimental Social Psychology* 12: 392 - 407 (1976). See also J. Crocker, "Judgment of Covariation by Social Perceivers," *Psychological Bulletin* 90: 272 - 92 (1981); L. B. Alloy and N. Tabachnik, "The Assessment of Covariation by Humans and Animals: The Joint Influence of Prior Expectations and Current Situational Information," *Psychological Review* 91: 112 - 49 (1984).

[134] F. Bacon, *Novum organum,* ed. and trans. P. Urbach and J. Gibson (1620; Chicago: Open Court, 1994), 60.

[135] Ibid., 57.

[136] J. Klayman and Y. W. Ha, "Confirmation, Disconfirmation, and Information in Hypothesis-Testing," *Psychological Review* 94: 211 - 28 (1987).

[137] A. Tversky, "Features of Similarity," *Psychological Review* 84: 327 - 52 (1977).

[138] E. Shafir, "Choosing Versus Rejecting: Why Some Options Are Both Better and Worse Than Others," *Memory & Cognition* 21: 546 - 56 (1993).

[139] T. D. Wilson et al., "Focalism: A Source of Durability Bias in Affective Forecasting," *Journal of Personality and Social Psychology* 78: 821 - 36 (2000).

[140] This study was described in a paper that also described some other studies in which people were asked to make predictions about how they would feel if *(a)* the space shuttle *Columbia* exploded and killed all the astronauts on board, or *(b)* an American-led war in Iraq deposed Saddam Hussein. The spooky thing is that the studies were conducted in 1998—five years before either of these events actually took place. Believe it or not.

[141] D. A. Schkade and D. Kahneman, "Does Living in California Make People Happy? A Focusing Illusion in Judgments of Life Satisfaction," *Psychological Science* 9: 340 - 46 (1998).

[142] This may be less true of people who live in cultures that emphasize holistic thinking. See K. C. H. Lam et al., "Cultural Differences in Affective Forecasting: The Role of Focalism," *Personality and Social Psychology Bulletin* 31: 1296 - 309 (2005).

[143] P. Menzela et al., "The Role of Adaptation to Disability and Disease in Health State Valuation: A Preliminary Normative Analysis," *Social Science & Medicine* 55: 2149 - 58 (2002).

[144] C. Turnbull, *The Forest People* (New York: Simon & Schuster, 1961), 222.

[145] Y. Trope and N. Liberman, "Temporal Construal," *Psychological Review* 110: 403 - 21 (2003).

[146] R. R. Vallacher and D. M. Wegner, *A Theory of Action Identification* (Hillsdale, N.J.: Lawrence Erlbaum, 1985), 61 - 88.

[147] N. Liberman and Y. Trope, "The Role of Feasibility and Desirability Considerations in Near and Distant Future Decisions: A Test of Temporal Construal Theory," *Journal of Personality and Social Psychology* 75: 5 - 18 (1998).

[148] M. D. Robinson and G. L. Clore, "Episodic and Semantic Knowledge in Emotional Self-Report:

Evidence for Two Judgment Processes," *Journal of Personality and Social Psychology* 83: 198 - 215 (2002).

[149] T. Eyal et al., "The Pros and Cons of Temporally Near and Distant Action," *Journal of Personality and Social Psychology* 86: 781 - 95 (2004).

[150] I. R. Newby-Clark and M. Ross, "Conceiving the Past and Future," *Personality and Social Psychology Bulletin* 29: 807 - 18 (2003); and M. Ross and I. R. Newby-Clark, "Construing the Past and Future," *Social Cognition* 16: 133 - 50 (1998).

[151] N. Liberman, M. Sagristano, and Y. Trope, "The Effect of Temporal Distance on Level of Mental Construal," *Journal of Experimental Social Psychology* 38: 523 - 34 (2002).

[152] G. Ainslie, "Specious Reward: A Behavioral Theory of Impulsiveness and Impulse Control," *Psychological Bulletin* 82: 463 - 96 (1975); and G. Ainslie, *Picoeconomics: The Strategic Interaction of Successive Motivational States Within the Person* (Cambridge: Cambridge University Press, 1992).

[153] The first author to notice this was Plato, who used this fact to make his case for an objective measurement of happiness: "Do not the same magnitudes appear larger to your sight when near, and smaller when at a distance? . . . Now suppose happiness to consist in doing or choosing the greater, and in not doing or in avoiding the less, what would be the saving principle of human life? Would not the art of measuring be the saving principle; or would the power of appearance? Is not the latter that deceiving art which makes us wander up and down and take the things at one time of which we repent at another, both in our actions and in our choice of things great and small?" O. Jowett, *Plato: Protagoras,* facsimile ed. (New York: Prentice Hall, 1956).

[154] G. Loewenstein, "Anticipation and the Valuation of Delayed Consumption," *Economy Journal* 97: 666 - 84 (1987).

[155] S. M. McClure et al., "The Grasshopper and the Ant: Separate Neural Systems Value Immediate and Delayed Monetary Rewards," *Science* 306: 503 - 7 (2004).

[156] Doyle, *Complete Sherlock Holmes,* 147.

第六章 未来的现实枷锁

[157] *Everyone* seems sure that Kelvin said this in 1895, but for the life of me I can't find the original source to prove it.

[158] S. A. Newcomb, *Side-Lights on Astronomy* (New York: Harper & Brothers, 1906), 355.

[159] W. Wright, "Speech to the Aero Club of France," in *The Papers of Wilbur and Orville Wright,* ed. M. McFarland (New York: McGraw-Hill, 1908), 934.

[160] A. C. Clarke, *Profiles of the Future* (New York: Bantam, 1963), 14. By the way, Clarke defines

"elderly" as somewhere between thirty and forty-five. Yikes!

[161] G. R. Goethals and R. F. Reckman, "The Perception of Consistency in Attitudes," *Journal of Experimental Social Psychology* 9: 491 - 501 (1973).

[162] C. McFarland and M. Ross, "The Relation Between Current Impressions and Memories of Self and Dating Partners," *Personality and Social Psychology Bulletin* 13: 228 - 38 (1987).

[163] M. A. Safer, L. J. Levine, and A. L. Drapalski, "Distortion in Memory for Emotions: The Contributions of Personality and Post- Event Knowledge," *Personality and Social Psychology Bulletin* 28: 1495 - 1507 (2002).

[164] E. Eich et al., "Memory for Pain: Relation Between Past and Present Pain Intensity," *Pain 23:* 375 - 80 (1985).

[165] L. N. Collins et al., "Agreement Between Retrospective Accounts of Substance Use and Earlier Reported Substance Use," *Applied Psychological Measurement* 9: 301 - 9 (1985); G. B. Markus, "Stability and Change in Political Attitudes: Observe, Recall, and 'Explain,' " *Political Behavior* 8: 21 - 44 (1986); D. Offer et al., "The Altering of Reported Experiences," *Journal of the American Academy of Child and Adolescent Psychiatry* 39: 735 - 42 (2000).

[166] M. A. Safer, G. A. Bonanno, and N. P. Field, " 'It Was Never That Bad': Biased Recall of Grief and Long-Term Adjustment to the Death of a Spouse," *Memory* 9: 195 - 204 (2001).

[167] For reviews, see M. Ross, "Relation of Implicit Theories to the Construction of Personal Histories," *Psychological Review* 96: 341 - 57 (1989); L. J. Levine and M. A. Safer, "Sources of Bias in Memory for Emotions," *Current Directions in Psychological Science* 11: 169 - 73 (2002).

[168] L. J. Levine, "Reconstructing Memory for Emotions," *Journal of Experimental Psychology: General* 126: 165 - 77 (1997).

[169] G. F. Loewenstein, "Out of Control: Visceral Influences on Behavior," *Organizational Behavior and Human Decision Processes* 65: 272 - 92 (1996); G. F. Loewenstein, T. O'Donoghue, and M. Rabin, "Projection Bias in Predicting Future Utility," *Quarterly Journal of Economics* 118: 1209 - 48 (2003); G. Loewenstein and E. Angner, "Predicting and Indulging Changing Preferences," in *Time and Decision,* ed. G. Loewenstein, D. Read, and R. F. Baumeister (New York: Russell Sage Foundation, 2003), 351 - 91; L. van Boven, D. Dunning, and G. F. Loewenstein, "Egocentric Empathy Gaps Between Owners and Buyers: Misperceptions of the Endowment Effect," *Journal of Personality and Social Psychology* 79: 66 - 76 (2000).

[170] R. E. Nisbett and D. E. Kanouse, "Obesity, Food Deprivation and Supermarket Shopping Behavior," *Journal of Personality and Social Psychology* 12: 289 - 94 (1969); D. Read and B. van Leeuwen, "Predicting Hunger: The Effects of Appetite and Delay on Choice," *Organizational Behavior and Human Decision Processes* 76: 189 - 205 (1998).

[171] G. F. Loewenstein, D. Prelec, and C. Shatto, "Hot/Cold Intrapersonal Empathy Gaps and the

Under-prediction of Curiosity" (unpublished manuscript, Carnegie-Mellon University 1998), cited in G. F. Loewenstein, "The Psychology of Curiosity: A Review and Reinterpretation," *Psychological Bulletin* 116: 75 - 98 (1994).

[172] S. M. Kosslyn et al., "The Role of Area 17 in Visual Imagery: Convergent Evidence from PET and rTMS," *Science* 284: 167 - 70 (1999).

[173] P. K. McGuire, G. M. S. Shah, and R. M. Murray, "Increased Blood Flow in Broca's Area During Auditory Hallucinations in Schizophrenia," *Lancet* 342: 703 - 6 (1993).

[174] D. J. Kavanagh, J. Andrade, and J. May, "Imaginary Relish and Exquisite Torture: The Elaborated Intrusion Theory of Desire," *Psychological Review* 112: 446 - 67 (2005).

[175] A. K. Anderson and E. A. Phelps, "Lesions of the Human Amygdala Impair Enhanced Perception of Emotionally Salient Events," *Nature* 411: 305 - 9 (2001); E. A. Phelps et al., "Activation of the Left Amygdala to a Cognitive Representation of Fear," *Nature Neuroscience* 4: 437 - 41 (2001); and H. C. Breiter et al., "Functional Imaging of Neural Responses to Expectancy and Experience of Monetary Gains and Losses," *Neuron* 30 (2001).

[176] As far as I can tell, the word *prefeel* was first used as a song title on the 1999 album *Prize,* by Arto Lindsay. See also C. M. Atance and D. K. O'Neill, "Episodic Future Thinking," *Trends in Cognitive Sciences* 5: 533 - 39 (2001).

[177] T. D. Wilson et al., "Introspecting About Reasons Can Reduce Post-Choice Satisfaction," *Personality and Social Psychology Bulletin* 19: 331 - 39 (1993). See also T. D. Wilson and J. W. Schooler, "Thinking Too Much: Introspection Can Reduce the Quality of Preferences and Decisions," *Journal of Personality and Social Psychology* 60: 181 - 92 (1991).

[178] C. N. DeWall and R. F. Baumeister, "Alone but Feeling No Pain: Effects of Social Exclusion on Physical Pain Tolerance and Pain Threshold, Affective Forecasting, and Interpersonal Empathy," *Journal of Personality and Social Psychology* (in press).

[179] D. Reisberg et al., " 'Enacted' Auditory Images Are Ambiguous; 'Pure' Auditory Images Are Not," *Quarterly Journal of Experimental Psychology: Human Experimental Psychology* 41: 619 - 41 (1989).

[180] Clever psychologists have been able to design some unusual circumstances that provide exceptions to this rule; see C. W. Perky, "An Experimental Study of Imagination," *American Journal of Psychology* 21: 422 - 52 (1910). It is also worth noting that while we can almost always distinguish between what we are seeing and what we are imagining, we are not always able to distinguish between what we saw and what we imagined; see M. K. Johnson and C. L. Raye, "Reality Monitoring," *Psychological Review* 88: 67 - 85 (1981).

[181] N. Schwarz and G. L. Clore, "Mood, Misattribution, and Judgments of Well-Being: Informative and Directive Functions of Affective States," *Journal of Personality and Social Psychology* 45: 513 - 23 (1983).

[182] L. van Boven and G. Loewenstein, "Social Projection of Transient Drive States," *Personality and Social Psychology Bulletin* 29: 1159 - 68 (2003).

[183] A. K. MacLeod and M. L. Cropley, "Anxiety, Depression, and the Anticipation of Future Positive and Negative Experiences," *Journal of Abnormal Psychology* 105: 286 - 89 (1996).

[184] E. J. Johnson and A. Tversky, "Affect, Generalization, and the Perception of Risk," *Journal of Personality and Social Psychology* 45: 20 - 31 (1983); and D. DeSteno et al., "Beyond Valence in the Perception of Likelihood: The Role of Emotion Specificity," *Journal of Personality and Social Psychology* 78: 397 - 416 (2000).

第七章　相比较而言的幸福

[185] M. Hegarty, "Mechanical Reasoning by Mental Simulation," *Trends in Cognitive Sciences* 8: 280 - 85 (2004).

[186] G. Lakoff and M. Johnson, *Metaphors We Live By* (Chicago: University of Chicago Press, 1980).

[187] D. Gentner, M. Imai, and L. Boroditsky, "As Time Goes By: Evidence for Two Systems in Processing Space Time Metaphors," *Language and Cognitive Processes* 17: 537 - 65 (2002); and L. Boroditsky, "Metaphoric Structuring: Understanding Time Through Spatial Metaphors," *Cognition* 75: 1 - 28 (2000).

[188] B. Tversky, S. Kugelmass, and A. Winter, "Cross-Cultural and Developmental Trends in Graphic Productions," *Cognitive Psychology* 23: 515 - 57 (1991).

[189] L. Boroditsky, "Does Language Shape Thought? Mandarin and English Speakers' Conceptions of Time," *Cognitive Psychology* 43: 1 - 22 (2001).

[190] R. K. Ratner, B. E. Kahn, and D. Kahneman, "Choosing Less-Preferred Experiences for the Sake of Variety," *Journal of Consumer Research* 26: 1 - 15 (1999).

[191] D. Read and G. F. Loewenstein, "Diversification Bias: Explaining the Discrepancy in Variety Seeking Between Combined and Separated Choices," *Journal of Experimental Psychology: Applied* 1: 34 - 49 (1995). See also I. Simonson, "The Effect of Purchase Quantity and Timing on Variety-Seeking Behavior," *Journal of Marketing Research* 27: 150 - 62(1990).

[192] T. D. Wilson and D. T. Gilbert, "Making Sense: A Model of Affective Adaptation" (unpublished manuscript, University of Virginia, 2005).

[193] Human beings are not the only animals that appreciate variety. The *Coolidge effect* ostensibly got its name when President Calvin Coolidge and his wife were touring a farm. The foreman noted the sexual prowess of his prize rooster: "This rooster can have sex all day without stopping," he said. "Really?" said Mrs. Coolidge. "Please tell that to my husband." The president turned to the foreman and asked, "Does the rooster mate with the same chicken each time?" "No," said the

foreman, "always with a different chicken." To which the president replied, "Really? Please tell *that* to my wife." The story is probably apocryphal, but the phenomenon is not: Male mammals who have mated to exhaustion can usually be induced to mate again with a novel female; see J. Wilson, R. Kuehn, and F. Beach, "Modifications in the Sexual Behavior of Male Rats Produced by Changing the Stimulus Female," *Journal of Comparative and Physiological Psychology* 56: 636 - 44 (1963). In fact, even breeding bulls whose sperm is collected by a machine show a greatly reduced time to ejaculation when the machine to which they've become habituated is moved to a novel location. E. B. Hale and J. O. Almquist, "Relation of Sexual Behavior to Germ Cell Output in Farm Animals," *Journal of Dairy Science* 43: Supp., 145 - 67 (1960).

[194] It is worth noting that if we change our assumptions (particularly the habituation assumption), then switching plates exactly at the point at which our favorite meal has lost its edge can be a poor strategy for maximizing pleasure in the long term; R. J. Hernstein, *The Matching Law: Papers in Psychology and Economics,* ed. H. Rachlin and D. I. Laibson (Cambridge, Mass.: Harvard University Press, 1997).

[195] I would like to take this opportunity to note that while my apparent fixation on adulterous mailmen betrays my juvenile sense of humor, the example is entirely fictitious and is not meant to reflect poorly on the many fine mailmen and spouses I have had.

[196] D. T. Gilbert, "Inferential Correction," in *Heuristics and Biases: The Psychology of Intuitive Judgment,* ed. T. Gilovich, D. W. Griffin, and D. Kahneman (Cambridge: Cambridge University Press, 2002), 167 - 84.

[197] A. Tversky and D. Kahneman, "Judgment Under Uncertainty: Heuristics and Biases," *Science* 185: 1124 - 31 (1974).

[198] N. Epley and T. Gilovich, "Putting Adjustment Back in the Anchoring and Adjustment Heuristic: Differential Processing of Self- Generated and Experimenter-Provided Anchors," *Psychological Science* 12: 391 - 96 (2001).

[199] D. T. Gilbert, M. J. Gill, and T. D. Wilson, "The Future Is Now: Temporal Correction in Affective Forecasting," *Organizational Behavior and Human Decision Processes* 88: 430 - 44 (2002).

[200] See also J. E. J. Ebert, "The Role of Cognitive Resources in the Valuation of Near and Far Future Events," *Acta Psychologica* 108: 155 - 71 (2001).

[201] G. F. Loewenstein and D. Prelec, "Preferences for Sequences of Outcomes," *Psychological Review* 100: 91 - 108 (1993).

[202] D. Kahneman and A. Tversky, "Prospect Theory: An Analysis of Decision Under Risk," *Econometrica* 47: 263 - 91 (1979).

[203] J. W. Pratt, D. A. Wise, and R. Zeckhauser, "Price Differences in Almost Competitive Markets," *Quarterly Journal of Economics* 93: 189 - 211 (1979); A. Tversky and D. Kahneman, "The Framing

of Decisions and the Psychology of Choice," *Science* 211: 453 - 58 (1981); R. H. Thaler, "Toward a Positive Theory of Consumer Choice," *Journal of Economic Behavior and Organization* 1: 39 - 60 (1980).

[204] R. H. Thaler, "Mental Accounting Matters," *Journal of Behavioral Decision Making* 12: 183 - 206 (1999).

[205] R. B. Cialdini et al., "Reciprocal Concessions Procedure for Inducing Compliance: The Door-in-the-Face Technique," *Journal of Personality and Social Psychology* 31: 206 - 15 (1975). There is some controversy about whether this effect is, in fact, due to the contrast between the large and small requests. See J. P. Dillard, "The Current Status of Research on Sequential-Request Compliance Techniques," *Personality and Social Psychology Bulletin* 17: 283 - 88 (1991).

[206] D. Kahneman and D. T. Miller, "Norm Theory: Comparing Reality to Its Alternatives," *Psychological Review* 93: 136 - 53 (1986).

[207] O. E. Tykocinski and T. S. Pittman, "The Consequences of Doing Nothing: Inaction Inertia as Avoidance of Anticipated Counterfactual Regret," *Journal of Personality and Social Psychology 75:* 607 - 16 (1998); and O. E. Tykocinski, T. S. Pittman, and E. E. Tuttle, "Inaction Inertia: Forgoing Future Benefits as a Result of an Initial Failure to Act," *Journal of Personality and Social Psychology* 68: 793 - 803 (1995).

[208] D. Kahneman and A. Tversky, "Choices, Values, and Frames," *American Psychologist* 39: 341 - 50 (1984).

[209] I. Simonson and A. Tversky, "Choice in Context: Tradeoff Contrast and Extremeness Aversion," *Journal of Marketing Research* 29: 281 - 95 (1992).

[210] R. B. Cialdini, *Influence: Science and Practice* (Glenview, Ill.: Scott, Foresman, 1985).

[211] D. A. Redelmeier and E. Shafir, "Medical Decision Making in Situations That Offer Multiple Alternatives," *JAMA: Journal of the American Medical Association* 273: 302 - 5 (1995).

[212] S. S. Iyengar and M. R. Lepper, "When Choice Is Demotivating: Can One Desire Too Much of a Good Thing?" *Journal of Personality and Social Psychology* 79: 995 - 1006 (2000); and B. Schwartz, "Self-Determination: The Tyranny of Freedom," *American Psychologist* 55: 79 - 88 (2000).

[213] A. Tversky, S. Sattath, and P. Slovic, "Contingent Weighting in Judgment and Choice," *Psychological Review* 95: 371 - 84 (1988).

[214] C. K. Hsee et al., "Preference Reversals Between Joint and Separate Evaluations of Options: A Review and Theoretical Analysis," *Psychological Bulletin* 125: 576 - 90 (1999).

[215] C. Hsee, "The Evaluability Hypothesis: An Explanation for Preference Reversals Between Joint and Separate Evaluations of Alternatives," *Organizational Behavior and Human Decision Processes* 67: 247 - 57 (1996).

[216] J. R. Priester, U. M. Dholakia, and M. A. Fleming, "When and Why the Background Contrast

Effect Emerges: Thought Engenders Meaning by Influencing the Perception of Applicability," *Journal of Consumer Research* 31: 491 - 501 (2004).

[217] K. Myrseth, C. K. Morewedge, and D. T. Gilbert, unpublished raw data, Harvard University, 2004.

[218] D. Kahneman and A. Tversky, "Prospect Theory: An Analysis of Decision Under Risk," *Econometrica* 47: 263 - 91 (1979); A. Tversky and D. Kahneman, "The Framing of Decisions and the Psychology of Choice," *Science* 211: 453 - 58 (1981); and A. Tversky and D. Kahneman, "Loss Aversion in Riskless Choice: A Reference-Dependent Model," *Quarterly Journal of Economics* 106: 1039 - 61 (1991).

[219] D. Kahneman, J. L. Knetsch, and R. H. Thaler, "Experimental Tests of the Endowment Effect and the Coase Theorem," *Journal of Political Economy* 98: 1325 - 48 (1990); and D. Kahneman, J. Kentsch, and D. Thaler, "The Endowment Effect, Loss Aversion, and Status Quo Bias," *Journal of Economic Perspectives* 5: 193 - 206 (1991).

[220] L. van Boven, D. Dunning, and G. F. Loewenstein, "Egocentric Empathy Gaps Between Owners and Buyers: Misperceptions of the Endowment Effect," *Journal of Personality and Social Psychology 79:* 66 - 76 (2000); and Z. Carmon and D. Ariely, "Focusing on the Foregone: How Value Can Appear So Different to Buyers and Sellers," *Journal of Consumer Research* 27: 360 - 70 (2000).

[221] L. Hunt, "Against Presentism," *Perspectives* 40 (2002).

第八章　偏好与现实的博弈

[222] C. B. Wortman and R. C. Silver, "The Myths of Coping with Loss," *Journal of Consulting and Clinical Psychology* 57: 349 - 57 (1989); G. A. Bonanno, "Loss, Trauma, and Human Resilience: Have We Underestimated the Human Capacity to Thrive After Extremely Aversive Events?" *American Psychologist* 59: 20 - 28 (2004); and C. S. Carver, "Resilience and Thriving: Issues, Models, and Linkages," *Journal of Social Issues* 54: 245 - 66 (1998).

[223] G. A. Bonanno and S. Kaltman, "Toward an Integrative Perspective on Bereavement," *Psychological Bulletin* 125: 760 - 76 (1999); and G. A. Bonnano et al., "Resilience to Loss and Chronic Grief: A Prospective Study from Preloss to 18-Months Postloss," *Journal of Personality and Social Psychology* 83: 1150 - 64 (2002).

[224] E. J. Ozer et al., "Predictors of Posttraumatic Stress Disorder and Symptoms in Adults: A Meta-analysis," *Psychological Bulletin* 129: 52 - 73 (2003).

[225] G. A. Bonanno, C. Rennicke, and S. Dekel, "Self-Enhancement Among High-Exposure Survivors of the September 11th Terrorist Attack: Resilience or Social Maladjustment?" *Journal of Personality and Social Psychology* 88: 984 - 98 (2005).

[226] R. G. Tedeschi and L. G. Calhoun, "Posttraumatic Growth: Conceptual Foundations and Empirical Evidence," *Psychological Inquiry* 15: 1 - 18 (2004); P. A. Linley and S. Joseph, "Positive Change Following Trauma and Adversity: A Review," *Journal of Traumatic Stress* 17: 11 - 21 (2004); and C. S. Carver, "Resilience and Thriving: Issues, Models, and Linkages," *Journal of Social Issues* 54: 245 - 66 (1998).

[227] K. Sack, "After 37 Years in Prison, Inmate Tastes Freedom," *New York Times,* 11 January 1996, 18.

[228] C. Reeve, Ohio State University commencement speech, 13 June 2003.

[229] D. Becker, "Cycling Through Adversity: Ex-World Champ Stays on Cancer Comeback Course," *USA Today,* 22 May 1998, 3C.

[230] R. G. Tedeschi and L. G. Calhoun, *Trauma and Transformation: Growing in the Aftermath of Suffering* (Sherman Oaks, Calif.: Sage, 1995), 1.

[231] R. Schulz and S. Decker, "Long-Term Adjustment to Physical Disability: The Role of Social Support, Perceived Control, and Self- Blame," *Journal of Personality and Social Psychology* 48: 1162 - 72 (1985); C. B. Wortman and R. C. Silver, "Coping with Irrevocable Loss," in *Cataclysms, Crises, and Catastrophes: Psychology in Action,* ed. G. R. VandenBos and B. K. Bryant (Washington, D.C.: American Psychological Association, 1987), 185 - 235; and P. Brickman, D. Coates, and R. J. Janoff-Bulman, "Lottery Winners and Accident Victims: Is Happiness Relative?" *Journal of Personality and Social Psychology* 36: 917 - 27 (1978).

[232] S. E. Taylor, "Adjustment to Threatening Events: A Theory of Cognitive Adaptation," *American Psychologist* 38: 1161 - 73 (1983).

[233] D. T. Gilbert, E. Driver-Linn, and T. D. Wilson, "The Trouble with Vronsky: Impact Bias in the Forecasting of Future Affective States," in *The Wisdom in Feeling: Psychological Processes in Emotional Intelligence,* ed. L. F. Barrett and P. Salovey (New York: Guilford Press, 2002), 114 - 43; and T. D. Wilson and D. T. Gilbert, "Affective Forecasting," in *Advances in Experimental Social Psychology,* ed. M. Zanna, vol. 35 (New York: Elsevier, 2003).

[234] D. L. Sackett and G. W. Torrance, "The Utility of Different Health States as Perceived by the General Public," *Journal of Chronic Disease* 31: 697 - 704 (1978); P. Dolan and D. Kahneman, "Interpretations of Utility and Their Implications for the Valuation of Health" (unpublished manuscript, Princeton University, 2005); and J. Riis et al., "Ignorance of Hedonic Adaptation to Hemo-Dialysis: A Study Using Ecological Momentary Assessment," *Journal of Experimental Psychology: General* 134: 3 - 9 (2005).

[235] P. Menzela et al., "The Role of Adaptation to Disability and Disease in Health State Valuation: A Preliminary Normative Analysis," *Social Science & Medicine* 55: 2149 - 58 (2002).

[236] P. Dolan, "Modelling Valuations for EuroQol Health States," *Medical Care* 11: 1095 - 1108 (1997).

[237] J. Jonides and H. Gleitman, "A Conceptual Category Effect in Visual Search: O as Letter or as Digit," *Perception and Psychophysics* 12: 457 - 60 (1972).

[238] C. M. Solley and J. F. Santos, "Perceptual Learning with Partial Verbal Reinforcement," *Perceptual and Motor Skills 8:* 183 - 93 (1958); and E. D. Turner and W. Bevan, "Patterns of Experience and the Perceived Orientation of the Necker Cube," *Journal of General Psychology* 70: 345 - 52 (1964).

[239] D. Dunning, J. A. Meyerowitz, and A. D. Holzberg, "Ambiguity and Self-Evaluation: The Role of Idiosyncratic Trait Definitions in Self-Serving Assessments of Ability," *Journal of Personality and Social Psychology* 57: 1 - 9 (1989).

[240] C. K. Morewedge and D. T. Gilbert, unpublished raw data, Harvard University, 2004.

[241] J. W. Brehm, "Post-decision Changes in Desirability of Alternatives," *Journal of Abnormal and Social Psychology 52:* 384 - 89 (1956).

[242] E. E. Lawler et al., "Job Choice and Post Decision Dissonance," *Organizational Behavior and Human Decision Processes* 13: 133 - 45 (1975).

[243] S. Lyubomirsky and L. Ross, "Changes in Attractiveness of Elected, Rejected, and Precluded Alternatives: A Comparison of Happy and Unhappy Individuals," *Journal of Personality and Social Psychology* 76: 988 - 1007 (1999).

[244] R. E. Knox and J. A. Inkster, "Postdecision Dissonance at Post Time," *Journal of Personality and Social Psychology* 8: 319 - 23 (1968).

[245] O. J. Frenkel and A. N. Doob, "Post-decision Dissonance at the Polling Booth," *Canadian Journal of Behavioural Science* 8: 347 - 50 (1976).

[246] F. M. Voltaire, *Candide* (1759), chap. 1. I've never found an English translation that I like, so I've cobbled together my own. Pardon my French.

[247] R. F. Baumeister, "The Optimal Margin of Illusion," *Journal of Social and Clinical Psychology* 8: 176 - 89 (1989); S. E. Taylor, *Positive Illusions* (New York: Basic Books, 1989); S. E. Taylor and J. D. Brown, "Illusion and Well-Being: A Social-Psychological Perspective on Mental Health," *Psychological Bulletin* 103: 193 - 210 (1988); Z. Kunda, "The Case for Motivated Reasoning," *Psychological Bulletin* 108: 480 - 98 (1990); and T. Pyszczynski and J. Greenberg, "Toward an Integration of Cognitive and Motivational Perspectives on Social Inference: A Biased Hypothesis-Testing Model," in *Advances in Experimental Social Psychology,* ed. L. E. Berkowitz, vol. 20 (San Diego: Academic Press, 1987), 297 - 340.

[248] Both Sigmund and Anna Freud called this a system of "defense mechanisms," and just about every psychologist since has remarked on that system and given it a different name. A recent summary of the literature on psychological defense can be found in D. L. Paulhus, B. Fridhandler, and S. Hayes, "Psychological Defense: Contemporary Theory and Research," in

Handbook of Personality Psychology, ed. R. Hogan, J. Johnson, and S. Briggs (San Diego: Academic Press, 1997), 543 - 79.

[249] W. B. Swann, B. W. Pelham, and D. S. Krull, "Agreeable Fancy or Disagreeable Truth? Reconciling Self-Enhancement and Self-Verification," *Journal of Personality and Social Psychology* 57: 782 - 91 (1989); W. B. Swann, P. J. Rentfrow, and J. Guinn, "Self-Verification: The Search for Coherence," in *Handbook of Self and Identity,* ed. M. Leary and J. Tagney (New York: Guilford Press, 2002), 367 - 83; and W. B. Swann, *Self-Traps: The Elusive Quest for Higher Self-Esteem* (New York: Freeman, 1996).

[250] W. B. Swann and B. W. Pelham, "Who Wants Out When the Going Gets Good? Psychological Investment and Preference for Self-Verifying College Roommates," *Journal of Self and Identity* 1: 219 - 33 (2002).

[251] J. L. Freedman and D. O. Sears, "Selective Exposure," in *Advances in Experimental Social Psychology,* ed. L. Berkowitz, vol. 2 (New York: Academic Press, 1965), 57 - 97; and D. Frey, "Recent Research on Selective Exposure to Information," in *Advances in Experimental Social Psychology,* ed. L. Berkowitz, vol. 19 (New York: Academic Press, 1986), 41 - 80.

[252] D. Frey and D. Stahlberg, "Selection of Information After Receiving More or Less Reliable Self-Threatening Information," *Personality and Social Psychology Bulletin* 12: 434 - 41 (1986).

[253] B. Holton and T. Pyszczynski, "Biased Information Search in the Interpersonal Domain," *Personality and Social Psychology Bulletin* 15: 42 - 51 (1989).

[254] D. Ehrlich et al., "Postdecision Exposure to Relevant Information," *Journal of Abnormal and Social Psychology* 54: 98 - 102 (1957).

[255] R. Sanitioso, Z. Kunda, and G. T. Fong, "Motivated Recruitment of Autobiographical Memories," *Journal of Personality and Social Psychology* 59: 229 - 41 (1990).

[256] A. Tesser and S. Rosen, "Similarity of Objective Fate as a Determinant of the Reluctance to Transmit Unpleasant Information: The MUM Effect," *Journal of Personality and Social Psychology* 23: 46 - 53 (1972).

[257] M. Snyder and W. B. Swann, Jr., "Hypothesis Testing Processes in Social Interaction," *Journal of Personality and Social Psychology* 36: 1202 - 12 (1978); and W. B. J. Swann, T. Giuliano, and D. M. Wegner, "Where Leading Questions Can Lead: The Power of Conjecture in Social Interaction," *Journal of Personality and Social Psychology* 42: 1025 - 35 (1982).

[258] D. T. Gilbert and E. E. Jones, "Perceiver-Induced Constraint: Interpretations of Self-Generated Reality," *Journal of Personality and Social Psychology* 50: 269 - 80 (1986).

[259] L. Festinger, "A Theory of Social Comparison Processes," *Human Relations* 7: 117 - 40 (1954); A. Tesser, M. Millar, and J. Moore, "Some Affective Consequences of Social Comparison and Reflection Processes: The Pain and Pleasure of Being Close," *Journal of Personality and Social*

Psychology 54: 49 - 61 (1988); S. E. Taylor and M. Lobel, "Social Comparison Activity Under Threat: Downward Evaluation and Upward Contacts," *Psychological Review* 96: 569 - 75 (1989); and T. A. Wills, "Downward Comparison Principles in Social Psychology," *Psychological Bulletin* 90: 245 - 71 (1981).

[260] T. Pyszczynski, J. Greenberg, and J. LaPrelle, "Social Comparison After Success and Failure: Biased Search for Information Consistent with a Self-Servicing Conclusion," *Journal of Experimental Social Psychology* 21: 195 - 211 (1985).

[261] J. V. Wood, S. E. Taylor, and R. R. Lichtman, "Social Comparison in Adjustment to Breast Cancer," *Journal of Personality and Social Psychology* 49: 1169 - 83 (1985).

[262] S. E. Taylor et al., "Social Support, Support Groups, and the Cancer Patient," *Journal of Consulting and Clinical Psychology* 54: 608 - 15 (1986).

[263] A. Tesser and J. Smith, "Some Effects of Task Relevance and Friendship on Helping: You Don't Always Help the One You Like," *Journal of Experimental Social Psychology* 16: 582 - 90 (1980).

[264] A. H. Hastorf and H. Cantril, "They Saw a Game: A Case Study," *Journal of Abnormal and Social Psychology* 49: 129 - 34 (1954).

[265] L. Sigelman and C. K. Sigelman, "Judgments of the Carter-Reagan Debate: The Eyes of the Beholders," *Public Opinion Quarterly* 48: 624 - 28 (1984); R. K. Bothwell and J. C. Brigham, "Selective Evaluation and Recall During the 1980 Reagan-Carter Debate," *Journal of Applied Social Psychology* 13: 427 - 42 (1983); J. G. Payne et al., "Perceptions of the 1988 Presidential and Vice- Presidential Debates," *American Behavioral Scientist* 32: 425 - 35 (1989); and G. D. Munro et al., "Biased Assimilation of Sociopolitical Arguments: Evaluating the 1996 U.S. Presidential Debate," *Basic and Applied Social Psychology* 24: 15 - 26 (2002).

[266] R. P. Vallone, L. Ross, and M. R. Lepper, "The Hostile Media Phenomenon: Biased Perception and Perceptions of Media Bias in Coverage of the Beirut Massacre," *Journal of Personality and Social Psychology* 49: 577 - 85 (1985).

[267] C. G. Lord, L. Ross, and M. R. Lepper, "Biased Assimilation and Attitude Polarization: The Effects of Prior Theories on Subsequently Considered Evidence," *Journal of Personality and Social Psychology* 37: 2098 - 109 (1979).

[268] It is no consolation that in subsequent studies, both established scientists and scientists in training showed the same tendency to favor techniques that produced favored conclusions. See J. J. Koehler, "The Influence of Prior Beliefs on Scientific Judgments of Evidence Quality," *Organizational Behavior and Human Decision Processes* 56: 28 - 55 (1993).

[269] T. Pyszczynski, J. Greenberg, and K. Holt, "Maintaining Consistency Between Self-Serving Beliefs and Available Data: A Bias in Information Evaluation," *Personality and Social Psychology Bulletin* 11: 179 - 90 (1985).

[270] P. H. Ditto and D. F. Lopez, "Motivated Skepticism: Use of Differential Decision Criteria for Preferred and Nonpreferred Conclusions," *Journal of Personality and Social Psychology* 63: 568 - 84 (1992).

[271] Ibid.

[272] T. Gilovich, *How We Know What Isn't So: The Fallibility of Human Reason in Everyday Life* (New York: Free Press, 1991).

[273] This tendency can have disastrous consequences. For example, in 2004, the U.S. Senate Intelligence Committee concluded that the CIA had provided the White House with incorrect information about Iraq's weapons of mass destruction, which led the United States to invade Iraq. According to that report, the tendency to cook facts "led Intelligence Community analysts, collectors and managers to both interpret ambiguous evidence as conclusively indicative of a WMD program as well as ignore or minimize evidence that Iraq did not have active and expanding weapons of mass destruction programs." K. P. Shrader, "Report: War Rationale Based on CIA Error," Associated Press, 9 July 2004.

[274] Agence-France-Presse, "Italy: City Wants Happier Goldfish," *New York Times,* 24 July 2004, A5.

第九章 对现实的心理免疫

[275] T. D. Wilson, *Strangers to Ourselves: Discovering the Adaptive Unconscious* (Cambridge, Mass.: Harvard University Press, 2002); and J. A. Bargh and T. L. Chartrand, "The Unbearable Automaticity of Being," *American Psychologist* 54: 462 - 79 (1999).

[276] R. E. Nisbett and T. D. Wilson, "Telling More Than We Can Know: Verbal Reports on Mental Processes," *Psychological Review* 84: 231 - 59 (1977);D. J. Bem, "Self-Perception Theory," in *Advances in Experimental Social Psychology,* ed. L. Berkowitz, vol. 6 (New York: Academic Press, 1972), 1 - 62; M. S. Gazzaniga, *The Social Brain* (New York: Basic Books, 1985); and D. M. Wegner, *The Illusion of Conscious Will* (Cambridge, Mass.: MIT Press, 2003).

[277] E. T. Higgings, W. S. Rholes, and C. R. Jones, "Category Accessibility and Impression Formation," *Journal of Experimental Social Psychology* 13: 141 - 54 (1977).

[278] J. Bargh, M. Chen, and L. Burrows. "Automaticity of Social Behavior: Direct Effects of Trait Construct and Stereotype Activation on Action," *Journal of Personality and Social Psychology* 71: 230 - 44 (1996).

[279] A. Dijksterhuis and A. van Knippenberg, "The Relation Between Perception and Behavior, or How to Win a Game of Trivial Pursuit," *Journal of Personality and Social Psychology* 74: 865 - 77 (1998).

[280] Nisbett and Wilson, "Telling More Than We Can Know."

[281] J. W. Schooler, D. Ariely, and G. Loewenstein, "The Pursuit and Assessment of Happiness Can

Be Self-Defeating," in *The Psychology of Economic Decisions: Rationality and Well-Being,* ed. I. Brocas and J. Carillo, vol. 1 (Oxford: Oxford University Press, 2003).

[282] K. N. Ochsner et al., "Rethinking Feelings: An fMRI Study of the Cognitive Regulation of Emotion," *Journal of Cognitive Neuroscience* 14: 1215 - 29 (2002).

[283] D. M. Wegner, R. Erber, and S. Zanakos, "Ironic Processes in the Mental Control of Mood and Mood-Related Thought," *Journal of Personality and Social Psychology* 65: 1093 - 104 (1993); and D. M. Wegner, A. Broome, and S. J. Blumberg, "Ironic Effects of Trying to Relax Under Stress," *Behaviour Research and Therapy* 35: 11 - 21 (1997).

[284] D. T. Gilbert et al., "Immune Neglect: A Source of Durability Bias in Affective Forecasting," *Journal of Personality and Social Psychology* 75: 617 - 38 (1998).

[285] Ibid.

[286] D. T. Gilbert et al., "Looking Forward to Looking Backward: The Misprediction of Regret," *Psychological Science* 15: 346 - 50 (2004).

[287] M. Curtiz, *Casablanca,* Warner Bros., 1942.

[288] T. Gilovich and V. H. Medvec, "The Experience of Regret: What When, and Why," *Psychological Review* 102: 379 - 95 (1995); N. Roese, *If Only: How to Turn Regret into Opportunity* (New York: Random House 2004); G. Loomes and R. Sugden, "Regret Theory: An Alternative Theory of Rational Choice Under Uncertainty," *Economic Journal* 92: 805 - 24 (1982); and D. Bell, "Regret in Decision Making Under Uncertainty," *Operations Research* 20: 961 - 81 (1982).

[289] I. Ritov and J. Baron, "Outcome Knowledge, Regret, and Omission Bias," *Organizational Behavior and Human Decision Processes* 64: 119 - 27 (1995); I. Ritov and J. Baron, "Probability of Regret: Anticipation of Uncertainty Resolution in Choice: Outcome Knowledge, Regret, and Omission Bias," *Organizational Behavior and Human Decision Processes* 66: 228 - 36 (1996); and M. Zeelenberg, "Anticipated Regret, Expected Feedback and Behavioral Decision Making," *Journal of Behavioral Decision Making* 12: 93 - 106 (1999).

[290] M. T. Crawford et al., "Reactance, Compliance, and Anticipated Regret," *Journal of Experimental Social Psychology* 38: 56 - 63 (2002).

[291] I. Simonson, "The Influence of Anticipating Regret and Responsibility on Purchase Decisions," *Journal of Consumer Research* 19: 105 - 18 (1992).

[292] V. H. Medvec, S. F. Madey, and T. Gilovich, "When Less Is More: Counterfactual Thinking and Satisfaction Among Olympic Medalists," *Journal of Personality and Social Psychology* 69: 603 - 10 (1995); and D. Kahneman and A. Tversky, "Variants of Uncertainty," *Cognition* 11: 143 - 57 (1982).

[293] D. Kahneman and A. Tversky, "The Psychology of Preferences," *Scientific American* 246: 160 - 73 (1982).

[294] Gilovich and Medvec, "The Experience of Regret."

[295] T. Gilovich, V. H. Medvec, and S. Chen, "Omission, Commission, and Dissonance Reduction: Overcoming Regret in the Monty Hall Problem," *Personality and Social Psychology Bulletin* 21: 182 - 90 (1995).

[296] H. B. Gerard and G. C. Mathewson, "The Effects of Severity of Initiation on Liking for a Group: A Replication," *Journal of Experimental Social Psychology* 2: 278 - 87 (1966).

[297] P. G. Zimbardo, "Control of Pain Motivation by Cognitive Dissonance," *Science* 151: 217 - 19 (1966).

[298] See also E. Aronson and J. Mills, "The Effect of Severity of Initiation on Liking for a Group," *Journal of Abnormal and Social Psychology* 59: 177 - 81 (1958); J. L. Freedman, "Long-Term Behavioral Effects of Cognitive Dissonance," *Journal of Experimental Social Psychology* 1: 145 - 55 (1965); D. R. Shaffer and C. Hendrick, "Effects of Actual Effort and Anticipated Effort on Task Enhancement," *Journal of Experimental Social Psychology* 7: 435 - 47 (1971); H. R. Arkes and C. Blumer, "The Psychology of Sunk Cost," *Organizational Behavior and Human Decision Processes* 35: 124 - 40 (1985); and J. T. Jost et al. "Social Inequality and the Reduction of Ideological Dissonance on Behalf of the System: Evidence of Enhanced System Justification Among the Disadvantaged," *European Journal of Social Psychology* 33: 13 - 36 (2003).

[299] D. T. Gilbert et al., "The Peculiar Longevity of Things Not So Bad," *Psychological Science* 15: 14 - 19 (2004).

[300] D. Frey et al., "Re-evaluation of Decision Alternatives Dependent upon the Reversibility of a Decision and the Passage of Time," *European Journal of Social Psychology* 14: 447 - 50 (1984); and D. Frey, "Reversible and Irreversible Decisions: Preference for Consonant Information as a Function of Attractiveness of Decision Alternatives," *Personality and Social Psychology Bulletin* 7: 621 - 26 (1981).

[301] S. Wiggins et al., "The Psychological Consequences of Predictive Testing for Huntington's Disease," *New England Journal of Medicine* 327: 1401 - 5 (1992).

[302] D. T. Gilbert, and J. E. J. Ebert, "Decisions and Revisions: The Affective Forecasting of Changeable Outcomes," *Journal of Personality and Social Psychology* 82: 503 - 14 (2002).

[303] J. W. Brehm, *A Theory of Psychological Reactance* (New York: Academic Press, 1966).

[304] R. B. Cialdini, *Influence: Science and Practice* (Glenview, Ill.: Scott, Foresman, 1985).

[305] S. S. Iyengar and M. R. Lepper, "When Choice Is Demotivating: Can One Desire Too Much of a Good Thing?" *Journal of Personality and Social Psychology* 79: 995 - 1006 (2000); and B. Schwartz, "Self-Determination: The Tyranny of Freedom," *American Psychologist* 55: 79 - 88 (2000).

[306] J. W. Pennebaker, "Writing About Emotional Experiences as a Therapeutic Process," *Psychological Science* 8: 162 - 66 (1997).

[307] J. W. Pennebaker, T. J. Mayne, and M. E. Francis, "Linguistic Predictors of Adaptive

Bereavement," *Journal of Personality and Social Psychology* 72: 863 - 71 (1997).

[308] T. D. Wilson et al., "The Pleasures of Uncertainty: Prolonging Positive Moods in Ways People Do Not Anticipate," *Journal of Personality and Social Psychology* 88: 5 - 21 (2005).

[309] B. Fischoff, "Hindsight =/= foresight: The Effects of Outcome Knowledge on Judgment Under Uncertainty," *Journal of Experimental Psychology: Human Perception and Performance* 1: 288 - 99 (1975); and C. A. Anderson, M. R. Lepper, and L. Ross, "Perseverance of Social Theories: The Role of Explanation in the Persistence of Discredited Information," *Journal of Personality and Social Psychology* 39: 1037 - 49 (1980).

[310] B. Weiner, " 'Spontaneous' Causal Thinking," *Psychological Bulletin* 97: 74 - 84 (1985); and R. R. Hassin, J. A. Bargh, and J. S. Uleman, "Spontaneous Causal Inferences," *Journal of Experimental Social Psychology* 38: 515 - 22 (2002).

[311] B. Zeigarnik, "Das Behalten erledigter und unerledigter Handlungen," *Psychologische Forschung* 9: 1 - 85 (1927); and G. W. Boguslavsky, "Interruption and Learning," *Psychological Review* 58: 248 - 55 (1951).

[312] Wilson et al., "Pleasures of Uncertainty."

[313] J. Keats, letter to Richard Woodhouse, 27 October 1881, in *Selected Poems and Letters by John Keats,* ed. D. Bush (Boston: Houghton Mifflin, 1959).

第十章　我一犯再犯的错误

[314] D. Wirtz et al., "What to Do on Spring Break? The Role of Predicted, On-line, and Remembered Experience in Future Choice," *Psychological Science* 14: 520 - 24 (2003); and S. Bluck et al., "A Tale of Three Functions: The Self-Reported Use of Autobiographical Memory," *Social Cognition* 23: 91 - 117 (2005).

[315] A. Tversky and D. Kahneman, "Availability: A Heuristic for Judgment Frequency and Probability," *Cognitive Psychology* 5: 207 - 32 (1973).

[316] L. J. Sanna and N. Schwarz, "Integrating Temporal Biases: The Interplay of Focal Thoughts and Accessibility Experiences," *Psychological Science* 15: 474 - 81 (2004).

[317] R. Brown and J. Kulik, "Flashbulb Memories," *Cognition* 5: 73 - 99 (1977); and P. H. Blaney, "Affect and Memory: A Review," *Psychological Bulletin* 99: 229 - 46 (1986).

[318] D. T. Miller and B. R. Taylor, "Counterfactual Thought, Regret and Superstition: How to Avoid Kicking Yourself," in *What Might Have Been: The Social Psychology of Counterfactual Thinking,* ed. N. J. Roese and J. M. Olson (Hillsdale, N.J.: Lawrence Erlbaum, 1995), 305 - 31; and J. Kruger, D. Wirtz, and D. T. Miller, "Counterfactual Thinking and the First Instinct Fallacy," *Journal of Personality and Social Psychology* 88: 725 - 35 (2005).

[319] R. Buehler and C. McFarland, "Intensity Bias in Affective Forecasting: The Role of Temporal Focus," *Personality and Social Psychology Bulletin* 27: 1480 - 93 (2001).

[320] C. K. Morewedge, D. T. Gilbert, and T. D. Wilson, "The Least Likely of Times: How Memory for Past Events Biases the Prediction of Future Events," *Psychological Science* 16: 626 - 30 (2005).

[321] B. L. Fredrickson and D. Kahneman, "Duration Neglect in Retrospective Evaluations of Affective Episodes," *Journal of Personality and Social Psychology* 65: 45 - 55 (1993); and D. Ariely and Z. Carmon, "Summary Assessment of Experiences: The Whole Is Different from the Sum of Its Parts," in *Time and Decision,* ed. G. Loewenstein, D. Read, and R. F. Baumeister (New York: Russell Sage Foundation, 2003), 323 - 49.

[322] W. M. Lepley, "Retention as a Function of Serial Position," *Psychological Bulletin* 32: 730 (1935); B. B. Murdock, "The Serial Position Effect of Free Recall," *Journal of Experimental Psychology* 64: 482 - 88 (1962); and T. L. White and M. Treisman, "A Comparison of the Encoding of Content and Order in Olfactory Memory and in Memory for Visually Presented Verbal Materials," *British Journal of Psychology* 88: 459 - 72 (1997).

[323] N. H. Anderson, "Serial Position Curves in Impression Formation," *Journal of Experimental Psychology* 97: 8 - 12 (1973).

[324] D. Kahneman et al., "When More Pain Is Preferred to Less: Adding a Better Ending," *Psychological Science* 4: 401 - 5 (1993).

[325] J. J. Christensen-Szalanski, "Discount Functions and the Measurement of Patients' Values: Women's Decisions During Childbirth," *Medical Decision Making* 4: 47 - 58 (1984).

[326] D. Holmberg and J. G. Holmes, "Reconstruction of Relationship Memories: A Mental Models Approach," in *Autobiographical Memory and the Validity of Retrospective Reports,* ed. N. Schwarz and N. Sudman (New York: Springer-Verlag, 1994), 267 - 88; and C. McFarland and M. Ross, "The Relation Between Current Impressions and Memories of Self and Dating Partners," *Personality and Social Psychology Bulletin* 13: 228 - 38 (1987).

[327] William Shakespeare, *King Richard II,* act 2, scene 1 (1594 - 96; London: Penguin Classics, 1981).

[328] D. Kahneman, "Objective Happiness," in *Well-Being: The Foundations of Hedonic Psychology,* ed. D. Kahneman, E. Diener, and N. Schwarz (New York: Russell Sage Foundation, 1999), 3 - 25.

[329] See "Well-Being and Time," in J. D. Velleman, *The Possibility of Practical Reason* (Oxford: Oxford University Press, 2000).

[330] E. Diener, D. Wirtz, and S. Oishi, "End Effects of Rated Quality of Life: The James Dean Effect," *Psychological Science* 12: 124 - 28 (2001).

[331] M. D. Robinson and G. L. Clore, "Belief and Feeling: Evidence for an Accessibility Model of Emotional Self-Report," *Psychological Bulletin* 128: 934 - 60 (2002); and L. J. Levine and M. A.

Safer, "Sources of Bias in Memory for Emotions," *Current Directions in Psychological Science* 11: 169 - 73 (2002).

[332] M. D. Robinson and G. L. Clore, "Episodic and Semantic Knowledge in Emotional Self-Report: Evidence for Two Judgment Processes," *Journal of Personality and Social Psychology* 83: 198 - 215 (2002).

[333] M. D. Robinson, J. T. Johnson, and S. A. Shields, "The Gender Heurristic and the Database: Factors Affecting the Perception of Gender-Related Differences in the Experience and Display of Emotions," *Basic and Applied Social Psychology* 20: 206 - 19 (1998).

[334] C. McFarland, M. Ross, and N. DeCourville, "Women's Theories of Menstruation and Biases in Recall of Menstrual Symptoms," *Journal of Personality and Social Psychology* 57: 522 - 31 (1981).

[335] S. Oishi, "The Experiencing and Remembering of Well-Being: A Cross-Cultural Analysis," *Personality and Social Psychology Bulletin* 28: 1398 - 1406 (2002).

[336] C. N. Scollon et al., "Emotions Across Cultures and Methods," *Journal of Cross-Cultural Psychology* 35: 304 - 26 (2004).

[337] M. A. Safer, L. J. Levine, and A. L. Drapalski, "Distortion in Memory for Emotions: The Contributions of Personality and Post- Event Knowledge," *Personality and Social Psychology Bulletin* 28: 1495 - 1507 (2002); and S. A. Dewhurst and M. A. Marlborough, "Memory Bias in the Recall of Pre-exam Anxiety: The Influence of Self-Enhancement," *Applied Cognitive Psychology* 17: 695 - 702 (2003).

[338] T. R. Mitchell et al., "Temporal Adjustments in the Evaluation of Events: The 'Rosy View,' " *Journal of Experimental Social Psychology* 33: 421 - 48 (1997).

[339] T. D. Wilson et al., "Preferences as Expectation-Driven Inferences: Effects of Affective Expectations on Affective Experience," *Journal of Personality and Social Psychology* 56: 519 - 30 (1989).

[340] A. A. Stone et al., "Prospective and Cross-Sectional Mood Reports Offer No Evidence of a 'Blue Monday' Phenomenon," *Journal of Personality and Social Psychology* 49: 129 - 34 (1985).

第十一章　幸福的真谛

[341] J. Livingston and R. Evans, "Whatever Will Be, Will Be (Que Sera, Sera)" (1955).

[342] W. V. Quine and J. S. Ullian, *The Web of Belief,* 2nd ed. (New York: Random House, 1978), 51.

[343] Half of all Americans relocated in the five-year period of 1995 - 2000, which suggests that the average American relocates about every ten years; B. Berkner and C. S. Faber, *Geographical Mobility, 1995 to 2000:* (Washington, D.C.: U.S. Bureau of the Census, 2003).

[344] The average baby boomer held roughly ten jobs between the ages of eighteen and thirty-six,

which suggests that the average American holds at least this many in a lifetime. Bureau of Labor Statistics, *Number of Jobs Held, Labor Market Activity, and Earnings Growth Among Younger Baby Boomers: Results from More Than Two Decades of a Longitudinal Survey,* Bureau of Labor Statistics news release (Washington, D.C.: U.S. Department of Labor, 2002).

[345] The U.S. Census Bureau projects that in the coming years, 10 percent of Americans will never marry, 60 percent will marry just once, and 30 percent will marry at least twice. R. M. Kreider and J. M. Fields, *Number, Timing, and Duration of Marriages and Divorces, 1996* (Washington, D.C.: U.S. Bureau of the Census, 2002).

[346] B. Russell, *The Analysis of Mind* (New York: Macmillan, 1921), 231.

[347] The biologist Richard Dawkins refers to these beliefs as *memes.* See R. J. Dawkins, *The Selfish Gene* (Oxford: Oxford University Press, 1976). See also S. Blackmore, *The Meme Machine* (Oxford: Oxford University Press, 2000).

[348] D. C. Dennett, *Brainstorms: Philosophical Essays on Mind and Psychology* (Cambridge, Mass.: Bradford/ MIT Press, 1981), 18.

[349] R. Layard, *Happiness: Lessons from a New Science* (New York: Penguin, 2005); E. Diener and M. E. P. Seligman, "Beyond Money: Toward an Economy of Well–Being," *Psychological Science in the Public Interest* 5: 1 - 31 (2004); B. S. Frey and A. Stutzer, *Happiness and Economics: How the Economy and Institutions Affect Human Well-Being* (Princeton, N.J.: Princeton University Press, 2002); R. A. Easterlin, "Income and Happiness: Towards a Unified Theory," *Economic Journal* 111: 465 - 84 (2001); and D. G. Blanchflower and A. J. Oswald, "Well–Being over Time in Britain and the USA," *Journal of Public Economics* 88: 1359 - 86 (2004).

[350] The effect of declining marginal utility is slowed when we spend our money on the things to which we are least likely to adapt. See T. Scitovsky, *The Joyless Economy: The Psychology of Human Satisfaction* (Oxford: Oxford University Press, 1976); L. Van Boven and T. Gilovich, "To Do or to Have? That Is the Question," *Journal of Personality and Social Psychology* 85: 1193 - 202 (2003); and R. H. Frank, "How Not to Buy Happiness," *Daedalus: Journal of the American Academy of Arts and Sciences* 133: 69 - 79 (2004). Not all economists believe in decreasing marginal utility: R. A. Easterlin, "Diminishing Marginal Utility of Income? Caveat Emptor," *Social Indicators Research* 70: 243 - 326 (2005).

[351] J. D. Graaf et al., *Affluenza: The All-Consuming Epidemic* (New York: Berrett–Koehler, 2002); D. Myers, *The American Paradox: Spiritual Hunger in an Age of Plenty* (New Haven: Yale University Press, 2000); R. H. Frank, *Luxury Fever* (Princeton, N.J.: Princeton University Press, 2000); J. B. Schor, *The Overspent American: Why We Want What We Don't Need* (New York: Perennial, 1999); and P. L. Wachtel, *Poverty of Affluence: A Psychological Portrait of the American Way of Life* (New York: Free Press, 1983).

[352] Adam Smith, *An Inquiry into the Nature and Causes of the Wealth of Nations* (1776), book 1 (New York: Modern Library, 1994).

[353] Adam Smith, *The Theory of Moral Sentiments* (1759; Cambridge: Cambridge University Press, 2002).

[354] N. Ashraf, C. Camerer, and G. Loewenstein, "Adam Smith, Behavorial Economist," *Journal of Economic Perspectives* 19: 131 - 45 (2005).

[355] Smith, *The Theory of Moral Sentiments*.

[356] Some theorists have argued that societies exhibit a cyclic pattern in which people do come to realize that money doesn't buy happiness but then forget this lesson a generation later. See A. O. Hirschman, *Shifting Involvements: Private Interest and Public Action* (Princeton, N.J.: Princeton University Press, 1982).

[357] C. Walker, "Some Variations in Marital Satisfaction," in *Equalities and Inequalities in Family Life,* ed. R. Chester and J. Peel (London: Academic Press, 1977), 127 - 39.

[358] D. Myers, *The Pursuit of Happiness: Discovering the Pathway to Fulfillment, Well-Being, and Enduring Personal Joy* (New York: Avon, 1992), 71.

[359] J. A. Feeney, "Attachment Styles, Communication Patterns and Satisfaction Across the Life Cycle of Marriage," *Personal Relationships* 1: 333 - 48 (1994).

[360] D. Kahneman et al., "A Survey Method for Characterizing Daily Life Experience: The Day Reconstruction Method," *Science* 306: 1776 - 80 (2004).

[361] T. D. Wilson et al., "Focalism: A Source of Durability Bias in Affective Forecasting," *Journal of Personality and Social Psychology* 78: 821 - 36 (2000).

[362] R. J. Norwick, D. T. Gilbert, and T. D. Wilson, "Surrogation: An Antidote for Errors in Affective Forecasting" (unpublished manuscript, Harvard University, 2005).

[363] Ibid.

[364] Ibid.

[365] This is also the best way to predict our future behavior. For example, people overestimate the likelihood that they will perform a charitable act but correctly estimate the likelihood that others will do the same. This suggests that if we would base predictions of our own behavior on what we see others do, we'd be dead-on. See N. Epley and D. Dunning, "Feeling 'Holier Than Thou' : Are Self-Serving Assessments Produced by Errors in Self- or Social Prediction?" *Journal of Personality and Social Psychology* 79: 861 - 75 (2000).

[366] R. C. Wylie, *The Self-Concept: Theory and Research on Selected Topics,* vol. 2 (Lincoln: University of Nebraska Press, 1979).

[367] L. Larwood and W. Whittaker, "Managerial Myopia: Self-Serving Biases in Organizational Planning," *Journal of Applied Psychology* 62: 194 - 98 (1977).

[368] R. B. Felson, "Ambiguity and Bias in the Self-Concept," *Social Psychology Quarterly* 44: 64 - 69.

[369] D. Walton and J. Bathurst, "An Exploration of the Perceptions of the Average Driver's Speed Compared to Perceived Driver Safety and Driving Skill," *Accident Analysis and Prevention* 30: 821 - 30 (1998).

[370] P. Cross, "Not Can but Will College Teachers Be Improved?" *New Directions for Higher Education* 17: 1 - 15 (1977).

[371] E. Pronin, D. Y. Lin, and L. Ross, "The Bias Blind Spot: Perceptions of Bias in Self Versus Others," *Personality and Social Psychology Bulletin* 28: 369 - 81 (2002).

[372] J. Kruger, "Lake Wobegon Be Gone! The 'Below-Average Effect' and the Egocentric Nature of Comparative Ability Judgments," *Journal of Personality and Social Psychology* 77: 221 - 32 (1999).

[373] J. T. Johnson et al., "The 'Barnum Effect' Revisited: Cognitive and Motivational Factors in the Acceptance of Personality Descriptions," *Journal of Personality and Social Psychology* 49: 1378 - 91 (1985).

[374] Kruger, "Lake Wobegon Be Gone!"

[375] E. E. Jones and R. E. Nisbett, "The Actor and the Observer: Divergent Perceptions of the Causes of Behavior," in *Attribution: Perceiving the Causes of Behavior,* ed. E. E. Jones et al. (Morristown, N.J.: General Learning Press, 1972); and R. E. Nisbett and E. Borgida, "Attribution and the Psychology of Prediction," *Journal of Personality and Social Psychology* 32: 932 - 43 (1975).

[376] D. T. Miller and C. McFarland, "Pluralistic Ignorance: When Similarity Is Interpreted as Dissimilarity," *Journal of Personality and Social Psychology* 53: 298 - 305 (1987).

[377] D. T. Miller and L. D. Nelson, "Seeing Approach Motivation in the Avoidance Behavior of Others: Implications for an Understanding of Pluralistic Ignorance," *Journal of Personality and Social Psychology* 83: 1066 - 75 (2002).

[378] C. R. Snyder and H. L. Fromkin, "Abnormality as a Positive Characteristic: The Development and Validation of a Scale Measuring Need for Uniqueness," *Journal of Abnormal Psychology* 86: 518 - 27 (1977).

[379] M. B. Brewer, "The Social Self: On Being the Same and Different at the Same Time," *Personality and Social Psychology Bulletin* 17: 475 - 82 (1991).

[380] H. L. Fromkin, "Effects of Experimentally Aroused Feelings of Undistinctiveness Upon Valuation of Scarce and Novel Experiences," *Journal of Personality and Social Psychology* 16: 521 - 29 (1970); and H. L. Fromkin, "Feelings of Interpersonal Undistinctiveness: An Unpleasant Affective State," *Journal of Experimental Research in Personality* 6: 178 - 85 (1972).

[381] R. Karniol, T. Eylon, and S. Rish, "Predicting Your Own and Others' Thoughts and Feelings: More Like a Stranger Than a Friend," *European Journal of Social Psychology* 27: 301 - 11 (1997); J. T. Johnson, "The Heart on the Sleeve and the Secret Self: Estimations of Hidden Emotion in Self and Acquaintances," *Journal of Personality* 55: 563 - 82 (1987); and R. Karniol, "Egocentrism Versus Protocentrism: The Status of Self in Social Prediction," *Psychological Review* 110: 564 - 80

(2003).

[382] C. L. Barr and R. E. Kleck, "Self-Other Perception of the Intensity of Facial Expressions of Emotion: Do We Know What We Show?" *Journal of Personality and Social Psychology* 68: 608 - 18 (1995).

[383] R. Karniol and L. Koren, "How Would You Feel? Children's Inferences Regarding Their Own and Others' Affective Reactions," *Cognitive Development* 2: 271 - 78 (1987).

[384] C. McFarland and D. T. Miller, "Judgments of Self-Other Similarity: Just Like Other People, Only More So," *Personality and Social Psychology Bulletin* 16: 475 - 84 (1990).

后 记

[385] Actually, it is a bit unclear just what Bernoulli meant by *utility* because he didn't define it, and the meaning of this concept has been debated for three and a half centuries. Early users of the term were clearly talking about the ability of commodities to induce positive subjective experiences in those who consumed them. For instance, in 1750 the economist Ferdinando Galiani defined *utilità* as "the power of a thing to procure us felicity" (F. Galiani, *Della moneta [On money]* [1750]). In 1789 the philosopher Jeremy Bentham defined it as "that property in any object, whereby it tends to produce benefit, advantage, pleasure, good, or happiness" (J. Bentham, in *An Introduction to the Principles of Morals and Legislation,* ed. J. H. Burns and H. L. A. Hart [1789; Oxford: Oxford University Press, 1996]). Most modern economists have distanced themselves from such definitions—not because they have better ones but because they don't like to talk about subjective experiences. As such, utility has become a hypothetical abstraction of which choices are the measure. If that seems like sleight of mouth to you, then welcome to the club. For more on the history of the concept, see N. Georgescu-Roegen, "Utility and Value in Economic Thought, *New Dictionary of the History of Ideas,* vol. 4 (New York: Charles Scribner's Sons, 2004), 450 - 58; and D. Kahneman, P. P. Wakker, and R. Sarin, "Back to Bentham? Explorations of Experienced Utility," *Quarterly Journal of Economics* 112: 375 - 405 (1997).

[386] Most modern economists would disagree with this statement because economics is currently committed to an assumption that psychology abandoned a half-century ago, namely, that a science of human behavior can ignore what people feel and say and rely solely on what people do.

[387] D. Bernoulli, "Exposition of a New Theory on the Measurement of Risk," *Econometrica 22:* 23 - 36 (1954) (originally published as *"Specimen theoriae novae de mensura sortis"* in *Commentarii Academiae Scientiarum Imperialis Petropolitanae,* vol. 5 [1738], 175 - 92).

[388] Ibid., p. 25.